电气控制与PLC应用技术

主　编　唐　瑶　彭爱红　高　强

煤炭工业出版社
·北　京·

图书在版编目（CIP）数据

电气控制与PLC应用技术 / 唐瑶，彭爱红，高强主编 . --北京 : 煤炭工业出版社，2019（2023.2）

ISBN 978-7-5020-7303-9

Ⅰ. ①电… Ⅱ. ①唐… ②彭… ③高… Ⅲ. ①电气控制②PLC技术 Ⅳ. ①TM571.2②TM571.6

中国版本图书馆CIP数据核字(2019)第046487号

电气控制与 PLC 应用技术

主　　编　唐　瑶　彭爱红　高　强
责任编辑　马明仁
封面设计　晟　熙

出版发行　煤炭工业出版社（北京市朝阳区芍药居 35 号　100029）
电　　话　010－84657898（总编室）　010－84657880（读者服务部）
网　　址　www. cciph. com. cn
印　　刷　北京宝莲鸿图科技有限公司
经　　销　全国新华书店

开　　本　787mm × 1092mm $^{1}/_{16}$　**印张**　$14^{3}/_{4}$　**字数**　330 千字
版　　次　2019年7月第1版　2023年2月第2次印刷
社内编号　20181691　**定价**　49.00 元

前　言

可编程序逻辑控制器(PLC)是综合了计算机技术、自动控制技术和通信技术的一种工业应用的计算机。通过编制软件来改变控制过程，是微机技术与常规的继电接触器控制技术的有机结合。它为工业自动化提供高可靠性的自动化控制装置，已经成为继电接触器控制系统更新换代的主导产品。

进入21世纪以来，PLC控制系统的设计和应用，已经成为工业电气控制自动化的主要技术手段和方法，目前在我国各行各业的应用非常广泛。为了适应社会主义建设和当前经济转型阶段的技术改造的需要，需要使高等工科院校的学生能够尽快地学习和掌握PLC技术，培养就业和创业需要的技能，为此，我们依据积累多年的PLC教学和实践应用经验，编写了本书。

“电气控制与PLC应用技术”是一门实用性极强的机电专业课程，本课程的教学任务是培养学生在掌握继电接触器控制电路知识的基础上，初步具备PLC电气控制系统的工程设计和应用调试能力。

本书为高等院校自动化、电气工程及其自动化、测控技术与仪器、数控应用技术、机械设计制造及其自动化、材料成型及控制工程、机电一体化等专业的教材，也可作用电工技师和职工岗位培训教材，供有关工程技术人员参考使用。

由于水平有限，书中难免有一些错误、疏漏，敬请各位读者指正。

编　者

目　录

第1章 电气控制基础

1. 了解电器的基本知识。
2. 了解常用低压电器工作原理及其选用方法。
3. 了解各种基本线路组成和互相联系。
4. 学会使用各种保护电路及在设备中电气控制的具体应用。

1.1 电器的基本知识

1.1.1 电器的定义及分类

1. 电器的定义

根据外界特定的信号和要求，自动或手动接通和断开电路，实现对电路或非电对象的切换、控制、保护、检测、变换和调节用的电气元件统称为电器。

2. 电器的分类

电器的用途十分广泛，功能多样，分类方法很多，常用的分类方法有以下几种。

1)按工作电压等级分类

低压电器：工作电压低于交流 1200V 或直流 1500V 的各种电器，如低压断路器、刀开关、接触器及按钮等。

高压电器:工作电压高于交流1200V或直流1500V的各种电器,如高压断路器、高压隔离开关等。

2)按用途分类

控制电器:用于各种控制电路和控制系统的电器,如接触器、继电器、起动器及主令电器等。

配电电器:用于配电系统中,对电路及设备进行保护及通断、转换电源或负载,如断路器、熔断器及刀开关等。

执行电器:用于完成某种动作或传动功能的电器,如电磁铁、电磁阀及电磁离合器等。

3)按工作原理分类

电磁式电器:利用电磁感应原理工作的电器,如接触器、各种电磁式继电器及电磁阀等。

非电量控制电器:这类电器是靠外力或某种非电物理量的变化而动作的,如主令电器、压力继电器及温度继电器等。

4)按工作方式分类

机械式电器:传统意义上的电器,把接收到的指令信号转化为相应的执行动作,以触点作为执行部件。

电子式电器:以检测与控制电路功能块或微处理器系统作为感测和控制部件,以半导体电子功率开关作为执行部件。

1.1.2 电磁式电器的工作原理与结构特点

在电气控制电路中使用最多的是电磁式电器,虽然电磁式电器的类型很多,但是其结构特点和工作原理基本相同。

电磁式电器主要由电磁机构、触点和灭弧装置组成。

1. 电磁机构

1)结构与工作原理

电磁机构由吸引线圈、铁心和衔铁等组成,是电磁式电器的信号检测部分。它的主要作用是将电磁能量转换为机械能量并带动触点动作,完成电路接通和分断。当线圈通过工作电流时,产生足够的磁动势,在磁路中形成磁通,使衔铁获得足够的电磁力,克服反作用力与铁心吸合,由连接机构带动相应的触点动作。

(1)吸引线圈。吸引线圈的作用是将电能转换成磁场能量。按通入电流种类不同,可分为直流线圈和交流线圈。

(2)磁路。磁路包括铁心、衔铁、铁轭和空气隙。衔铁在电磁力的作用下与铁心吸合,当电磁力消失后复位。常用的磁路结构有3种,如图1-1所示。

图1-1(a)所示结构中,衔铁绕棱角转动,磨损较小,铁心用软铁,适用于直流接触器、继电器。图1-1(b)所示结构中,衔铁绕轴转动,铁心形状有E形和U形两种,多用于交流接触器。图1-1(c)所示结构中,衔铁在线圈内做直线运动,多用于交流接触器、继电器。

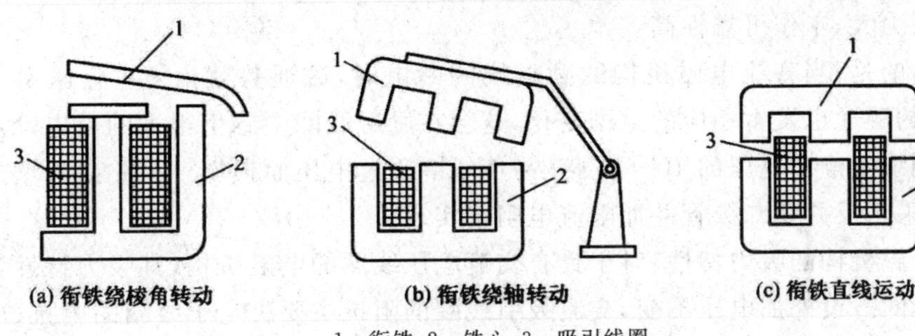

1—衔铁；2—铁心；3—吸引线圈

图 1-1 电磁机构常用的磁路结构

2）吸力特性与反力特性

衔铁是否能够正常工作，是由电磁机构的吸力特性与反力特性决定的。电磁机构使衔铁吸合的力与气隙长度的关系曲线称为吸力特性，它随励磁电流种类（交流或直流）、线圈连接方式（串联或并联）的不同而有所差异。电磁机构使衔铁释放（复位）的力与气隙长度的关系曲线称为反力特性，反力的大小与作用弹簧、摩擦阻力以及衔铁质量有关。

（1）吸力特性。

电磁机构的吸力 F 可近似地按式(1-1)求得：

$$F=\frac{1}{2\mu_0}B^2S=\frac{10^7}{8\pi}B^2S \tag{1-1}$$

$$\mu_0=4\pi\times10^{-7}\,\mathrm{H/m}$$

式中 B——气隙磁通密度，T；

S——吸力处的铁心截面积，m^2。

当 S 为常数时，F 与 B^2 成正比，也可认为 F 与气隙磁通 Φ 的二次方成正比，即

$$F\propto\Phi^2 \tag{1-2}$$

由于励磁电流的种类对吸力特性的影响很大，所以要对交、直流电磁机构的吸力特性分别进行讨论。

①直流电磁机构的吸力特性：对于具有直流电压线圈的电磁机构，在稳态时磁路对电路没有影响，可以认为线圈电流与磁路气隙 δ 的大小无关，只与线圈电阻和外加电压有关。因外加电压和线圈电阻不变，则通过线圈的电流为常数，根据磁路定律

$$\Phi=\frac{IN}{R_\mathrm{m}}=\frac{IN}{\delta/(\mu_0S)}=\frac{IN\mu_0S}{\delta} \tag{1-3}$$

$$F\propto B^2\propto\Phi^2\propto\frac{1}{\delta^2} \tag{1-4}$$

即直流电磁机构的吸力 F 与气隙 δ 的二次方成反比，故吸力特性为二次曲线形状。吸力 F 与气隙 δ 的关系曲线，即函数 $F=f(\delta)$ 的曲线如图 1-2 所示，它表明衔铁闭合前后吸力变化很大，气隙越小吸力越大。

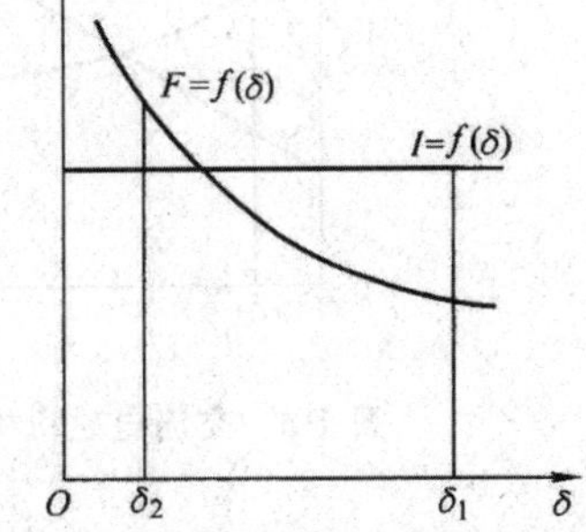

图 1-2 直流电磁机构的吸力特性

由于衔铁闭合前后励磁线圈的电流不变，所以直流电磁机构适用于动作频繁的场合，且

吸合后电磁吸力大，工作可靠性高。

需要指出的是，当直流电磁机构的励磁线圈断电时，磁通势就由 IN 急速变为接近于零，电磁机构的磁通也发生相应的急剧变化，这会在励磁线圈中感生很大的反电动势。此反电动势可达到线圈额定电压的 10～20 倍，易使线圈因过电压而损坏。为此必须增加线圈放电回路，一般采用反并联二极管并加限流电阻来实现。

②交流电磁机构的吸力特性：对于具有交流电压线圈的电磁机构，其吸力特性与直流电磁机构有所不同。设外加电压不变，交流吸引线圈的阻抗主要决定于线圈的电抗（电阻相对很小可忽略），则

$$U \approx E = 4.44 f\Phi N \tag{1-5}$$

$$\Phi = \frac{U}{4.44 fN} \tag{1-6}$$

当频率 f、匝数 N 和电压 U 均为常数时，Φ 为常数，由式(1-2)可知，F 亦为常数，说明 F 与 δ 的大小无关。实际上由于漏磁通的存在，F 随着 δ 的减小略有增加。F 与 δ 的变化关系如图 1-3 所示。

当气隙 δ 变化时，根据式(1-3)，Φ、N 均为常量，则吸引线圈的电流 I 与气隙 δ 成正比。如忽略线圈电阻，则可近似地认为 I 与 δ 呈线性关系，图 1-3 给出了 $I=f(\delta)$ 的关系曲线。

从上述结论还可以看出：对于一般的交流电磁机构，在线圈通电而衔铁尚未吸合的瞬间，电流将达到吸合后额定电流的几倍甚至十几倍。如果衔铁卡住不能吸合，或者频繁开合动作，就可能烧毁线圈。这就是可靠性高或频繁动作的控制系统采用直流电磁机构，而不采用交流电磁机构的原因。

(2)反力特性。

电磁机构使衔铁释放的力主要是弹簧的反力（忽略衔铁自身质量），弹簧的反力 F 与气隙 δ 的关系曲线如图 1-4 中的曲线 3 所示。图中，δ_1 为电磁机构气隙的初始值；δ_2 为动、静触点开始接触时的气隙长度。由于超程机构的弹力作用，反力特性在 δ_2 处有一突变。

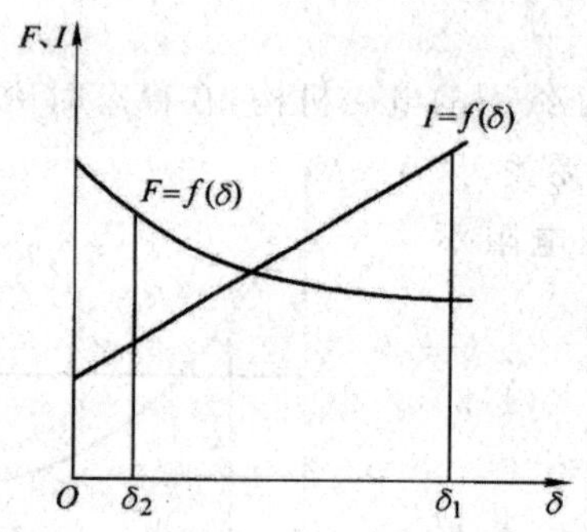

图 1-3　交流电磁机构的吸力特性

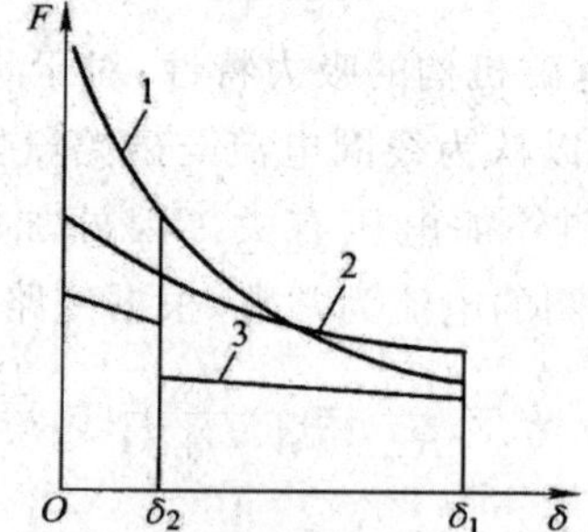

1—直流电磁机构的吸力特性；
2—交流电磁机构的吸力特性；3—反力特性

图 1-4　反力特性与吸力特性的配合关系

(3)反力特性与吸力特性的配合。

反力特性与吸力特性的配合关系如图 1-4 所示。欲使电磁衔铁可靠吸合，在整个吸合过程中，吸力需大于反力，这样才能保证执行机构可靠动作。反力特性曲线如图 1-4 中的曲

线3所示，直流与交流电磁机构的吸力特性分别如曲线1和2所示。在$\delta_1 \sim \delta_2$的区域内，反力随气隙减小而略有增大。到达δ_2位置时，动触点开始与静触点接触，这时触点上的初压力作用到衔铁上，反力骤增，曲线突变。其后在δ_2到0的区域内，气隙越小，触点压得越紧，反力越大，线段较$\delta_1 \sim \delta_2$段陡。为了保证吸合过程中衔铁能正常闭合，吸力在各个位置上必须大于反力，但也不能过大，否则衔铁吸合时运动速度过大，产生很大的冲击力，使衔铁与铁心柱面造成严重的机械磨损。此外，过大的冲击力有可能使触点产生弹跳现象，导致触点的熔焊磨损，会影响触点的使用寿命。反映在图1-4上就是要保证吸力特性在反力特性的上方且彼此靠近。上述特性对于有触点电磁式电器都适用。在使用中，常常调整反力弹簧或触点初压力以改变反力特性，就是为了使之与吸合特性良好配合。

对于单相交流电磁机构，由于磁通是交变的，当磁通过零时吸力也为零，吸合后的衔铁在反力弹簧的作用下将被拉开。磁通过零后吸力增大，当吸力大于反力时，衔铁又吸合。由于交流电源频率的变化，衔铁的吸力随每个周波二次过零，因而衔铁产生强烈振动与噪声，甚至使铁心松散。因此交流接触器铁心端面上都安装一个铜制的分磁环(或称短路环)，使铁心通过两个在时间上不相同的磁通Φ_1和Φ_2，矛盾就解决了，如图1-5(a)所示。

图1-5(a)中电磁机构的交变磁通穿过短路环所包围的截面，在环中产生电流，根据电磁感应定律，此电流产生的磁通Φ_2在相位上落后于截面S_1中的磁通Φ_1，由Φ_1、Φ_2产生吸力F_1、F_2，如图1-5(b)所示。作用在衔铁上的力是F_1+F_2的合力F，只要此合力始终超过其反力，衔铁的振动现象就消失了。

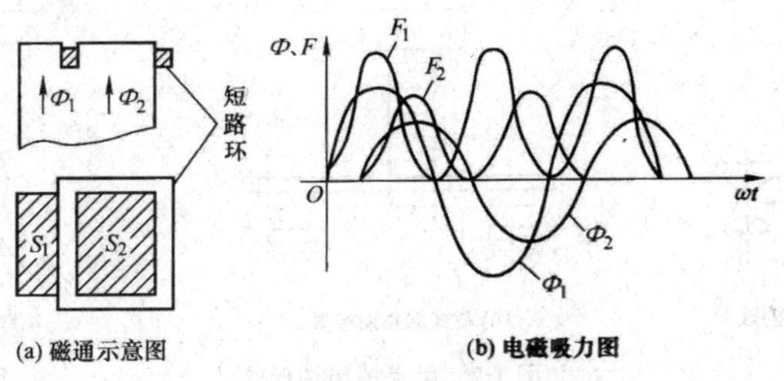

(a) 磁通示意图　　(b) 电磁吸力图

图1-5　加短路环后的磁通和电磁吸力

2. 触点

触点是电器的执行部分，用于接通和分断电路。触点主要由动触点和静触点组成。

其工作原理如下：当电磁机构中的衔铁与铁心吸合时，动触点在连动机构的带动下动作，动触点和静触点闭合或断开。

1)触点的接触形式

触点的接触形式可分为3种，即点接触、线接触和面接触，如图1-6所示。

图1-6(a)所示为点接触，它由两个半球形触点或一个半球形与一个平面形触点构成。触点接触常用于小电流的电器中，如接触器的辅助触点或继电器触点。

图1-6(b)所示为线接触，它的接触区域是一条直线。触点在通断过程中滚动接触，如图1-6(d)所示。开始接触时静动触点在A点接触，靠弹簧压力经B点滚动到C点，断开时做

相反运动。这样，可以自动清除触点表面的氧化膜，同时长期工作的位置不是在易烧灼的 A 点而是在 C 点，保证了触点的良好接触。这种滚动线接触多用于中等容量电器的触点，如接触器的主触点。

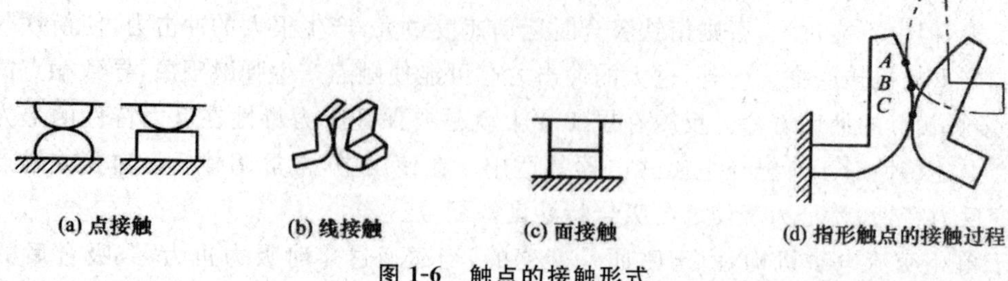

图 1-6　触点的接触形式

图 1-6(c)所示为面接触，它允许通过较大的电流。这种触点一般在接触面上镶有合金，以减小触点接触电阻和提高耐磨性，多用作较大容量接触器或断路器的主触点。

2）触点的结构形式

触点的结构形式主要有单断点指形触点和双断点桥式触点。单断点式结构的触点是利用图 1-7(c)所示的单个触点来分、合电路的。双断点式结构的触点是利用两个触点来分、合电路的，其结构如图 1-7(a)和 1-7(b)所示。两个动触点通过触桥相连，同时动作。

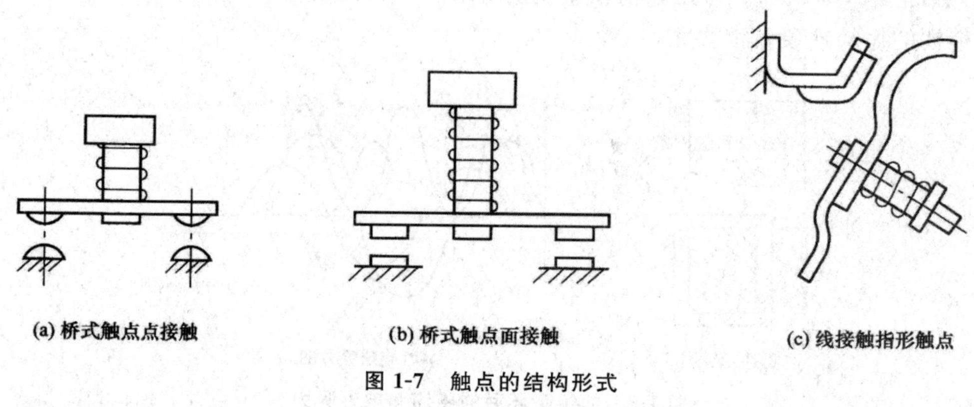

图 1-7　触点的结构形式

由于触点的工作特点，要求必须具有良好的导电和导热性能，通常用铜制成。但是铜的表面容易氧化生成氧化铜，会增大触点的接触电阻，使触点的损耗增大，温度上升。所以对于容量较小的电器，如机床电气控制电路所应用的接触器、继电器等，常采用银质材料作触点，其优点是银的氧化膜电阻率与纯银相近；对于大中容量的电器，采用铜质触点，常采用滚动接触，可将氧化膜去掉。

3. 电弧的产生和灭弧方法

电弧是触点间气体在强电场作用下产生的放电现象。当动静触点在通电状态下分开的瞬间，动静触点的间隙很小，于是在触点间形成很强的电场。在高热和强电场作用下，金属内部的自由电子从阴极表面电离出来，向阳极加速移动，这些自由电子在运动中撞击中性气体分子，使它们产生正离子和电子。于是，在触点间隙产生大量的带电粒子，使气体导电，形成了炽热的电子流，绝缘的气体变成了导体。电路通过这个游离区时消耗的电能转换为热能和光能，发出光和热的效应，产生高温并发出强光，即电弧。

1）电弧产生的条件

当被分断电路的电流超过0.25～1A，分断后加在触点间隙两端的电压超过12～20V（根据触点材质的不同取值）时，在触点间隙中会产生电弧。

2）电弧的危害

电弧的危害包括延长电路的分断时间，将触点烧坏，严重时会引起电器和周围设备的损坏，甚至造成火灾。因此，用于大电流的电器中，必须采取合适的灭弧措施。

3）灭弧方法

在开关触点断开时，加速触点分离，将电弧迅速拉长，从而降低开关触点之间的电场强度，或者说电场不足以维持电弧的燃烧，而使电弧熄灭。常用的灭弧方法有以下几种。

（1）机械性拉弧。分断触点时，迅速增加电弧长度，使单位长度内维持电弧燃烧的电场强度不够而熄弧，机械性拉弧的工作原理如图1-8所示。

（2）双断口灭弧。桥式双断口灭弧的工作原理如图1-9所示，双断口就是在一个回路中有两个产生断开电弧的间隙。当触点断开时，在断口中产生电弧。触点1和触点2的载流体在弧区产生磁场，方向为“+”，根据左手定则，电弧电流要受到一个指向外侧的力F的作用，使电弧向外运动并拉长，使它迅速穿越冷却介质而加快电弧冷却并熄灭。这种灭弧方法效果较弱，多用于小功率的电器中。

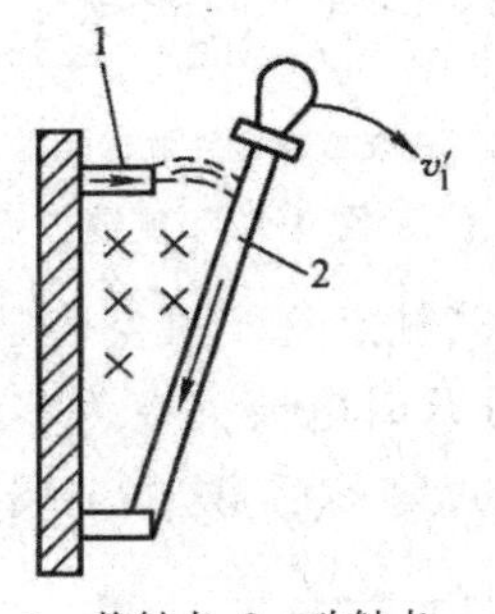

1—静触点；2—动触点

图1-8 机械性拉弧的工作原理

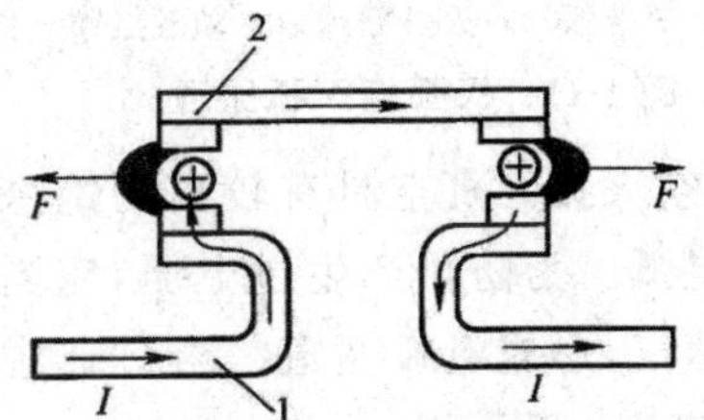

1—静触点；2—动触点

图1-9 桥式双断口灭弧的工作原理

（3）磁吹灭弧。这种灭弧的原理是使电弧处于磁场中间，利用电磁场力“吹”长电弧，使其进入冷却装置，加速电弧冷却，促使电弧迅速熄灭。磁吹灭弧装置的工作原理如图1-10所示。在触点电路中串入一吹弧线圈。当触点电流通过吹弧线圈时要产生磁场，根据右手定则可知，触点周围的磁场方向是向内的。触点分开的瞬间所产生的电弧就是载流体，它在磁场的作用下会产生电磁力，根据左手定则判定，力的方向是向上的，故电弧被拉长并吹入灭弧罩中。熄弧角和静触点相连接，其作用是引导电弧向上运动，将热量传递给罩壁，促使电弧熄灭。这种装置是利用电弧电流本身灭弧的，所以电弧电流越大，灭弧能力越强。它广

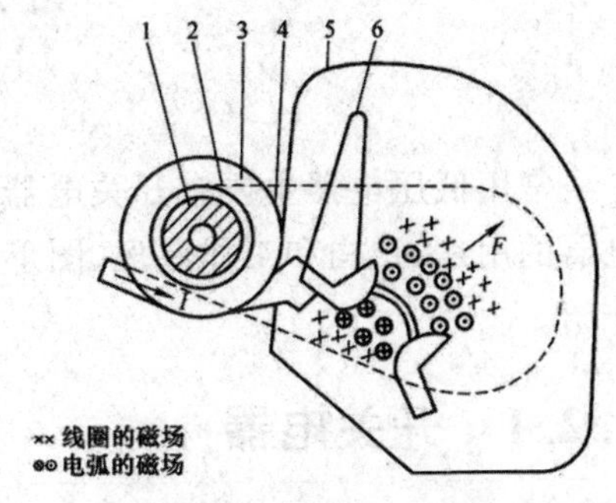

1—铁心；2—绝缘管；3—吹弧线圈；
4—导磁颊片；5—灭弧罩；6—熄弧角

图1-10 磁吹灭弧装置的工作原理

泛用于直流灭弧装置中。

(4)灭弧栅灭弧。灭弧栅灭弧原理如图1-11所示。灭弧栅由多片表面镀铜的薄钢片(即栅片)制成，它们置于灭弧罩内的触点上方，彼此之间互相绝缘，片内距离为2～3mm。一旦发生电弧，电弧周围产生磁场，导磁的钢片将电弧吸入栅片内，电弧被栅片分割成许多串联的短电弧，当交流电压过零时电弧自然熄灭，两栅片间必须有150～250V的电压，电弧才能重燃。这样，一方面电源电压不足以维持电弧，另一方面由于栅片的散热作用，电弧自然熄灭后很难重燃。这种灭弧装置常用于交流灭弧。

(5)利用有机固体介质的狭缝灭弧。狭缝灭弧原理如图1-12所示，灭弧栅片由陶土或有机固体材料制成。触点间的电弧在磁吹线圈产生的磁场和电动力的作用下被拉长，进入灭弧栅片的狭缝中。电弧与栅片紧密接触，将热量传递给室壁，加强去游离。同时，有机固体介质在高温作用下分解而产生气体，压力增大，使电弧强烈冷却，最终熄灭。

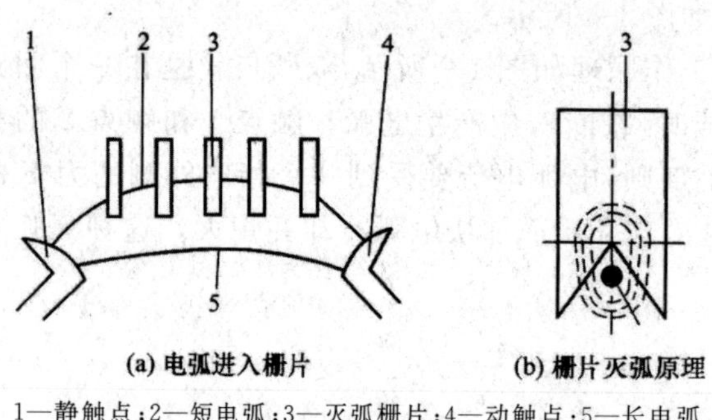

(a) 电弧进入栅片　(b) 栅片灭弧原理

1—静触点；2—短电弧；3—灭弧栅片；4—动触点；5—长电弧

图1-11　灭弧栅灭弧原理

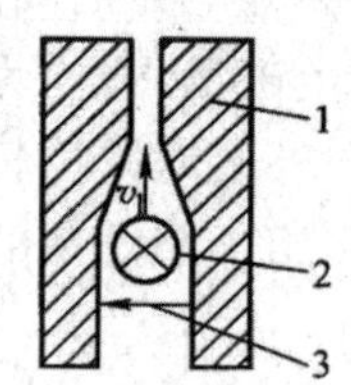

1—灭弧室壁；2—电弧电流；3—灭弧磁场

图1-12　狭缝灭弧原理

(6)利用真空灭弧。真空具有较高的绝缘强度，将开关触点置于真空容器中，当电流过零时即能熄灭电弧。为防止产生过电压，应当不使触点分开时电流突变为零。宜在触点间产生少量金属蒸气，形成电弧通道。当交流电流自然下降过零前后，这些金属蒸气便在真空中迅速飞散而熄灭电弧。

1.2　常用低压电器

常用低压电器主要有开关电器、熔断器、主令电器、接触器和各种继电器。下面对这些电器的用途、结构和工作原理、图形符号和文字符号、使用和选用的注意事项等内容作简要介绍。

1.2.1　开关电器

1. 刀开关与组合开关

刀开关又称隔离开关，是一种结构简单的手动电器，主要用于隔离电源、不经常起动和制动容量小于7.5kW的异步电动机。现在很多应用场合中，刀开关已被低压断路器取代。

最简单的刀开关(手柄操作式单级开关)示意图如图1-13所示。

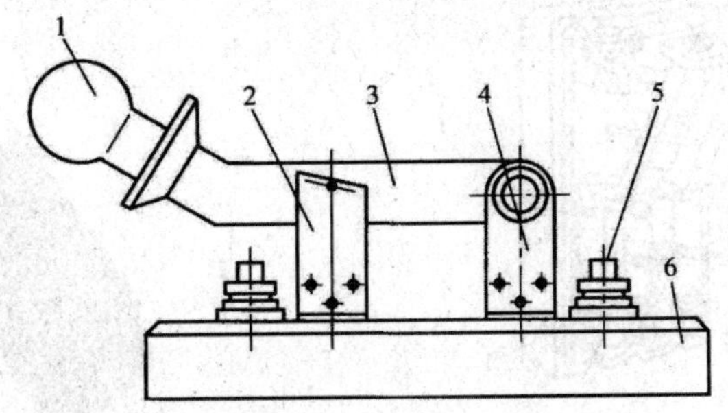

1—手柄;2—刀夹座(静触点);3—闸刀(动触点);
4—铰链支座;5—接线端子;6—绝缘底板

图1-13 手柄操作式单级开关

刀开关的操作方式为通过手动使触刀插入或离开静触点插座。

刀开关在安装时,手柄头应向上,不能倒装或平装,避免手柄由于重力自由下落导致误动作或合闸。接线时,将电源进线接在静触点侧进线座,负载线接在动触点侧出线座,这样能保证拉闸后手柄及负载与电源隔离,避免发生意外。

常用的刀开关有HD型单投刀开关、HS型双投刀开关(刀形转换开关)、HR型熔断器式刀开关、HZ型组合开关、HK型开启式负荷刀开关、HY型倒顺开关和HH型封闭式开关熔断器组等。

1)HD型单投刀开关和HS型双投刀开关

图1-14所示是三极单投和双投刀开关的简单结构图。我国目前生产的单投刀开关主要有HD11、HD12、HD13及HD14系列,额定电压为交流500V及以下、直流440V及以下,额定电流为100～1500A。双投刀开关产品主要有HS11、HS12、HS13等系列。

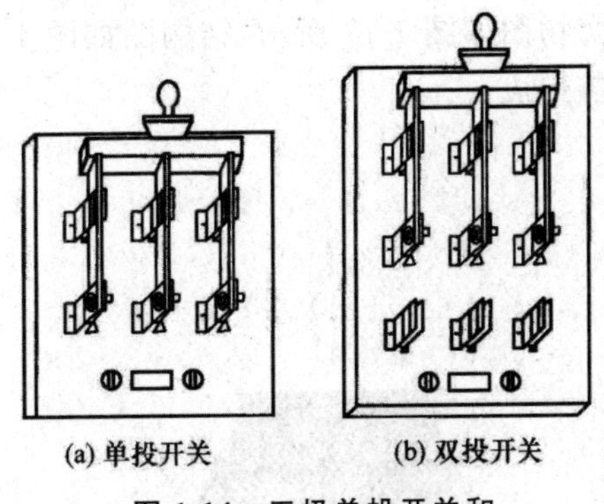

(a) 单投开关 (b) 双投开关

图1-14 三极单投开关和双投开关简单结构图

HD11B、HD12B、HD13B、HD14B、HS11B、HS13B系列开启式刀开关及刀形转换开关适用于额定电压为交流380V、直流400V,额定电流为600～1500A的配电设备中,作为不频繁地手动接通与分断交、直流电路或隔离开关用。

2)HK型开启式负荷开关

开启式负荷开关又称胶盖瓷底刀开关,有时直接地称它为刀开关,可见其在刀开关中具有很强的代表性。该开关由上胶盖、插座、闸刀、操作瓷柄、胶盖紧固螺母、出线座、熔丝、闸刀座、瓷底座和进线座等零件装配而成,其结构如图1-15所示,实物图如图1-16所示。

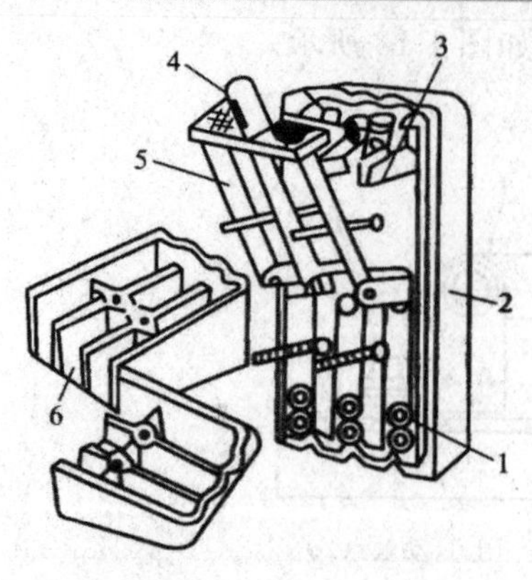

1—熔丝接头；2—瓷底；3—静触点；
4—瓷柄；5—动触点；6—胶盖

图 1-15 HK 系列胶盖瓷底刀开关结构图

图 1-16 胶盖瓷底刀开关实物图

HK 型开启式负荷开关在低压线路中作为一般电灯、家用电器等控制开关用，也可作为分支线路的配电开关。在降低容量的情况下，三极的刀开关还可用做小容量感应电动机的非频繁起动控制开关。由于刀开关具有价格便宜、使用维修方便的优点，因此普遍被用来操作和控制许多机械的拖动电动机。

3）HH 系列封闭式负荷开关

封闭式负荷开关的早期产品都带有一个铸铁外壳，因此俗称铁壳开关。至今，铸铁外壳早已为结构轻巧、强度高而且工艺性也好的薄钢板冲压外壳所取代。系列封闭式负荷开关的实物图如图 1-17 所示，结构图如图 1-18 所示。其内部由触点、灭弧系统、熔断器和操作机构等组成。

图 1-17 HH 系列封闭式负荷开关实物图

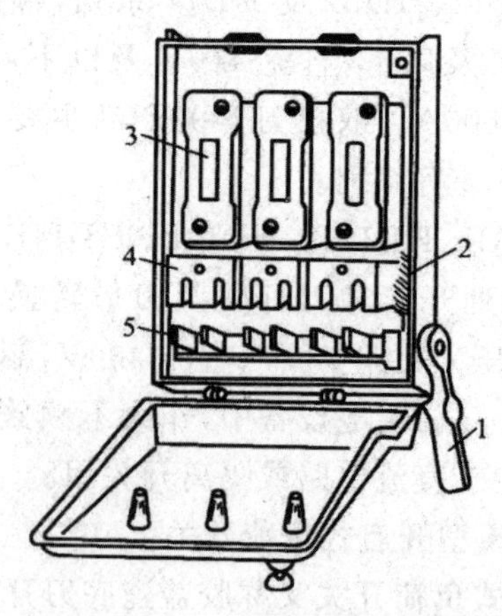

1—手柄；2—速断弹簧；3—熔断器；4—灭弧罩；5—闸刀

图 1-18 HH 系列封闭式负荷开关结构图

封闭式负荷开关的特点如下：

（1）触点设有灭弧室（罩），电弧不会喷出，不必顾虑会发生相间短路及烧损零件等事故。

（2）熔断器的分断能力强，一般为 5kA，有的高达 50kA 以上。

(3)操作机构为储能合闸式,且有联锁装置。这样不仅使开关的合闸和分闸速度与操作速度无关,从而改善开关的动作性能和灭弧性能,而且提高了安全性。

(4)封闭的外壳可保护操作人员免受电弧灼伤。

HH3、HH4系列封闭式负荷开关,操作机构具有速断弹簧与机械联锁,用于非频繁起动、28kW以下的三相异步电动机。

4)HZ型组合开关

组合开关由于其可实现多组触点组合而得名,实际上是一种转换开关。其操作较灵巧,靠动触片的左右旋转来代替刀开关的推合与拉开。

结构上组合开关采用叠装式触点元件组合,图1-19所示为HZ10－10/3型组合开关的外形和结构图。

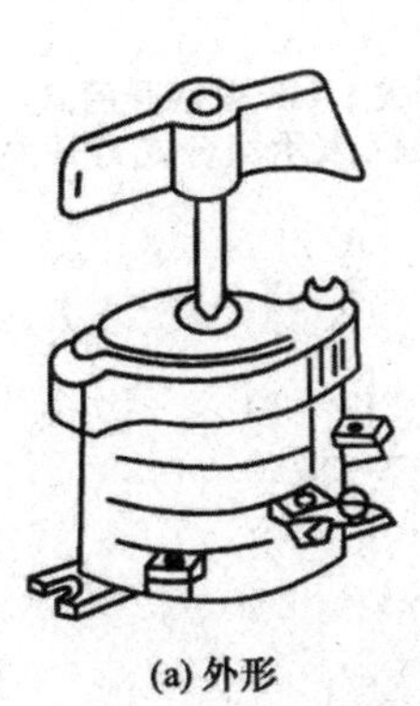

(a) 外形

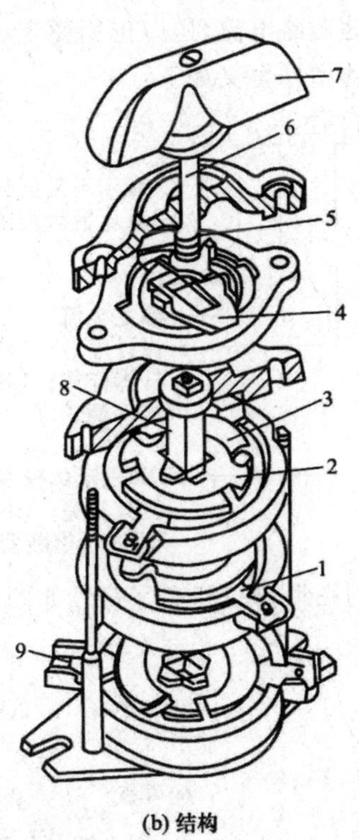

(b) 结构

1—静触片;2—动触片;3—绝缘垫板;4—凸轮;5—弹簧;6—转轴;7—手柄;8—绝缘杆;9—接线柱

图1-19 HZ10－10/3型组合开关的外形和结构

组合开关的特点如下:

(1)体积小、安装面积小。

(2)接线方式多。

(3)由于灭弧性能较好(在封闭的触点盒内灭弧),因此通断能力较强,电寿命较长。

(4)使用安全、方便。

5)熔断器式刀开关

HR3熔断器式刀开关具有刀开关和熔断器的双重功能,这种开关是RT0有填料熔断器和刀开关的组合电器，熔断器固定在带有弹簧钩子锁板的绝缘梁上。在正常运行时，熔断器不脱扣，当线路发生故障时，其熔断体熔断。因此，采用这种开关电器可以简化配电装置结构，作为导线及电气设备的过载和短路保护，以及用于在电网正常馈电的情况下，不频繁地接通或分断电路。

6)刀开关的选择

刀开关的种类多，而且各有特点，选择时应考虑以下两个方面：

(1)刀开关结构形式的选择。应根据刀开关的作用和装置的安装形式选择是否带灭弧装置，若分断负载电流时，应选择带灭弧装置的刀开关。

(2)刀开关的额定电流的选择。一般应等于或大于所分断电路中各个负载额定电流的总和。对于电动机负载，应考虑其起动电流，所以应选用额定电流大一级的刀开关。若再考虑电路出现的短路电流，还应选用额定电流更大一级的刀开关。

刀开关的型号含义如下：

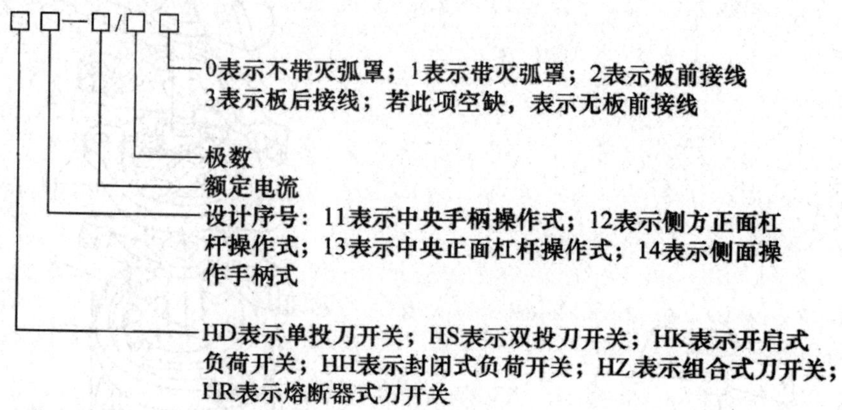

刀开关的图形符号和文字符号如图 1-20 所示。

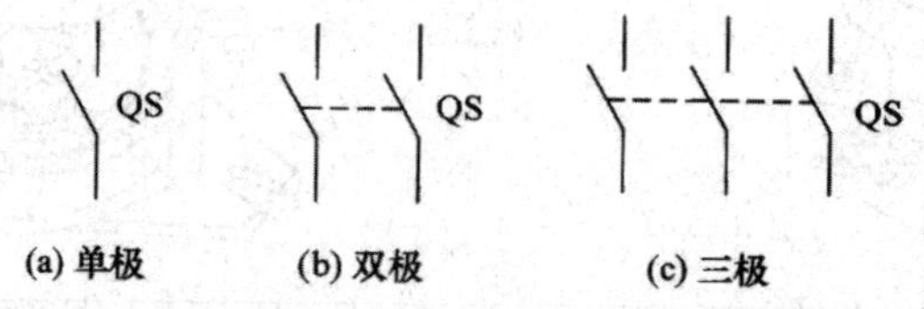

图 1-20 刀开关的图形符号和文字符号

2. 低压断路器

低压断路器俗称自动空气开关，是低压配电网中的主要开关电器之一，它不仅可以接通和分断正常负载电流、电动机工作电流和过载电流，而且可以接通和分断短路电流，主要用在不频繁操作的低压配电线路或开关柜(箱)中作为电源开关使用，并对线路、电器设备及电动机等实行保护，当它们发生严重过电流、过载、短路、断相、漏电等故障时，能自动切断线路，起到保护作用，应用十分广泛。

低压断路器是低压配电系统中的主要电器，也是结构最复杂的低压电器，与低压熔断器比较，具有保护方式多样化、可以多次使用、恢复供电快等优点，又有结构复杂和价格高等缺点。低压断路器除用于低压配电电路之外，也可以作为不频繁起动的电动机的控制和保护电器。

低压断路器的实物图如图 1-21 所示。

图 1-21 低压断路器实物图

1)低压断路器的结构和工作原理

低压断路器的形式种类虽然很多，但其结构和工作原理基本相同，主要由触点系统、灭弧系统、各种脱扣器和开关机构等组成。脱扣器包括过电流脱扣器、欠电压脱扣器、热脱扣器、分励脱扣器和自由脱扣结构。低压断路器的内部结构如图 1-22 所示。开关是靠操作机构手动或电动合闸的。触点闭合后，自由脱扣器机构将触点锁在合闸位置上。当电路发生故障时，通过各自的脱扣器使自由脱扣机构动作，自动跳闸，实现保护作用。

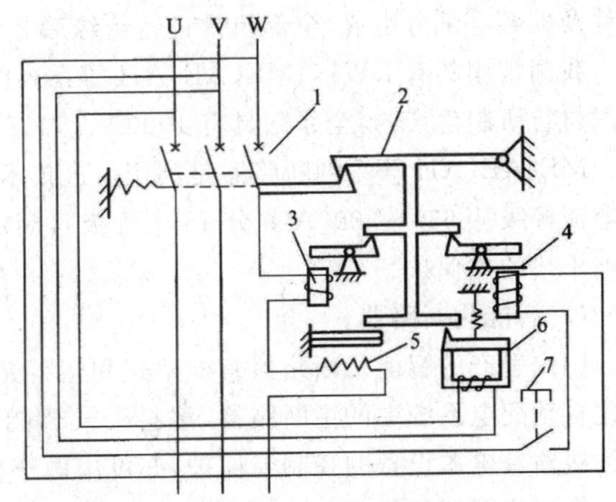

1—主触点；2—自由脱扣机构；3—过电流脱扣器；
4—分励脱扣器；5—热脱扣器；6—欠电压脱扣器；7—按钮

图 1-22 低压断路器内部结构

当电路发生短路或严重过载时，过电流脱扣器的衔铁吸合，使自由脱扣机构动作，主触点断开主电路；当电路过载时，热脱扣器的热元件发热使双金属片上弯曲，推动自由脱扣机构动作；当电路欠电压时，欠电压脱扣器的衔铁释放，也使自由脱扣机构动作。分励脱扣器则作为远距离控制用，在正常工作时，其线圈是断电的，在需要距离控制时，按下起动按钮，使线圈通电，衔铁带动自由脱扣机构动作，使主触点断开。

以上介绍的是低压断路器可以实现的功能，但并不是每一个低压断路器都具备这些功能，如有的低压断路器没有分励脱扣器，有的没有热保护等。大部分低压断路器都具有过电流保护和欠电压保护等。

2)低压断路器的典型产品

低压断路器主要是以结构形式分类，即开启式和装置式两种。开启式又称为框架式或万能式，装置式又称为塑料壳式。常见的典型产品还有智能化断路器、漏电保护断路器。

(1)装置式断路器。

装置式断路器有绝缘塑料外壳,内装触点系统、灭弧室及脱扣器等,可手动或电动(对大容量断路器而言)合闸,有较高的分断能力和动稳定性,有较完善的选择性保护功能,广泛用于配电线路。

常用的有DZ15、DZ20、DZX19和C45N(已升级为C65N)等系列产品。其中,C45N(C65N)断路器具有体积小、分断能力高、限流性能好、操作轻便,型号规格齐,可以方便地在单极结构基础上组合成二极、三极、四极断路器等优点,广泛使用在60A及以下的民用照明支干线及支路中(多用于住宅用户的进线开关及商场照明支路开关)。

(2)开启式低压断路器。

开启式断路器一般容量较大,具有较高的短路分断能力和较高的动稳定性,适用于交流50Hz、额定电压380V的配电网络中作为配电干线的主保护。

开启式断路器主要由触点系统、操作机构、过电流脱扣器、分励脱扣器、欠电压脱扣器、附件及框架等部分组成,全部组件进行绝缘后装于框架结构底座中。

我国常用的有DW15、ME、AE、AH等系列的框架式低压断路器。DW15系列断路器是我国自行研制生产的,全系列具有1000A、1500A、2500A和4000A等几个型号。

ME、AE、AH等系列断路器是利用引进技术生产的。它们的规格型号较为齐全(ME开关电流等级从630～5000A共分13个等级),额定分断能力比DW15系列更强,常用于低压配电干线的主保护。

(3)智能化断路器。

国内生产的智能化断路器有框架式和塑料壳式两种。框架式智能化断路器主要用做智能化自动配电系统中的主断路器,塑料壳式智能化断路器主要用在配电网络中分配电能和作为线路及电源设备的控制与保护,亦可用做三相笼型异步电动机的控制。

智能化断路器的特征是采用了以微处理器或单片机为核心的智能控制器(智能脱扣器),它不仅具备普通断路器的各种保护功能,同时还具备实时显示电路中的各种电气参数(电流、电压、功率和功率因数等),对电路实现在线监视、自行调节、测量、试验、自诊断、可通信等功能,能够对各种保护功能的动作参数进行显示、设定和修改,保护电路动作时的故障参数能够存储在非易失存储器中以便查询。DW45、DW40、DW914(AH)、DW18(AE-S)、DW48、DW19(3WE)、DW17(ME)等框架式智能化断路器和塑料壳式智能化断路器都配有ST系列智能控制器及配套附件,ST系列智能控制器采用积木式配套方案,可直接安装于断路器本体,无须重复二次接线,并可多种方案任意组合。

(4)漏电保护断路器。

漏电保护断路器用于防止用电设备发生漏电及人体触电等事故的发生。当发生上述情况时,它能在安全时间内自动切断故障电路,避免设备和人体受到危害。

漏电保护断路器有电磁式电流动作型、电压动作型和晶体管电流动作型。图1-23所示为电磁式电流动作型漏电保护断路器的工作原理图,它由断路器本体、零序电流互感器和漏电脱扣器等组成。

漏电脱扣器由衔铁、线圈、铁心、永久磁铁、分磁板、拉力弹簧和铁轭组成,如图1-24所示。

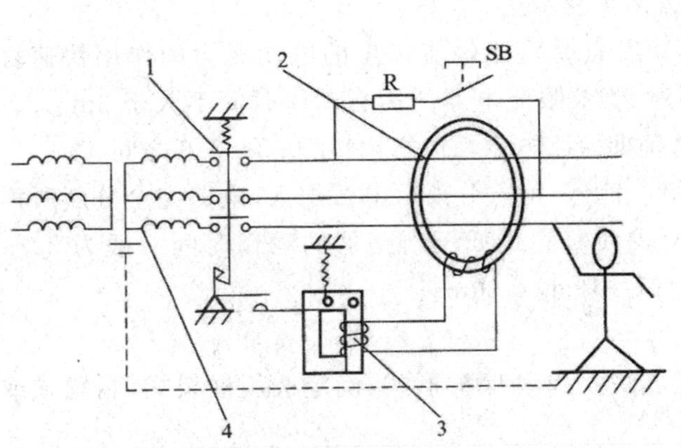

1—断路器本体；2—零序电流互感器；3—脱扣器；4—变压器

图 1-23 电磁式电流动作型漏电保护断路器的工作原理图

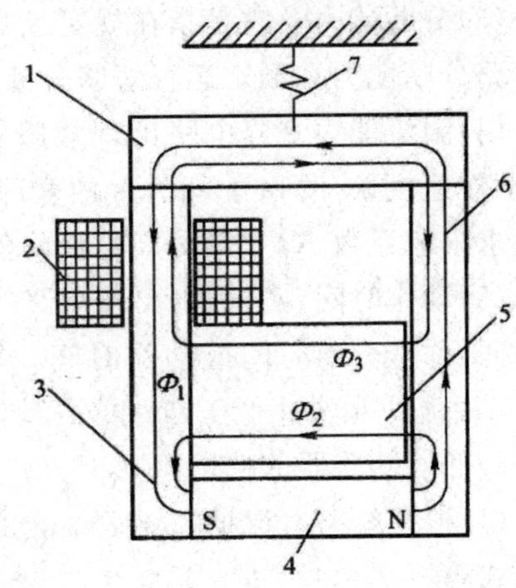

1—衔铁；2—线圈；3—铁心；4—永久磁铁；5—分磁板；6—铁轭；7—拉力弹簧

图 1-24 漏电脱扣器的结构

当电网正常运行时，不论三相负载是否平衡，通过零序电流互感器主电路的三相电流相量和等于零，即

$$\boldsymbol{I}_A + \boldsymbol{I}_B + \boldsymbol{I}_C = 0 \tag{1-7}$$

零序电流互感器二次绕组中无电流输出。这时，漏电脱扣器的衔铁被永久磁铁产生的磁通 Φ_1 吸力吸住，拉力弹簧被拉紧，漏电断路器工作于闭合状态。当出现漏电或触电事故时，漏电或触电电流通过大地回到变压器的中性点，三相电流的相量和不再等于零，即

$$\boldsymbol{I}_A + \boldsymbol{I}_B + \boldsymbol{I}_C = \boldsymbol{I}_e \tag{1-8}$$

式中 I_e——总漏电电流。

零序电流互感器二次绕组中便产生了对应于 I_e 的感应电压 U_2，漏电脱扣器线圈中有电流通过，它在磁路中产生交变磁通 Φ_3，Φ_3 有半个周期在方向上与磁通 Φ_1 相反，互相抵消。当 I_e 达到一定值时，漏电脱扣器衔铁在拉力弹簧作用下释放，衔铁上的脱扣指使脱扣机构动作，断路器断开主电路。这种漏电保护断路器的动作非常快，在达到动作电流以后，只需 0.02s 就能使衔铁释放。漏电脱扣器中配置分磁板是为了减少磁路对于磁通 Φ_3 的磁阻，以提高动作的灵敏度，同时防止永久磁铁退磁老化。

图 1-23 中，试验按钮 SB 为常开测试按钮，与电阻 R 串联后跨接于两相电路上，当按下 SB 后，漏电保护断路器应立即断开，以证明其漏电保护性能是良好的。电阻 R 的选择应使回路电流等于或略小于规定的漏电动作电流。

漏电保护断路器的常用型号有 DZ15LE、DZL16、DZL18 等。

3）断路器的主要技术参数

断路器的主要技术参数包括额定电压、额定电流、极数、脱扣器类型、分断能力、限流能力和动作时间等。

（1）额定电压。低压断路器长时间运行所能承受的工作电压。

（2）额定电流。低压断路器长时间运行时的允许持续电流。

(3)分断能力。它是指在规定条件下能够接通和分断的短路电流值。通常采用额定极限短路分断能力和额定运行短路分断能力两种表示法。

(4)限流能力。当电路出现故障时,动触点受短路电流产生的电动斥力的作用快速打开,动作速度快,约在 8～10ms 内全部断开,要求限流电器的固有动作时间不大于 3ms。一般要求限流系数 K(实际分断电流峰值与预期短路电流峰值之比)在 0.3～0.6 之间。

(5)动作时间。从网络出现短路的瞬间开始至触点分离后电弧熄灭,电路完全分断所需的时间,称全分断时间或动作时间。框架式和塑壳式低压断路器的动作时间一般为 30～60ms;限流式和快速低压断路器的动作时间一般小于 20ms。

4)低压断路器的选用原则

(1)根据线路对保护的要求确定断路器的类型和保护形式,确定选用框架式、装置式或限流式等。

(2)断路器的额定电压应等于或大于被保护线路的额定电压。

(3)断路器欠电压脱扣器额定电压应等于被保护线路的额定电压。

(4)断路器的额定电流及过电流脱扣器的额定电流应大于或等于被保护线路的计算电流。

(5)断路器的极限分断能力应大于线路的最大短路电流的有效值。

(6)配电线路中的上、下级断路器的保护特性应协调配合,下级的保护特性应位于上级保护特性的下方且不相交。

(7)断路器的长延时脱扣电流应小于导线允许的持续电流。

5)低压断路器的型号意义

低压断路器的型号意义如下:

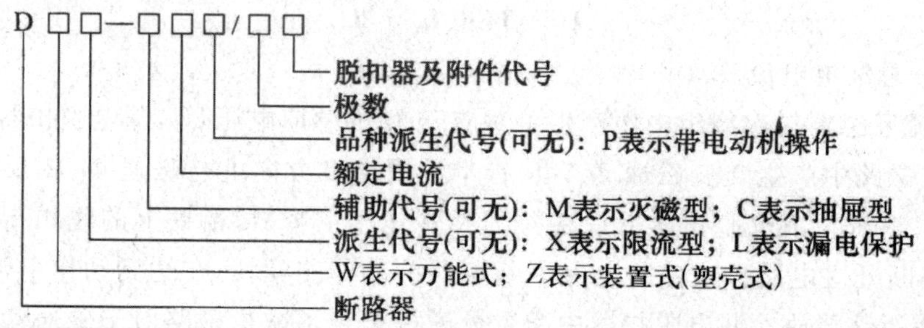

6)断路器的图形符号和文字符号

断路器的图形符号和文字符号如图 1-25 所示。

1.2.2 熔断器

低压熔断器广泛应用于低压配电系统和控制系统中,主要起严重过载和短路保护作用,同时也是单台电器设备的重要保护元件之一。熔断器的熔体串接于被保护的电路中,当通过它的电流超过规定值(电路发生短路或严重过载)一定时间后,以其自身产生的热量使熔体熔断,从而自动切断电路,实现短路保护及过载

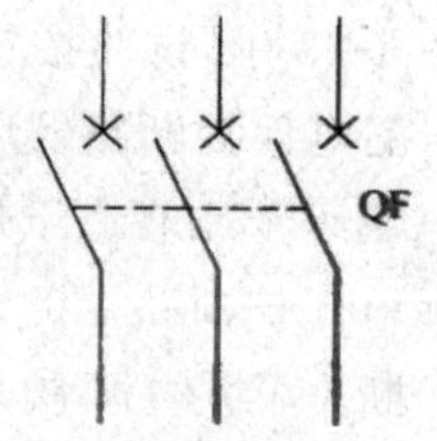

图 1-25 断路器的图形符号和文字符号

保护。熔断器与其他开关电器组合可构成各种熔断器组合电器，如熔断器式刀开关等。

熔断器具有结构简单、体积小、重量轻、使用维护方便、价格低廉、分断能力较强和限流能力良好等优点，与其他低压电器配合使用，有很好的技术经济效果，因此在电路中得到广泛应用。

1. 熔断器的结构和工作原理

熔断器结构上一般由熔断管（或座）、熔体、填料及导电部件等部分组成。其中，熔断管一般由硬质纤维或瓷质绝缘材料制成封闭或半封闭式管状外壳，熔体装于其内，并有利于熔体熔断时熄灭电弧；熔体是由金属材料制成不同的丝状、带状、片状或笼形，除丝状外，其他通常制成变截面积结构，目的是改善熔体材料性能及控制不同故障情况下的熔化时间。

使用时，熔体与受保护的电路及电气设备串联，当通过熔体的电流为正常工作电流时，熔体的温度低于材料的熔点，熔体不熔化；当电路中发生过载或短路故障时，通过熔体的电流增加，熔体的电阻损耗增加，使其温度上升，达到熔体金属的熔点，于是熔体自行熔断，故障电路被分断，完成保护任务。

2. 熔断器的分类

1）螺旋式熔断器

螺旋式熔断器的实物如图1-26所示，结构如图1-27所示。螺旋式熔断器有RLS系列和RL1系列。在熔断管装有石英砂，用于熔断时的消弧和散热，熔体埋于其中，熔体熔断时，电弧喷向石英砂及其缝隙，可迅速降温而熄灭。为了便于监视，石英砂瓷管头部装有一个染成红色的熔断指示器，一旦熔体熔断，指示器马上弹出脱落，透过瓷帽上的玻璃孔可以看到，起到指示的作用。螺旋式熔断器具有较大的热惯性和较小的安装面积，额定电流为5～200A，分断电流较大，它常用于机床电气控制设备中，其缺点是熔体为一次性使用，成本较高。

图1-26　螺旋式熔断器实物图

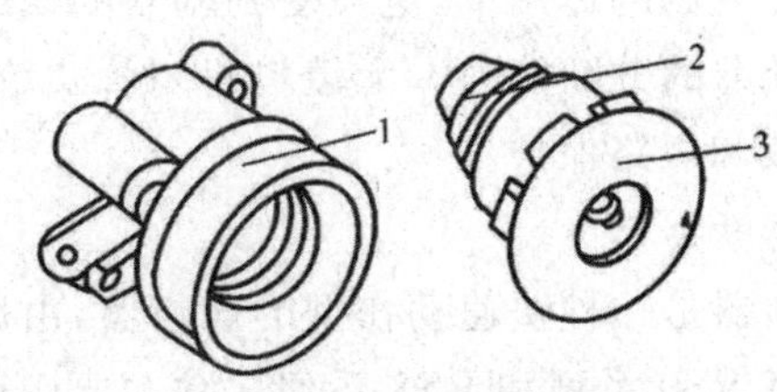

1—底座；2—熔体；3—瓷帽

图1-27　螺旋式熔断器结构

2）有填料封闭管式熔断器

有填料封闭管式熔断器结构如图1-28所示，有的还包括熔断指示器和熔断体盖板。有填料封闭管式熔断器有RT0、RT14系列。熔体采用纯铜箔冲制的网状熔片并联而成，装配时将熔片围成笼形，使填料与熔体充分接触，这样既能均匀分布电弧能量，提高分断能力，又可使管体受热较为均匀而不易断裂。

熔断指示器是一个机械信号装置，指示器上焊有一根很细的康铜丝，与熔体并联。在正常情况下，由于康铜丝的电阻很大，电流基本上从熔体流过。当熔体熔断时，电流流过康铜丝，使其迅速熔断。此时，指示器在弹簧的作用下立即向外弹出，显现出醒目的红色信号。像 RT14、RT18 等一些新型的熔断器采用发光二极管作熔断指示器，当熔体熔断时，电流流过发光二极管而发光指示。绝缘手柄用来装卸熔体的可动部件。瓷质管体内充满了石英砂填料，起冷却和消弧的作用，加上熔体的特殊结构，使有填料封闭管式熔断器可以分断较大的电流，故常用于大容量的配电线路中。

3）无填料封闭管式熔断器

无填料封闭管式熔断器结构如图 1-29 所示。

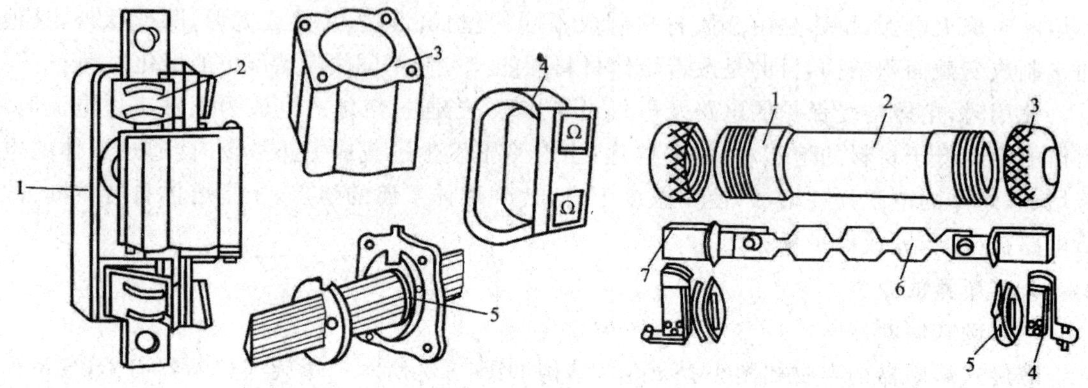

1—瓷底座；2—弹簧片；3—管体；4—绝缘手柄；5—熔体

图 1-28　有填料封闭管式熔断器

1—铜圈；2—熔断管；3—管帽；4—插座；5—特殊垫圈；6—熔体；7—熔片

图 1-29　无填料封闭管式熔断器

无填料封闭管式熔断器有 RM10 系列。当发生短路时，熔体在最细处熔断，并且多处同时熔断，有助于提高分断能力。熔体熔断时，电弧被限制在封闭管内，不会向外喷出，故使用起来较为安全。另外，在熔断过程中，密闭管内产生大量气体，气体压力达到 30～80 个标准大气压。在此气压的作用下，电弧受到剧烈的压缩，加强了复合作用，促使电弧很快熄灭，从而提高了熔断器的分断能力。无填料封闭管式熔断器常用于低压电力线路或成套配电设备中的连续过载和短路保护。

4）快速熔断器

快速熔断器是一种快速动作型的熔断器，由熔断管、触点底座、动作指示器和熔体组成。快速熔断器有 RS0 系列和 RS3 系列。它主要用于半导体整流元件或整流装置的短路保护。半导体器件的过载能力很低，只能在极短的时间（数毫秒至数十毫秒）内承受过载电流。而一般熔断器的熔断时间是以秒计的，所以不能用来保护半导体器件，为此，必须采用在过载时能迅速动作的快速熔断器。快速熔断器的结构与有填料封闭管式熔断器基本一致，不同的是快速熔断器采用以银片冲制成的有 V 形深槽的变截面积熔体。

5）自复式熔断器

自复式熔断器采用低熔点金属钠作熔体。当发生短路故障时，短路电流产生高温使钠迅速气化，呈现高阻状态，从而限制了短路电流的进一步增加。一旦故障消失，温度下降，金属钠蒸气冷却并凝结，重新恢复原来的导电状态，为下一次动作做好准备。由于自复式熔断器只能限制短路电流，却不能真正切断电路，故常与断路器配合使用，它的优点是不必更换熔体，可重复使用。

6)插入式熔断器

插入式熔断器结构如图1-30所示，常用的插入式熔断器有RClA系列。由软铝丝或铜丝制成熔体，这种熔断器一般用在380V及以下电压等级低压照明线路末端，或分支电路中作短路保护及高倍过电流保护之用，其特点是结构简单，尺寸小，更换方便，价格低廉。

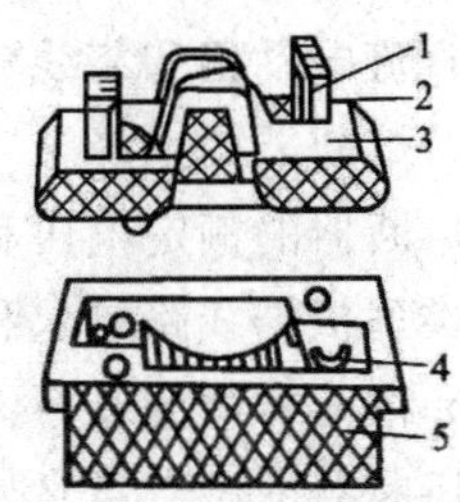

1—动触点；2—熔体；
3—瓷插件；4—静触点；5—瓷座

图1-30　插入式熔断器结构

3. 熔断器的保护特性

熔断器的保护特性也就是熔体的熔断特性，一般也称作为安秒特性。所谓安秒特性是指熔体的熔化电流与熔化时间的关系，如图1-31所示。

从特性曲线上可以看出，熔断器的熔断时间与通过熔体的电流大小有关，流过熔体的电流越大，熔断时间越短，因为熔体在熔化和气化过程中，所需热量是一定的，所以保护特性是反时限特性曲线。

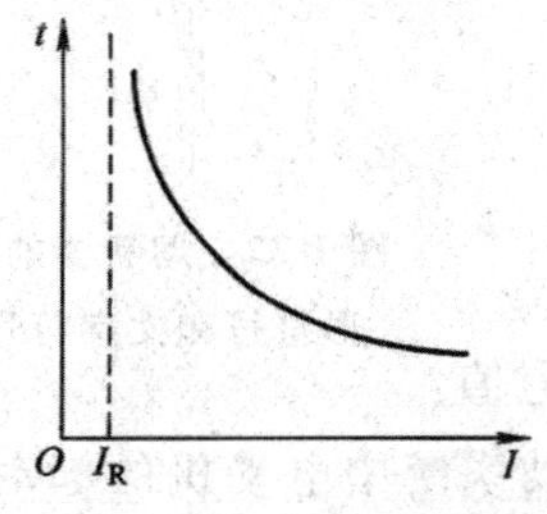

图1-31　熔断器的保护特性曲线

从图1-31中还可以看到存在一条熔断电流与不熔断电流的分界线，当电流值为I_R时，熔断时间为无穷大，称此电流为最小熔断电流或临界电流。熔断器的额定电流I_N必须小于最小熔断电流I_R。

熔断器的最小熔断电流I_R与额定电流I_N之比称为熔断器的熔化系数，熔化系数主要取决于熔体的材料、工作温度和结构。一般情况下，当通过的电流不超过$1.25I_N$时，熔体将长期工作；当电流不超过$2I_N$时，约在30～40s后熔断；当电流达到$2.5I_N$时，约在8s左右熔断；当电流达到$4I_N$时，约在2s左右熔断；当电流达到$10I_N$时，熔体瞬时熔断。所以当电路发生短路时，短路电流将使熔体瞬时熔断。

熔断器的结构简单，价格低廉，但动作准确性较差，熔体熔断以后需重新更换，而且若只熔断一相还会造成电动机的断相运行，所以它只适用于自动化程度和其动作准确性要求不高的场合。

4. 熔断器的选择

熔体和熔断器只有经过正确选择，才能起到保护作用。一般根据被保护电路的需要，首先选择熔体的规格，再根据熔体的规格确定熔断器的规格。

1)熔体额定电流的选择

对于照明和电热设备等阻性负载电路的断路保护，熔体的额定电流应稍大于或等于负载的额定电流。

由于电动机的起动电流很大，必须考虑起动时熔丝不能断，因此熔体的额定电流选得要大些。

单台电动机：熔体的额定电流为(1.5～2.5)倍电动机的额定电流。

多台电动机：熔体的额定电流为(1.5～2.5)倍容量最大的电动机额定电流与其余电动

机的额定电流之和。

减压起动电动机:熔体的额定电流为(1.5～2.0)倍电动机的额定电流。

直流电动机和绕线转子电动机:熔体的额定电流为(1.2～1.5)倍电动机的额定电流。

2)熔断器的选择

熔断器的额定电压和额定电流应不小于线路的额定电压和所装熔体的额定电流。熔断器的类型根据线路要求和安装条件而定。

5.熔断器的型号意义

熔断器的型号意义如下：

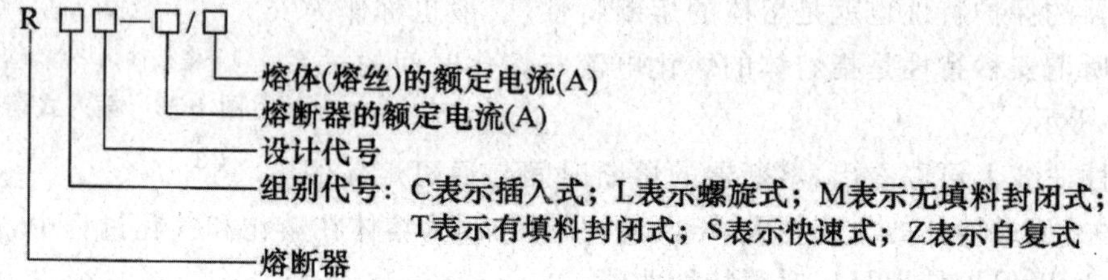

6.熔断器的图形符号和文字符号

熔断器的图形符号和文字符号如图1-32所示。

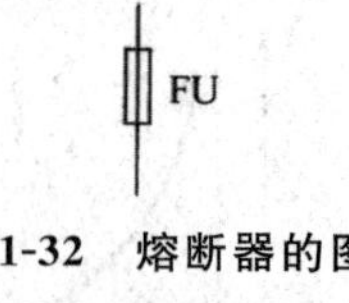

图1-32 熔断器的图形符号和文字符号

1.2.3 主令电器

控制系统中,主令电器是一种发布电气控制指令的电器。它直接或通过电磁式电器间接作用于控制电路,常用来控制电力拖动系统中电动机的起动、停车、调速及制动等。

常用的主令电器有控制按钮、行程开关、接近开关、万能转换开关和主令控制器等。主令电器一般需要借助外力来执行动作,如按钮和万能转换开关需要借助操作者的力量执行动作,行程开关则需要借助机械的运动部件碰压才能执行动作。

1.按钮

控制按钮是一种结构简单、使用广泛的手动主令电器,它可以与接触器或继电器配合,对电动机实现远距离的自动控制,是一种短时间接通或断开小电流电路的手动控制指令电器。

1)按钮的触点形式

动合按钮:外力未作用时(手未按下),触点是断开的;外力作用时,触点闭合,但外力消失后,在复位弹簧作用下自动恢复原来的断开状态。这样的触点称为常开触点。

动断按钮:外力未作用时(手未按下),触点是闭合的;外力作用时,触点断开,但外力消失后,在复位弹簧作用下自动恢复原来的闭合状态。这样的触点称为常闭触点。

复合按钮:由常开触点和常闭触点组成。按下复合按钮时,所有的触点都改变状态,即常开触点要闭合,常闭触点要断开。但是,这两对触点的变化是有先后次序的,按下按钮时,常闭触点先断开,常开触点后闭合;松开按钮时,常开触点先复位(断开),常闭触点后复位(闭合)。

2)按钮的结构

按钮通常做成复合式,即具有常闭触点和常开触点。按钮的外形如图 1-33 所示,内部结构如图 1-34 所示,此按钮为复合按钮,由按钮帽、复位弹簧、桥式触点和外壳等组成,按下按钮时,先断开常闭触点,后接通常开触点;按钮释放后,在复位弹簧的作用下,按钮触点自动复位的先后顺序相反。通常,在无特殊说明的情况下,有触点电器的触点动作顺序均为“先断后合”。

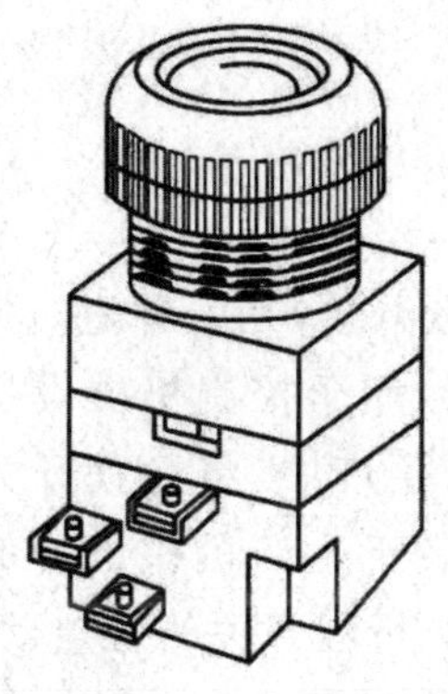

图 1-33　按钮的外形图

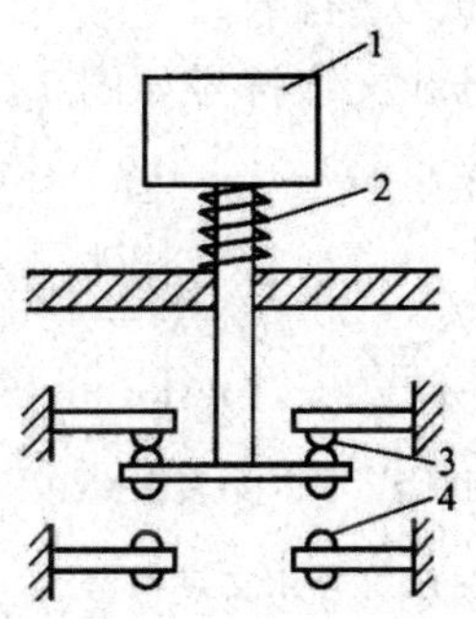

1—按钮帽;2—复位弹簧;3—常闭触点;4—常开触点

图 1-34　按钮内部结构图

3)按钮的选择

按钮选择的主要依据是使用场所、需要的触点数量、种类及颜色。

在电器控制电路中,常开按钮常用来起动电动机,也称起动按钮,常闭按钮常用于控制电动机停车,也称停车按钮,复合按钮用于联锁控制电路中。

控制按钮的种类很多,在结构上有按钮式、紧急式、钥匙式、旋钮式和指示灯式等。

常用的控制按钮有 LA18、LA19、LA20、LA25、LAY3 等系列按钮。其中 LA18 系列采用积木式结构,触点数目可按需要拼装至六常开六常闭,一般装成二常开二常闭。LA19、LA20 系列有带指示灯和不带指示灯两种,前者按钮帽用透明塑料制成,兼做指示灯罩。

4)按钮在使用过程中的注意事项

(1)按钮安装在面板上时,应布置合理,排列整齐。

(2)按钮触点之间距离较小,如有油污或其他脏物容易造成短路,应注意保持触点及导电部分的清洁。

(3)在面板上固定按钮时安装应牢固,停止按钮用红色,起动按钮用绿色或黑色。

(4)使用前,应检查按钮帽弹性是否正常,动作是否自如,触点接触是否良好可靠。

5)按钮的型号含义

按钮的型号含义如下:

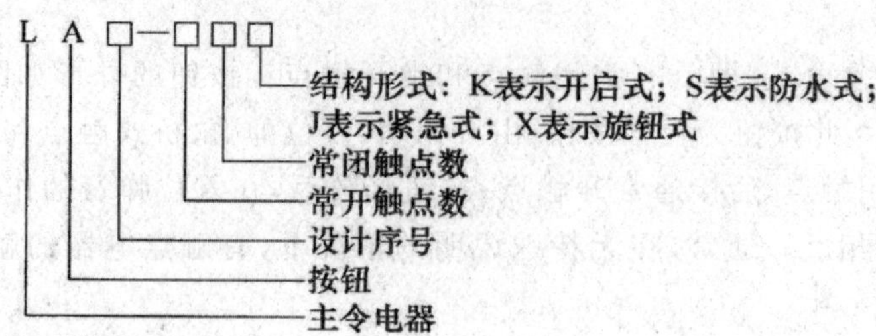

6)按钮的图形和文字符号

按钮的图形符号和文字符号如图1-35所示。

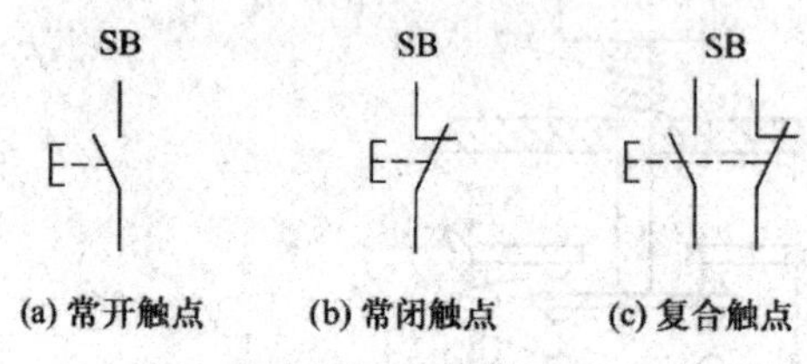

图1-35　按钮的图形符号和文字符号

2.行程开关

行程开关(位置开关)是一种短时接通或断开小电流电路的电器,用于控制机械设备的行程及限位保护。在实际生产中,将行程开关安装在预先安排的位置,当装于生产机械运动部件上的模块撞击行程开关时,行程开关的触点动作,实现电路的切换。因此,行程开关是一种根据运动部件的行程位置来切换电路的电器,它的作用原理与按钮类似。

有时将行程开关安装于运动机械行程终端处,以限制其行程,进行终端限位保护,这时又称为限位开关。

行程开关广泛用于各类机床和起重机械,用于控制生产机械的运动方向、速度、行程大小或位置。例如在电梯的控制电路中,利用行程开关来控制开关轿门的速度、自动开关门的限位,轿厢的上、下限位保护。机床上也有很多行程开关,用它控制工件运动或自动进刀的行程,避免发生碰撞事故。有时利用行程开关使被控物体在规定的两个位置之间自动换向,从而得到不断的往复运动。

行程开关按其结构可分为直动式、滚轮式、微动式和组合式。

1)直动式行程开关

直动式行程开关结构原理如图1-36所示,由推杆、复位弹簧、触点和外壳组成,具有结构简单、价格低廉的优点。

直动式行程开关动作原理与按钮类似,不同的是按钮为手动,行程开关则由运动部件的撞块碰撞。当外界运动部件上的撞块碰压行程开关的推杆,使其触点动作,当运动部件离开后,在弹簧作用下,其触点自动复位。行程开关触点的分合速度取决于生产机械的运行速度,不宜用于速度低于0.4m/min的场所。当移动速度低于0.4m/min时,触点分断缓慢,不能瞬时切换电路,触点易被电弧烧损。

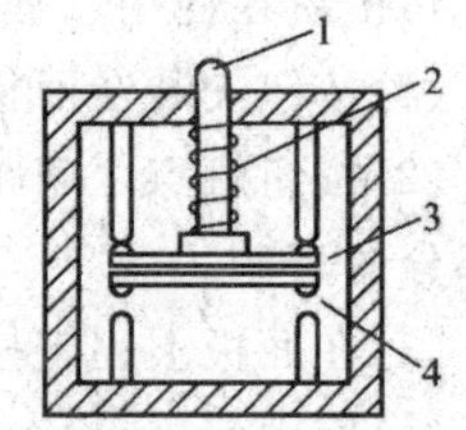

1—推杆;2—弹簧;
3—常闭触点;4—常开触点

图1-36　直动式行程开关

2)滚轮式行程开关

滚轮式行程开关如图1-37所示。滚轮式行程开关又分为单滚轮自动复位式和双滚轮(羊角式)非自动复位式,双滚轮行程开关具有两个稳态位置,有“记忆”作用,在某些情况下可以简化线路。

当运动机械的挡铁(撞块)压到行程开关的滚轮上时,传动杠连同转轴一同转动,使凸轮推动撞块,当挡铁碰压到一定位置时,推动微动开关快速动作。当滚轮上的挡铁移开后,复位弹簧就使行程开关复位,这种是单轮自动恢复式行程开关。而双轮旋转式行程开关不能自动复原,它是依靠运动机械反向移动时,挡铁碰撞另一滚轮将其复原。

滚轮式行程开关触点的分合速度不受运动机械移动速度的影响。

3)微动式行程开关

微动式行程开关结构如图1-38所示,常用的有LXX—11系列产品。微动开关安装了弯形片状弹簧,使推杆在很小的范围内移动时,可使触点因簧片的翻转而改变状态。它具有体积小、重量轻、动作灵敏、能瞬时动作、微小动作行程等优点,常用于要求行程控制准确度较高的场合。

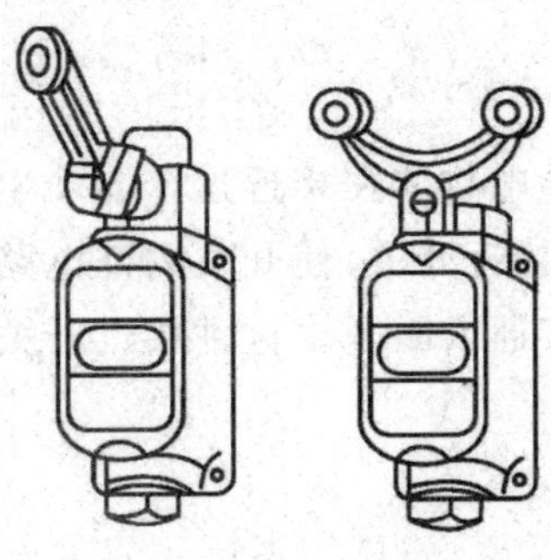

图1-37 滚轮式行程开关

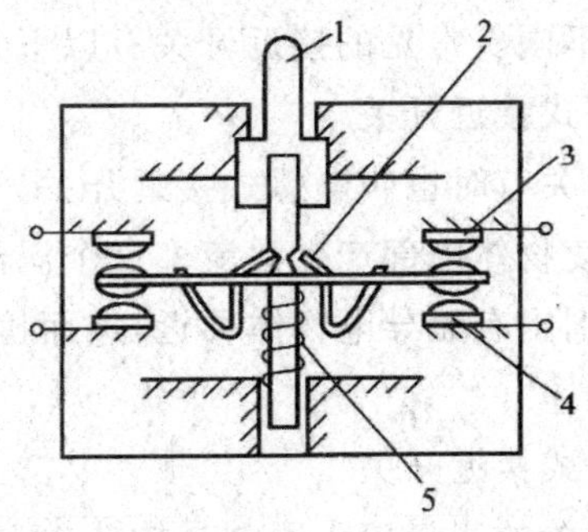

1—推杆;2—畸形片状弹簧;3—常开触点;4—常闭触点;5—恢复弹簧

图1-38 微动式行程开关

4)行程开关型号的含义

行程开关型号的含义如下:

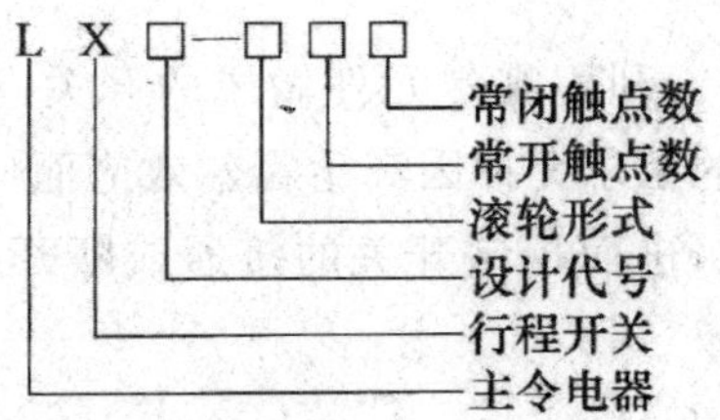

5)行程开关图形符号和文字符号

行程开关图形符号和文字符号如图1-39所示。

3.接近开关

接近开关又称无触点行程开关,当某种物体与其感应头接近到一定距离时就发出动作信号,它不像机械行程开关那样需要施加机械力,而是通过其感应头与被测物体间介质能量的变化来获取信号。接近开关的应用已远超

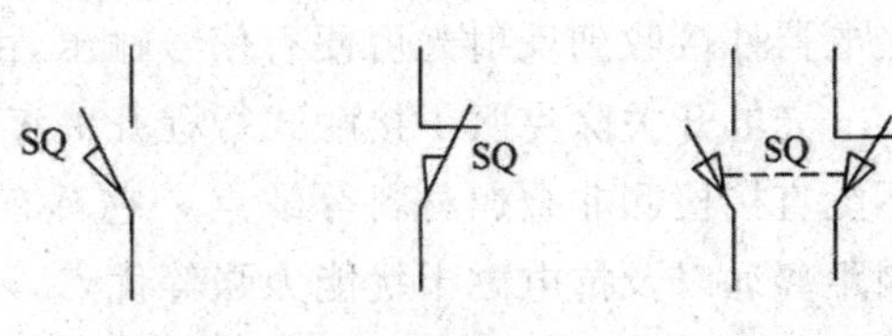

图1-39 行程开关图形符号和文字符号

出一般行程控制和限位保护的范畴，例如用于高速计数、测速、液面控制、零件尺寸等。即便用于一般行程控制，其定位精度、操作频率、使用寿命和对恶劣环境的适应能力也优于一般机械式行程开关。

接近开关的原理如图1-40所示。它是由感应头、振荡器、放大电路和输出器组成。当运动部件与接近开关的感应头接近时，使其输出一个电信号。

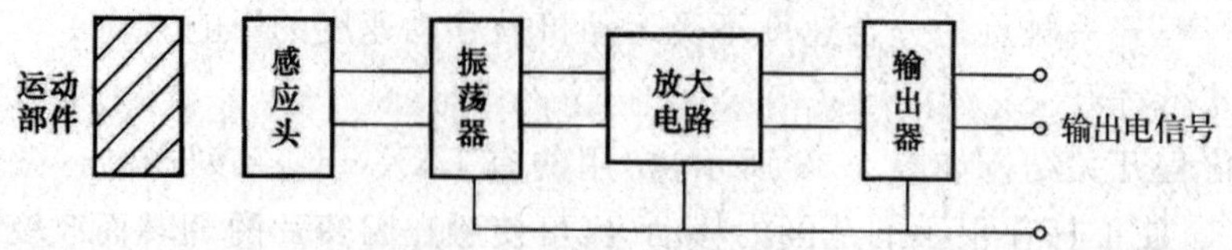

图1-40 接近开关的原理图

因为位移传感器可以根据不同的原理和方法做成，因而不同的位移传感器对物体的“感知”方法也不同。常见的接近开关有以下几种。

1)涡流式接近开关

这种开关有时也叫电感式接近开关。它是利用导电物体在接近这个能产生电磁场的接近开关时，使物体内部产生涡流。这个涡流反作用到接近开关，使开关内部电路参数发生变化，由此识别出有无导电物体移近，进而控制开关的接通或断开。这种接近开关的检测对象必须是导电体。

2)电容式接近开关

这种开关的测量探头通常是构成电容器的一个极板，而另一个极板是开关的外壳。这个外壳在测量过程中通常是接地或与设备的机壳相连接。当有物体移向接近开关时，不论它是否为导体，由于它的接近总会使电容的介电常数发生变化，从而使电容量发生变化，使得和测量头相连的电路状态随之发生变化，由此便可控制开关的接通或断开。这种接近开关的检测对象不限于导体，可以是绝缘的液体或粉状物等。

3)霍尔接近开关

霍尔元件是一种磁敏元件。利用霍尔元件做成的开关，叫做霍尔开关。当磁性物件移近霍尔开关时，开关检测面上的霍尔元件因产生霍尔效应而使开关内部电路状态发生变化，由此识别附近有磁性物体存在，进而控制开关的接通或断开。这种接近开关的检测对象必须是磁性物体。

4)光电开关

光电开关是利用光电感应原理实现开关动作的电气元器件，是接近开关的又一种形式。将发光器件与光电器件按一定方向装在同一个检测头内，当有反光面(被检测物体)接近时，光电器件接收到反射光后便有信号输出，由此便可“感知”有物体接近。

光电开关除克服了接触式行程开关存在的诸多不足外，还克服了接近开关作用距离短、不能直接检测非金属材料等缺点。它具有体积小、功能多、寿命长、精度高、响应速度快、检测距离远以及抗电磁干扰能力强等优点，还可非接触、无损伤地检测和控制各种固体、液体、透明体、黑体、柔软体和烟雾等物质的状态和动作。目前，光电开关已被用于物位检测、液位检测、产品计数、尺寸判别、速度检测、定长控制、孔洞识别、信号延时、自动门控、色标检出以及安全防护等诸多领域。

光电开关按检测方式可分为反射式、对射式和镜面反射式3种类型：

(1)反射式光电开关是利用物体把光电开关发射出的红外线反射回去，由光电开关接收，从而判断是否有物体存在。如有物体存在，光电开关接收到红外线，其触点动作，否则其触点复位。

(2)对射式光电开关是由分离的发射器和接收器组成。当无遮挡物时，接收器接收到发射器发出的红外线，其触点动作；当有物体挡住时，接收器便接收不到红外线，其触点复位。

(3)镜面反射式光电开关由发射器和接收器构成，从发射器发出的光束在对面的反射镜被反射，即返回接收器，当光束被中断时会产生一个开关信号的变化，有效作用距离为0.1～20m。它可以辨别不透明的物体，不易受干扰，适合使用在野外或者有灰尘的环境中。

5)热释电式接近开关

用可以感知温度变化的元件做成的开关叫热释电式接近开关。这种开关是将热释电器件安装在开关的检测面上，当有与环境温度不同的物体接近时，热释电器件的输出便产生变化，由此便可检测出有物体接近。

6)其他型式的接近开关

当观察者或系统对波源的距离发生改变时，接收到的波的频率会发生偏移，这种现象称为多普勒效应。声纳和雷达就是利用这个效应的原理制成的。利用多普勒效应可制成超声波接近开关、微波接近开关等。当有物体移近时，接近开关接收到的反射信号会产生多普勒频移，由此可以识别出有无物体接近。

4. 万能转换开关

万能转换开关是一种多档式、控制多回路的主令电器。万能转换开关主要用于各种控制电路的转换、电压表和电流表的换相测量控制、配电装置线路的转换和遥控等。万能转换开关还可以用于直接控制小容量电动机的起动、调速和换向。

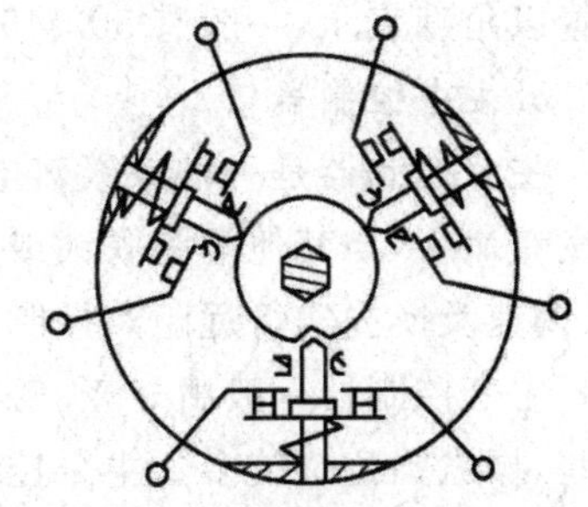

图1-41 LW12系列转换开关某一层的结构示意图

万能转换开关由多组相同结构的触点组件叠装而成，LW12系列转换开关某一层的结构示意图如图1-41所示。LW12系列转换开关每层最多可装4对触点，由底座中间的凸轮进行控制。由于每层凸轮可做成不同的形状，当手柄转到不同位置时，通过凸轮的作用，使各对触点按需要的规律接通和分断。

万能转换开关手柄操作位置是以角度表示的。不同型号的万能转换开关，手柄有不同的操作位置。

万能转换开关的触点在电路图中的图形符号如图1-42所示。由于其触点的分合状态与操作手柄的位置有关，除在电路图中画出触点的图形符号外，还应画出操作手柄与触点分合状态的关系。如图1-42(a)所示，在万能转换开关的图形符号中，触点下方虚线上的“·”表示当操作手柄处于该位置时，该对触点闭合；如果虚线上没有“·”，则表示当操作手柄处于该位置时，该对触点处于断开状态。图1-42(a)中，当万能转换开关打向左45°时，触点5—

6、7－8 闭合，触点 1－2、3－4 断开；打向 0°时，只有触点 1－2 闭合；打向右 45°时，触点 3－4、5－6 闭合，触点 1－2、7－8 断开。

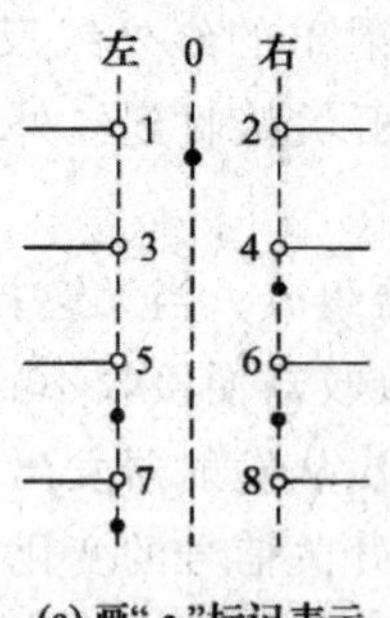

(a) 画"•"标记表示

触点	位置		
	左	0	右
1-2		×	
3-4			×
5-6	×		×
7-8	×		

(b) 分合表表示

图 1-42　万能转换开关的图形符号

为了更清楚地表示万能转换开关的触点分合状态与操作手柄的位置关系，在电气控制系统图中经常把万能转换开关的图形符号和触点分合表结合使用。如图 1-42(b)所示，在触点分合表中，用"×"表示手柄处于该位置时触点的闭合状态。

万能转换开关的常用产品有 LW5 和 LW6 系列。LW5 系列可控制 5.5kW 及以下的小功率电动机，LW6 系列只能控制 2.2kW 及以下的小功率电动机。用于可逆运行控制时，只有在电动机停车后才允许反向起动。LW5 系列万能转换开关按手柄的操作方式可分为自复式和自定位式两种。所谓自复式是指用手拨动手柄于某一挡位时，手松开后，手柄自动返回原位；定位式则是指手柄被置于某挡位时，不能自动返回原位而停在该挡位。手柄的操作位置以角度表示，一般有 30°、45°、60°、90°等，根据型号不同而有所不同。

5. 主令控制器

主令控制器是一种频繁对电路进行接通和切断的电器。通过它的操作，可以对控制电路发布命令，与其他电路联锁或切换，常配合磁力起动器对绕线转子异步电动机的起动、制动、调速及换向实行远距离控制，广泛用于各类起重机械的电动机拖动控制系统中。

主令控制器一般由外壳、触点、凸轮和转轴等组成，与万能转换开关相比，它的触点容量大些，操纵挡位也较多。主令控制器的动作过程与万能转换开关类似，也是由一块可转动的凸轮带动触点动作。

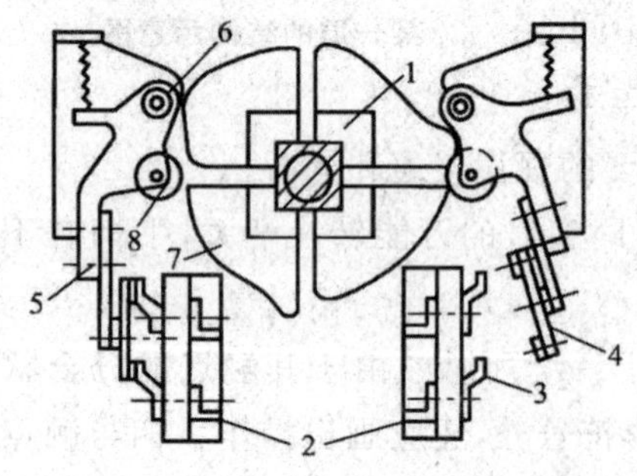

1、7—凸轮块；2—接线端子；3—静触点；4—动触点；5—支杆；6—转动轴；8—小轮

图 1-43　凸轮式主令控制器结构原理图

控制电路中，主令控制器触点的图形符号及操作手柄在不同位置时的触点分合状态表示方法与万能转换开关相似。

从结构上讲，主令控制器分为两类：一类是凸轮可调式主令控制器，另一类是凸轮固定式主令控制器。凸轮式主令控制器的结构原理如图 1-43 所示。

凸轮块 1 和 7 固定于方轴上，动触点 4 固定于能绕轴 6 转动的支杆 5 上。当操作主令控制器手柄转动时，凸轮块 1 和 7 随之转动，当凸轮块 7 转到推压小轮 8 的位置时，小轮则会带动支杆 5 绕轴转动，使支杆张开，从而动触点 4 离开静触点 3，将被控回路断开。当凸轮的凹陷部分与小轮 8 接触时，支杆 5 在反力弹簧作用下复位，使动、静触点闭合，将被控回路接通。图 1-43 所示为凸轮式主令控制器某一层的结构示意图，只要安装一串不同形状的凸轮，就可使触点按一定顺序接通或断开，以获得按一定顺序进行控制的电路。

1.2.4　接触器

接触器是一种适用于频繁地接通和断开电动机主电路或其他负载电路的控制电器，可以实现远距离自动控制。由于它结构紧凑、价格低廉、工作可靠、维护方便，因而用途十分广泛，是使用量最大、应用面最宽的电器之一。

接触器主要控制对象是电动机，也可用于控制电焊机、电容器组、电热装置和照明设备等其他负载。

接触器是利用电磁吸力及弹簧反作用力的配合动作，使触点闭合与断开的一种电磁开关，接触器能接通和断开负荷电流，但不能切断短路电流，因此常与熔断器、热继电器等配合使用。它具有低电压释放保护功能。

接触器由电磁线圈、铁心、衔铁、触点和固定支架组成。其原理是当接触器的电磁线圈通入电流时，会产生很强的磁场，使衔铁被吸附，安装在衔铁上的动触点也随之与静触点闭合，使电气线路接通。当断开电磁线圈中的电流时，磁场消失，触点在弹簧的作用下恢复到断开的状态。

接触器的分类有几种不同的方式，如按驱动方式可分为电磁接触器、气动接触器和液压接触器；按灭弧介质可分为空气电磁式接触器、油浸式接触器和真空接触器等；按冷却方式可分为自然空冷、油冷和水冷；按主触点控制的电流种类可分为交流接触器、直流接触器；按主触点极数可以分为单极、双极、三极、四极和五极等多种；另外还有建筑用接触器、机械联锁(可逆)接触器和智能化接触器等。

下面重点介绍电磁接触器。电磁接触器按其主触点通过电流的种类不同可分为直流和交流两种，目前在控制电路中多数采用交流接触器，交流接触器的实物图如图 1-44(a)所示。

1. 交流接触器

1)交流接触器的结构

交流接触器主要由电磁系统、触点系统和灭弧装置及其他部件等四部分组成。

(1)电磁系统。电磁系统主要用于产生电磁吸力(动力)。电磁机构由线圈、动铁心(衔铁)和静铁心组成，其作用是将电磁能转换成机械能，产生电磁吸力带动触点动作。交流接触器的电磁线圈是由绝缘铜导线绕制在铁心上，铁心由硅片叠压而成，以减少铁心中的涡流损耗，避免铁心过热。在铁心上装有一个短路铜环，作用是减少交流接触器吸合时产生的振动和噪声，故又称减振环，其材料为铜、康铜或镍铬合金等。

(2)触点系统。触点系统主要用于通断电路或传递信号，包括主触点和辅助触点。主触点用于通断电流较大的主电路，通常为 3 对常开触点；辅助触点用于控制电路，通断电流较小的控制电路，常在控制电路中起电气自锁或互锁作用，一般常开、常闭触点各两对。

(3)灭弧装置。灭弧装置用来熄灭触点在切断电路时所产生的电弧，保护触点不受电弧灼伤。容量在 10A 以上的接触器都有灭弧装置，对于小容量的接触器，常采用双断口触点灭弧、电动力灭弧及陶土灭弧罩灭弧。对于大容量的接触器，采用纵缝灭弧罩及栅片灭弧。

(4)其他部件。包括反作用弹簧、缓冲弹簧、触点压力弹簧、传动机构及外壳等。

2)交流接触器的工作原理

交流接触器的工作原理图如图 1-44(b)所示。电磁式接触器的工作原理为线圈通电后，在铁心中产生磁通及电磁吸力，此电磁吸力克服弹簧反力使得衔铁吸合，带动触点机构动作，常闭触点断开，常开触点闭合，接通线路。线圈失电或线圈两端电压显著降低时，电磁吸力小于弹簧反力，使得衔铁释放，触点恢复线圈未通电时的状态，断开线路。

3)交流接触器的基本参数

(1)额定电压。指主触点额定工作电压，应等于负载的额定电压。一只接触器常规定几个额定电压，同时列出相应的额定电流或控制功率。通常，最大工作电压即为额定电压。常用的额定电压值为 220V、380V、660V 等。

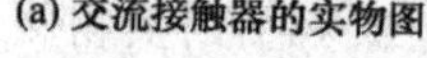

(a) 交流接触器的实物图

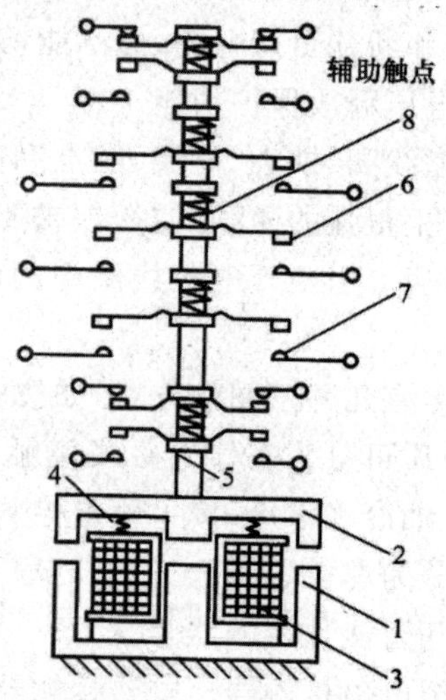

(b) 交流接触器工作原理示意图

1—铁心；2—衔铁；3—线圈；4—复位弹簧；5—绝缘支架；6—动触点；7—静触点；8—触点弹簧

图 1-44　交流接触器的典型结构

(2)额定电流。接触器触点在额定工作条件下的电流值。常用额定电流等级为 5A、10A、20A、40A、60A、100A、150A、250A、400A、600A 等。

(3)通断能力。可分为最大接通电流和最大分断电流。最大接通电流是指触点闭合时不会造成触点熔焊时的最大电流值；最大分断电流是指触点断开时能可靠灭弧的最大电流。一般通断能力是额定电流的 5～10 倍。当然，这一数值与开断电路的电压等级有关，电压越高，通断能力越小。

(4)动作值。可分为吸合电压和释放电压。吸合电压是指接触器吸合前，缓慢增加吸合线圈两端的电压，接触器可以吸合时的最小电压。释放电压是指接触器吸合后，缓慢降低吸合线圈的电压，接触器释放时的最大电压。一般规定，吸合电压不低于线圈额定电压的 85%，释放电压不高于线圈额定电压的 70%。

(5)吸引线圈额定电压。接触器正常工作时,吸引线圈上所加的电压值。一般该电压数值以及线圈的匝数、线径等数据均标于线包上,而不是标于接触器外壳铭牌上,使用时应加以注意。

(6)操作频率。接触器在吸合瞬间,吸引线圈需消耗比额定电流大5~7倍的电流,如果操作频率过高,则会使线圈严重发热,直接影响接触器的正常使用。为此,规定了接触器的允许操作频率,一般为每小时允许操作次数的最大值。

(7)寿命。包括电气寿命和机械寿命。目前接触器的机械寿命已达一千万次以上,电气寿命约是机械寿命的5%~20%。

4)交流接触器的类型

交流接触器按负荷种类一般分为一类、二类、三类和四类,分别记为AC_1、AC_2、AC_3和AC_4。一类交流接触器对应的控制对象是无感或微感负荷,如白炽灯、电阻炉等;二类交流接触器用于绕线转子异步电动机的起动和停止;三类交流接触器的典型用途是笼型异步电动机的运转和运行中分断;四类交流接触器用于笼型异步电动机的起动、反接制动、反转和点动。

2. 直流接触器

直流接触器结构如图1-45所示。直流接触器的结构和工作原理基本上与交流接触器相同。在结构上也是由电磁机构、触点系统和灭弧装置等部分组成。但是因为它主要用于控制直流用电设备,因此具体结构和交流接触器有一定差别。由于直流电弧比交流电弧难以熄灭,直流接触器常采用磁吹式灭弧装置灭弧。

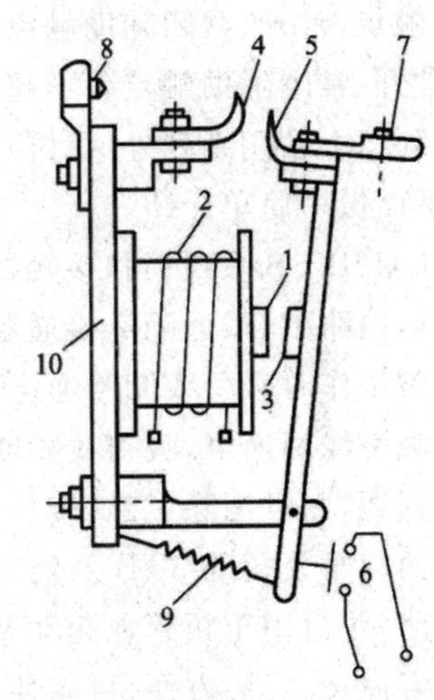

1—铁心;2—线圈;3—衔铁;4—静触点;5—动触点;6—辅助触点;7、8—接线柱;9—反作用弹簧;10—底板

图1-45 直流接触器的结构原理图

3. 接触器的图形符号和文字符号

接触器的图形符号和文字符号如图1-46所示。

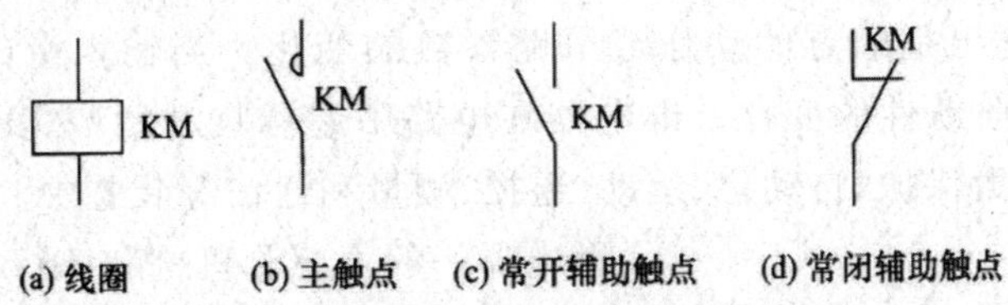

图1-46 接触器的图形符号和文字符号

4. 接触器的型号说明

交流接触器的型号含义如下:

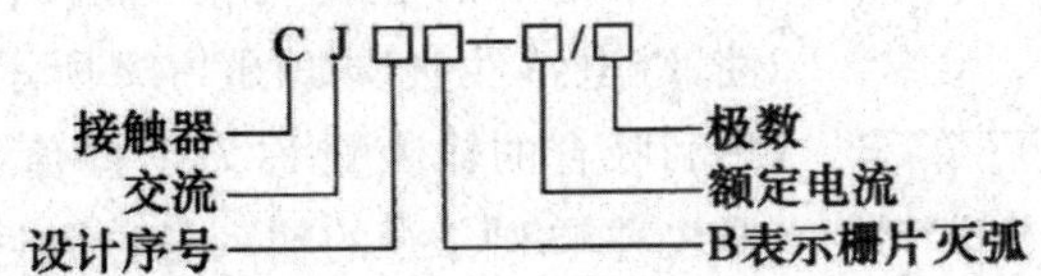

直流接触器的型号含义如下：

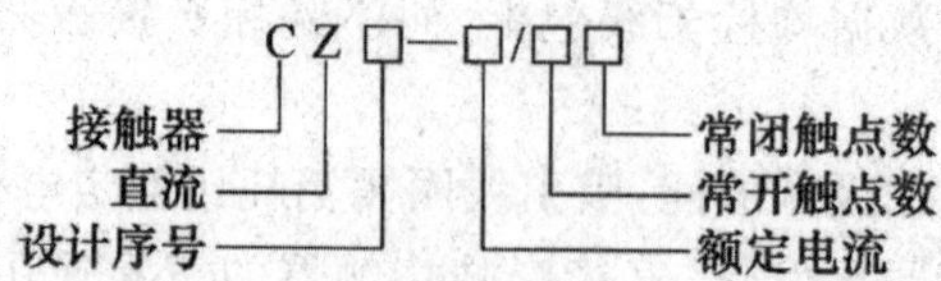

例如：CJ10Z－40/3 为交流接触器，设计序号 10，重任务型，额定电流 40A，主触点为 3 极。CJ12T－250/3 为改型后的交流接触器，设计序号 12，额定电流 250A，3 个主触点。

我国生产的交流接触器常用的有 CJ10、CJ12、CJX1、CJ20 等系列及其派生系列产品，CJ0 系列及其改型产品已逐步被 CJ20、CJX 系列产品取代。上述系列产品一般具有 3 对常开主触点，常开、常闭辅助触点各两对。直流接触器常用的有 CZ0 系列，分单极和双极两大类，常开、常闭辅助触点各不超过两对。

除以上常用系列外，我国还引进了一些生产线，生产了一些满足 IEC 标准的交流接触器，下面做一简单介绍。

CJ12B－S 系列锁扣接触器用于交流 50Hz，电压在 380V 及以下、电流在 600A 及以下的配电电路中，供远距离接通和分断电路用，并适用于不频繁地起动和停止交流电动机。具有正常工作时吸引线圈不通电、无噪声等特点。其锁扣机构位于电磁系统的下方。锁扣机构靠吸引线圈通电，吸引线圈断电后靠锁扣机构保持在锁住位置。由于线圈不通电，不仅无电力损耗，而且消除了磁噪声。

西门子公司的 3TB 系列、BBC 公司的 B 系列交流接触器，它们主要供远距离接通和分断电路，并适用于频繁地起动及控制交流电动机。3TB 系列产品具有结构紧凑、机械寿命和电气寿命长、安装方便、可靠性高等特点，额定电压为 220～660V，额定电流为 9～630A。

1.2.5 继电器

继电器是根据某种输入量的变化，接通或断开小电流控制电路，实现远距离自动控制和保护的自动控制电器。其输入量可以是电流、电压等电气量，也可以是温度、时间、速度、压力等非电气量。其输出是触点的动作或电路参数的变化。当输入量的变化到达一定程度时，输出量才会发生阶跃性的变化。继电器在电路中起着自动调节、安全保护、转换电路等作用，广泛应用于电力保护、自动化、运动、遥控、测量和通信等装置中。

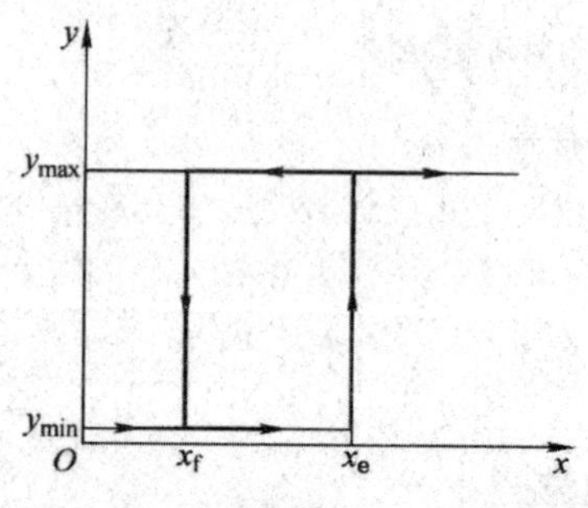

图 1-47 继电器的输入-输出特性

继电器一般由感测机构和执行机构两部分组成。感测机构反应输入量的变化，执行机构负责接通或断开电路。

1. 继电器的特性

继电器的主要特性是输入-输出特性，又称继电特性，继电特性曲线如图 1-47 所示。将继电器开始动作并顺利吸合的输入量称为动作值，记为 x_e；将继电器开始释放并顺利分开的输入量称为返回值，记为 x_f。

当继电器输入量 x 由零增至 x_e 以前，继电器输出量始终为最小，$y=y_{min}$（对于有触点继电器，$y_{min}=0$）。当输入量 x 增加到 x_e 时，继电器吸合，输出量由 y_{min} 跃变为 y_{max}；若 x 继续增大，y 始终保持不变。对于已动作的继电器，在 $x>x_f$ 的整个过程中，输出量始终为 y_{max}。当 x 减小到 x_f 时，继电器释放，输出量由 y_{max} 跃变为 y_{min}；若 x 继续减小，y 值均为 y_{min}。这种输入—输出特性称为继电特性。

2. 继电器的主要参数

1）额定参数

指输入的额定值及触点的额定电压和额定电流。

2）动作参数

指继电器的动作值和返回值，如图 1-47 中的 x_e 和 x_f。

3）返回系数

$K_f=x_f/x_e$，称为继电器的返回系数，它是继电器重要参数之一。K_f 值是可以调节的。

例如，一般继电器要求低的返回系数，K_f 值应在 0.1～0.4，这样当继电器吸合后。输入量波动较大时不致引起误动作；欠电压继电器则要求高的返回系数，K_f 值在 0.6 以上。设某继电器 $K_f=0.66$，吸合电压为额定电压的 90%，则电压低于额定电压的 50%时，继电器释放，起到欠电压保护作用。

4）动作时间

指继电器的吸合时间和释放时间。吸合时间是指从线圈接受电信号到衔铁完全吸合所需的时间；释放时间是指从线圈失电到衔铁完全释放所需的时间。一般继电器的吸合时间与释放时间为 0.05～0.15s，快速继电器为 0.005～0.05s，它的大小影响继电器的操作频率。

5）整定值

指对动作参数的人为调整值，一般根据用户使用要求进行调节。

3. 继电器的分类

继电器的种类和形式很多，主要分类方法如下：

（1）按动作原理分为电磁式继电器、感应式继电器、热继电器、机械式继电器、电动式继电器和电子式继电器等。

（2）按反应参数分为电流继电器、电压继电器、时间继电器、速度继电器和压力继电器等。

（3）按动作时间分为瞬时继电器、延时继电器等。

（4）按用途分为控制继电器、保护继电器等。控制继电器包括中间继电器、时间继电器和速度继电器等；保护继电器包括热继电器、电压继电器和电流继电器等。

4. 电磁式继电器

电磁式继电器的结构及工作原理与接触器大体相同，也是由电磁机构和触点系统等组成。但也有一些不同之处，继电器触点容量较小（一般为 5A 以下）且无灭弧装置，对其动作准确性要求较高。

电磁式继电器的典型结构如图 1-48 所示，它由线圈、电磁系统、反力系统和触点系统等组成。当线圈通电时，电磁铁心产生的电磁吸力大于弹簧的反作用力，使衔铁向下发生一段位移，导致常闭触点断开，常开触点闭合；当线圈断电时，衔铁在弹簧反力作用下复位，导致继电器的常开触点复位，回到断开状态，常闭触点复位闭合。

装设不同的线圈可分别制成电流继电器、电压继电器和中间继电器。这种继电器的线圈有交流和直流两种，直流的继电器再加装筒套后可以构成电磁式时间继电器。电流继电器、电压继电器和中间继电器的实物图如图 1-49 所示。

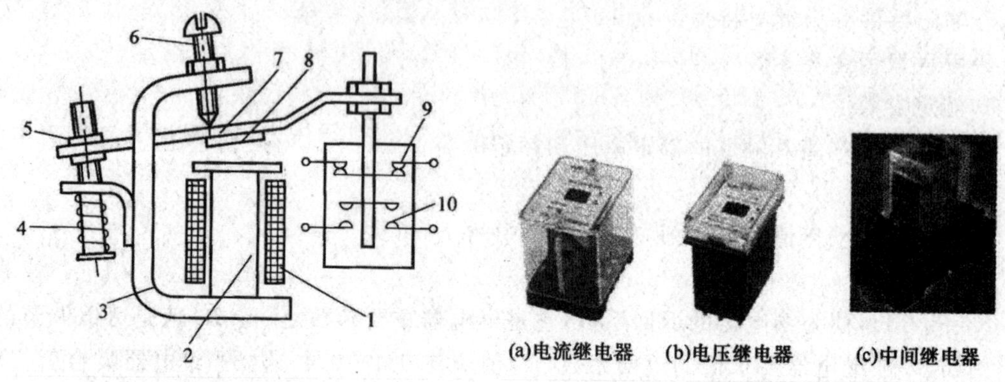

1—线圈；2—铁心；3—磁轭；4—弹簧；
5—调节螺母；6—调节螺钉；7—衔铁；
8—非磁性垫片；9—常闭触点；10—常开触点

图 1-48　电磁式继电器的典型结构

(a)电流继电器　(b)电压继电器　(c)中间继电器

图 1-49　电磁继电器的实物图

1)电磁式电流继电器

触点的动作与线圈电流大小有关的继电器叫作电流继电器。电流继电器用于电力拖动系统的电流保护和控制。其线圈串联接入主电路，用来感测主电路的线路电流，线圈匝数较少，导线较粗；触点接于控制电路，为执行元件。常用的电流继电器有欠电流继电器和过电流继电器两种。

欠电流继电器起欠电流保护作用，使衔铁吸合的电流为线圈额定电流的 30%～65%，释放电流为额定电流的 10%～20%，因此，在电路正常工作时，衔铁是吸合的，只有当电流降低到某一整定值时，继电器释放，控制电路失电，从而控制接触器及时分断电路。

过电流继电器在电路正常工作时不动作，整定范围通常为额定电流的 1.1～4 倍，当被保护线路的电流高于额定值、达到过电流继电器的整定值时，衔铁吸合，触点机构动作，控制电路失电，从而控制接触器及时分断电路，对电路起过电流保护作用。

电流继电器的图形符号和文字符号如图 1-50 所示。

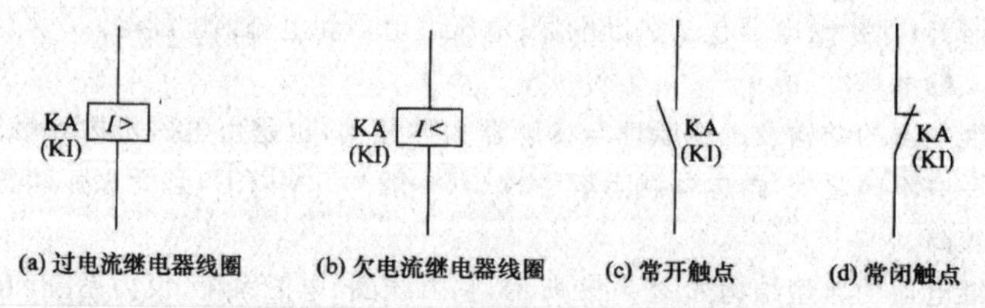

(a) 过电流继电器线圈　(b) 欠电流继电器线圈　(c) 常开触点　(d) 常闭触点

图 1-50　电流继电器的图形符号和文字符号

2)电磁式电压继电器

触点的动作与线圈电压大小有关的继电器叫做电压继电器。电压继电器用于电力拖动系统的电压保护和控制。其线圈并联接入主电路，感测主电路的电路电压，线圈匝数较多，导线较细；触点接于控制电路，为执行元件。

按吸合电压的大小，电压继电器可分为过电压继电器和欠电压继电器。

过电压继电器用于电路的过电压保护，其吸合整定值为被保护电路额定电压的1.05～1.2倍。当被保护电路电压正常时，衔铁不动作；当被保护电路的电压高于额定值、达到过电压继电器的整定值时，衔铁吸合，触点机构动作，控制电路失电，控制接触器及时分断被保护电路。

欠电压继电器用于电路的欠电压保护，其释放整定值为被保护电路额定电压的10％～60％。当被保护电路电压正常时，衔铁可靠吸合；当被保护电路电压降至欠电压继电器的释放整定值时，衔铁释放，触点机构复位，控制接触器及时分断被保护电路。

零电压继电器是当电路电压降低到额定电压的5％～25％时释放，对电路实现零电压保护，用于电路的失电压保护。

电压继电器的图形符号和文字符号如图1-51所示。

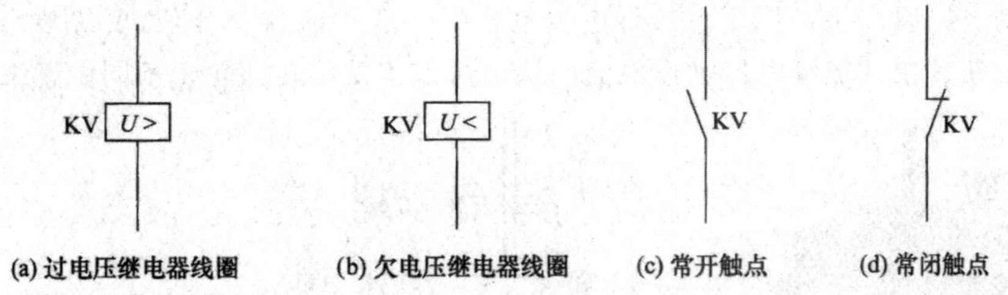

图1-51　电压继电器图形符号和文字符号

3)电磁式中间继电器

在控制电路中起信号传递、放大、切换和逻辑控制等作用的继电器叫做中间继电器。中间继电器是将一个输入信号变成一个或多个输出信号的继电器。它实质上为电压继电器，但还具有触点多(多至6对或更多)、触点能承受的电流较大(额定电流为5～10A)、动作灵敏(动作时间小于0.05s)等特点。作为转换控制信号的中间元件，其输入信号为线圈的通电或断电信号，输出信号为触点的动作。

中间继电器的图形符号和文字符号如图1-52所示。

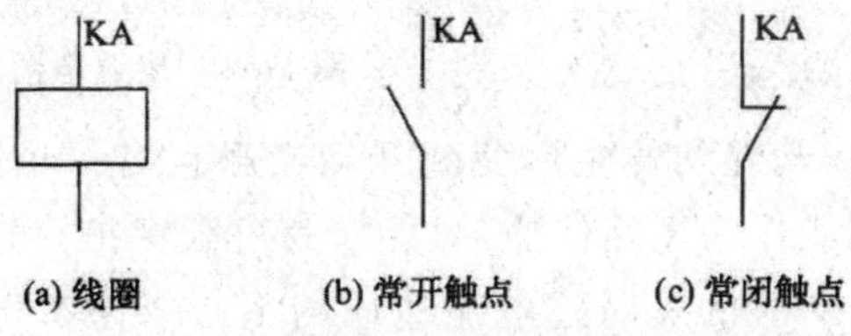

图1-52　中间继电器的图形符号和文字符号

5.热继电器

热继电器主要用于电力拖动系统中电动机负载的过载保护。

电动机在实际运行时，如拖动生产机械进行工作过程中，若机械出现不正常的情况或电路异常使电动机遇到过载，则电动机转速下降，绕组中的电流将增大，使电动机的绕组温度升高。若过载电流不大且过载的时间较短，电动机绕组不超过允许温升，这种过载是允许的。但若过载时间长，过载电流大，电动机绕组的温升就会超过允许值，使电动机绕组老化，缩短电动机的使用寿命，严重时甚至会使电动机绕组烧毁。所以，这种过载是电动机不能承受的。热继电器就是利用电流的热效应原理，在出现电动机不能承受的过载时切断电动机电路，为电动机提供过载保护的保护电器。

1)热继电器的结构与工作原理

热继电器的实物如图 1-53 所示，原理如图 1-54 所示。热继电器主要由热元件、双金属片和触点组成，利用电流热效应原理工作。热元件由发热电阻丝做成。双金属片由两种热膨胀系数不同的金属辗压而成，下层一片的热膨胀系数大，上层一片的热膨胀系数小。当双金属片受热时，会出现弯曲变形。使用时，把热元件串接于电动机的主电路中，而常闭触点串接于电动机的控制电路中。

当电动机正常运行时，热元件产生的热量虽能使双金属片弯曲，但还不足以使热继电器的触点动作。当电动机过载时，双金属片弯曲位移增大，推动导板使常闭触点断开，从而切断电动机控制电路以起保护作用。热继电器动作后一般不能自动复位，要等双金属片冷却后按下复位按钮复位。热继电器动作电流的调节可以借助旋转凸轮于不同位置来实现。

图 1-53　热继电器的实物图

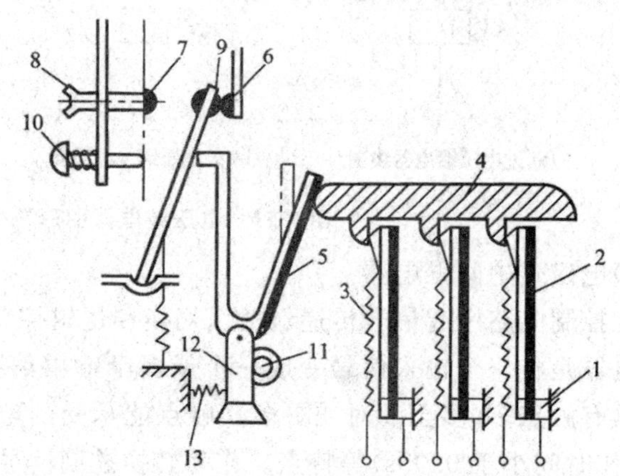

1—推杆；2—主双金属片；3—热元件；4—导板；5—补偿双金属片；6—静触点(动断)；7—静触点(动合)；8—复位调节螺钉；9—动触点；10—复位按钮；11—调节旋钮；12—支撑件；13—弹簧

图 1-54　热继电器原理示意图

热继电器的双金属片从升温到发生形变断开动断触点有一个时间过程，不可能在短路瞬时迅速分断电路，所以不能作为短路保护，只能作为过载保护。这种特性符合电动机等负载的需要，可避免电动机起动时的短时过电流造成的不必要停车。热继电器在保护形式上分为二相保护式和三相保护式两类。

2)热继电器的技术参数

(1)整定电流。热继电器的主要技术数据是整定电流。整定电流是指长期通过发热元件而不致使热继电器动作的最大电流。当发热元件中通过的电流超过整定电流值的20%时，热继电器应在20min内动作。热继电器的整定电流大小可通过整定电流旋钮来改变。选用和整定热继电器时一定要使整定电流值与电动机的额定电流值一致。

由于热继电器是受热而动作的，热惯性较大，因而即使通过发热元件的电流短时间内超过整定电流几倍，热继电器也不会立即动作。只有这样，在电动机起动时热继电器才不会因起动电流大而动作，否则电动机将无法起动。反之，如果电流超过整定电流不多，但时间较长也会动作。由此可见，热继电器与熔断器的作用是不同的，热继电器只能作过载保护而不能作短路保护，熔断器则只能作短路保护而不能作过载保护。在一个较完善的控制电路中，特别是功率较大的电动机中，这两种保护都应具备。

(2)额定电压。热继电器能够正常工作的最高的电压值，一般为交流220V、380V、600V。

(3)额定频率。一般而言，其额定频率按照45～62Hz设计。

3)带断相保护的热继电器

有些型号的热继电器还具有断相保护功能。

(1)断相原因及危害。

三相异步电动机在断相情况下运行，会造成电动机定子绕组烧毁的事故。造成断相运行的原因有多种，如：供电变压器的一次侧或二次侧的一相熔断器熔断；电动机供电线路有故障；熔丝螺钉未拧紧或拧得过紧；熔丝选择不合适或熔芯质量不好，个别提早拧断；电动机绕组一相断线或接线处接头接触不良，铜铝接头处发生电化反应，造成接触电阻增大等。

三相异步电动机断相运行，会烧损电动机的原因是：一相断电后，逆序磁场产生较大的制动力矩，减少了电动机的输出力矩，当外加负载不变时，转差率增大，定子绕组中的电流比正常运转时增大很多(如负载为100%时，电流将增大到额定电流的1.7～2.0倍)，致使铜损增大。此外，电动机转子被接近于100Hz的逆序磁场交变磁化，铁损也增大。由于铜损、铁损都增大，结果使电动机温度增高，最终导致定子绕组烧毁。

(2)热继电器断相保护原理。

由于热继电器是串联在电动机主电路中的，所以其通过的电流就是线电流。对于Y联结，当电路发生断相运行时，另两相电流明显增大，流过热继电器的电流等于电动机相(绕组)电流，热继电器可以起到保护作用。而对于△联结，电动机的相电流小于线电流，热继电器是按线电流来整定的，当电路发生断相运行时，另两相电流明显增大，但不至于超过线电流值或超过的数值有限，这时热继电器就不会动作，也就起不到保护作用。所以，对于△联结接法的电路必须采用带断相保护装置的热继电器。

带断相保护热继电器是在普通热继电器的基础上增加一个差动机构，对3个电流进行比较，其原理图如图1-55所示。

图1-55(a)是通电前的位置。图1-55(b)是三相均通以额定电流，即正常通电时的情况，此时三相双金属片均匀受热，同时向左弯曲，上、下导板一起平行左移一段距离到达图示位置；图1-55(c)是当三相电流均衡过载时，三相双金属片同时向左弯曲，推动下导板2向左移动，通过杠杆5使常闭触点断开，从而切断控制电路，达到保护电动机的目的；图1-55(d)是

C相断路时，该相双金属片逐渐冷却并向右弯曲，推动上导板向右移，而另两相主双金属片在电流加热下仍使下导板向左移，这样，上、下导板一左一右移动，产生了差动作用，并通过杠杆的放大作用，使触点迅速动作，切断控制回路，保护电动机。

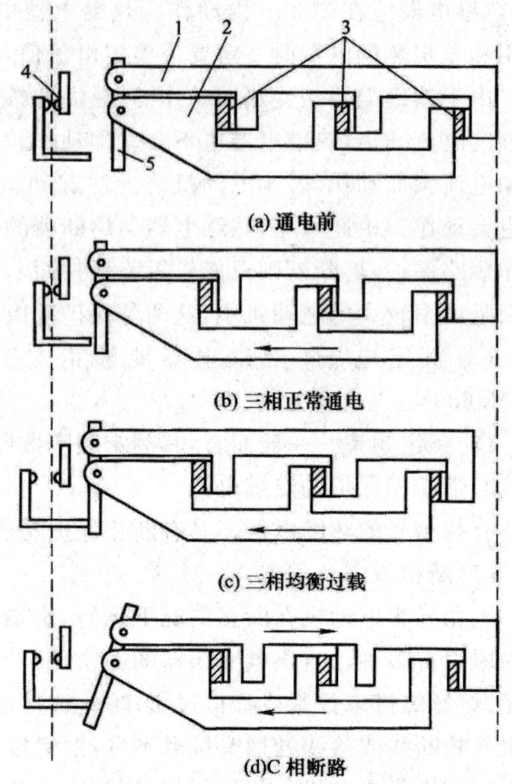

1—上导板；2—下导板；
3—双金属片；4—常闭触点；5—杠杆

图1-55 热继电器差动式断相保护机构动作原理图

4)热继电器的选用

选用热继电器时需要注意以下几个问题：

(1)在电动机短时过载和起动的瞬间，热继电器应不受影响(不动作)。

(2)当热继电器用于保护长期工作制或间断长期工作制的电动机时，一般按电动机的额定电流来选用。例如，热继电器的整定值可等于0.95～1.05倍的电动机额定电流，或者取热继电器整定电流的中值等于电动机的额定电流，然后进行调整。

(3)当热继电器用于保护反复短时工作制的电动机时，热继电器仅有一定范围的适应性。如果短时间内操作次数很多，就要选用带速饱和电流互感器的热继电器。

(4)对于正反转和通断频繁的特殊工作制电动机，不宜采用热继电器作为过载保护装置，而应使用埋入电动机绕组的温度继电器或热敏电阻来保护。

(5)为了正确地反映电动机的发热，在选择热继电器时应采用适当的热元件，即热元件的额定电流与电动机的额定电流值相等。同一种热继电器有许多种规模的热元件。

(6)注意热继电器所处的周围环境温度，应保证它与电动机有相同的散热条件，特别是有温度补偿装置的热继电器。

(7)由于热继电器有热惯性，大电流出现时不能立即动作，故热继电器不能用做短路保护。

(8)用热继电器保护三相异步电动机时，至少需要用有两个热元件的热继电器，从而在不正常的工作状态下，也可对电动机进行过载保护。例如，电动机单相运行时，至少有一个热元件能起作用。当然，最好采用有3个热元件带断相保护的热继电器。

我国生产的热继电器主要有JR0、JR1、JR2、JR9、JR10、JR15、JR16、JR20等系列。

JR1、JR2系列热继电器采用间接受热方式，其主要缺点是双金属片靠热元件间接加热，热偶合较差；双金属片的弯曲程度受环境温度影响较大，不能正确反映负载的过电流情况。

JR15、JR16等系列热继电器采用复合加热方式，并采用了温度补偿元件，因此能较正确反映负载的工作情况。

JR16 和 JR20 系列热继电器均为带断相保护的热继电器，具有差动式断相保护机构。

热继电器的选择主要根据电动机定子绕组的联结方式来确定，在三相异步电动机电路中，对Y联结的电动机可选两相或三相结构的热继电器。对于三相感应电动机，定子绕组为△联结的电动机必须采用带断相保护的热继电器。

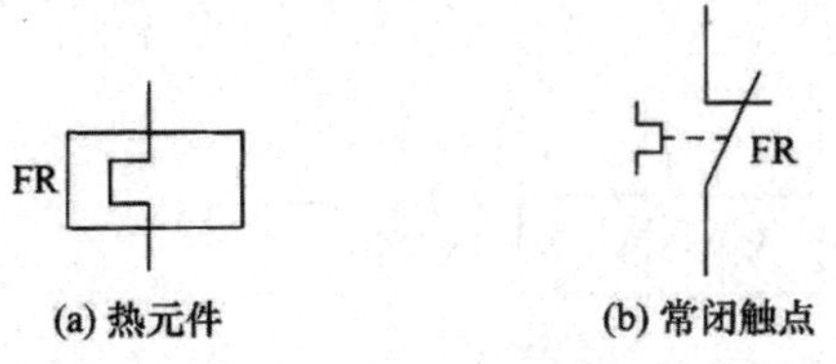

图 1-56　热继电器的图形符号和文字符号

5）热继电器的图形符号和文字符号

热继电器的图形符号和文字符号如图 1-56 所示。

6）热继电器的型号含义

热继电器的型号含义如下：

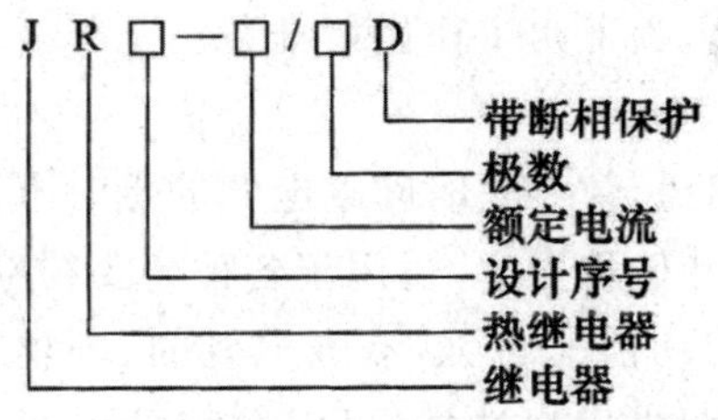

6. 时间继电器

时间继电器是利用电磁原理或机械动作原理实现触点延时闭合或延时断开的自动控制电器，主要适用于需要按时间顺序进行控制的电气控制系统中。当得到输入信号（线圈的通电或断电）时，开始计时，经过一定的延时后输出信号（触点的闭合或断开）。时间继电器是一种最常见的低压控制器件。

根据延时方式的不同，时间继电器可分为通电延时继电器和断电延时继电器。

通电延时继电器接收输入信号后，延迟一定的时间输出信号才发生变化，而当输入信号消失后，输出信号瞬时复位。

断电延时继电器接收输入信号后，瞬时产生输出信号，而当输入信号消失后，延迟一定的时间输出信号才复位。

时间继电器按工作原理分为电子式、空气阻尼式、电磁式和电动式等几种类型。电磁式、电动式和空气阻尼式是传统的时间继电器，在早期的机电系统中普遍采用，但其存在定时精度低、故障率高等问题。电子式时间继电器是新型的时间继电器，发展非常迅速。由于电子技术的飞速发展，使得电子式时间继电器的制造成本与传统的时间继电器相当，但其性能大大提高，功能不断扩展，所以已逐渐成为时间继电器的主流。

电子式时间继电器是采用晶体管或集成电路和电子元件等构成。目前已有采用单片机控制的时间继电器。电子式时间继电器具有延时范围广、精度高、体积小、耐冲击和耐振动、调节方便及寿命长等优点，所以发展很快，应用广泛。

电子时间继电器可分为晶体管式时间继电器和数字式时间继电器。

1）晶体管式时间继电器

晶体管式时间继电器除执行元件外，均由电子元件组成，无机械运动部件，具有延时范围宽、控制功率小、体积小和经久耐用等优点，日益得到广泛的应用。其原理框图如图1-57所示。

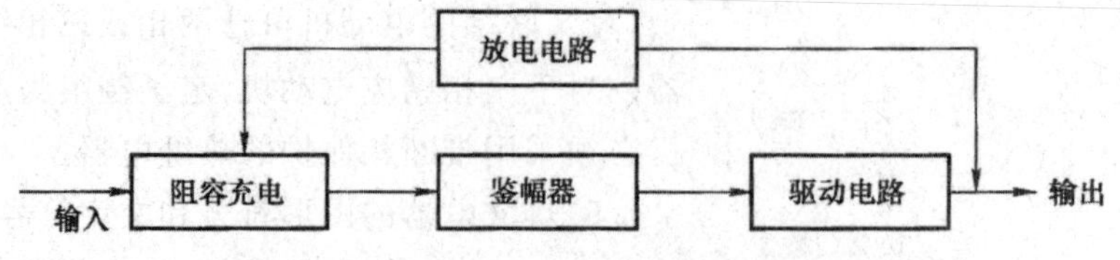

图1-57 晶体管式时间继电器的原理框图

晶体管式时间继电器分为通电延时型、断电延时型和带瞬动触点的通电延时型。它们均是利用电容对电压变化的阻尼作用作为延时的基础，即时间继电器工作时首先通过电阻对电容充电，待电容上的电压值达到预定值时，驱动电路使执行继电器接通，实现延时输出，同时自锁并放掉电容上的电荷，为下次工作做好准备。

2)数字式时间继电器

与晶体管式时间继电器相比，数字式时间继电器的延时范围可成倍增加，定时精度可提高两个数量级以上，控制功率和体积更小，适用于各种需要精确延时的场合以及各种自动化控制电路中。这类时间继电器功能非常强，有通电延时、断电延时、定时吸合和循环延时4种延时形式，有十几种延时范围供用户选择，可以数字显示，这是晶体管式时间继电器无法比拟的。其原理框图如图1-58所示。

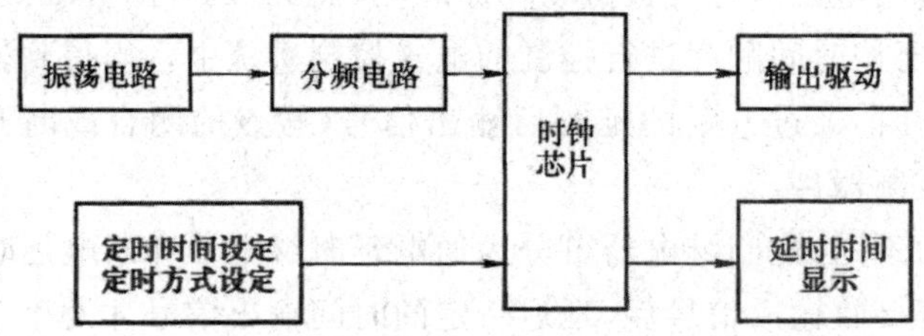

图1-58 数字式时间继电器的原理框图

随着微电子技术的发展，采用集成电路、功率电路和单片机等电子元件构成的新型时间继电器大量面市，如DHC6多制式单片机控制时间继电器，J5S17、J5S20、JSZ13等系列大规模集成电路数字时间继电器，J5145等系列电子式数显时间继电器，J5G1等系列固态时间继电器等。

DHC6多制式单片机控制时间继电器是为适应工业自动化控制水平越来越高的要求而生产的。多制式时间继电器可使用户根据需要选择最合适的制式，使用较简便的方法达到以往需要较复杂接线才能达到的控制功能。这样既节省了中间控制环节，又大大提高了电气控制的可靠性。

DHC6多制式时间继电器采用单片机控制，LCD显示，具有9种工作制式，正计时、倒计时任意设定。8种延时时段，延时范围为0.01s～999.9h任意设定。键盘设定，设定完成之后可以锁定按键，防止误操作。可按要求任意选择控制模式，使控制电路最简单可靠。

J5S17系列时间继电器由大规模集成电路、稳压电源、拨动开关、4位LED数码显示器、执行继电器及塑料外壳等几部分组成。它采用32kHz石英晶体振荡器，安装方式有面板式和装置式两种。装置式插座可用 M4 螺钉固定在安装板上，也可以安装在 35mm 标准安装导轨上。

J5S20 系列时间继电器是 4 位数字显示的小型时间继电器，它采用晶振作为时间基准。采用大规模集成电路技术，不但可以实现长达 9999h 的长延时，还可保证其延时精度。配用不同的安装插座及附件可应用在面板安装、35mm 标准安装导轨及螺钉安装的场合。

时间继电器图形符号和文字符号如图 1-59 所示。

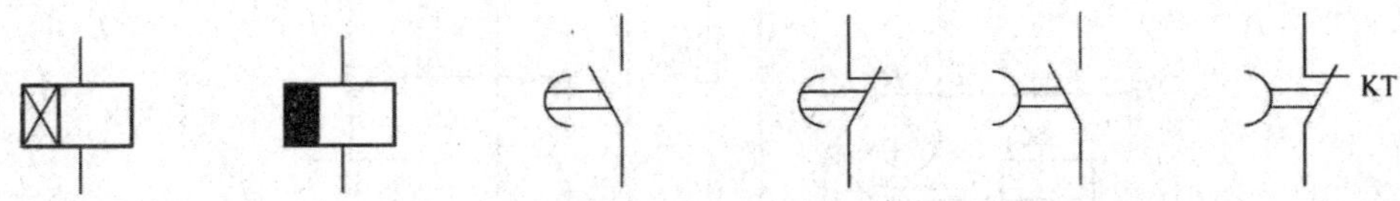

图 1-59 时间继电器图形符号和文字符号

7. 温度继电器

当电动机发生过电流时，会使其绕组温升过高，这时热继电器可以起到保护作用。但当电网电压升高不正常、周围介质温度过高以及通风不良时，即使电动机不过载，也会使电动机绕组因温度过高而烧毁。在这些情况下，热继电器将不能正常反应电动机的故障状态。为此，需要一种利用发热元件间接反应绕组温度，并根据绕组温度动作的继电器，这种继电器称作温度继电器。

温度继电器是一种装有对温度变化甚为敏感的微型过热元件的保护电器。它主要用于埋入电动机的发热部位直接监测该处的发热情况，并在温度达到一定数值时动作，作为电动机的过载或堵转故障的过热保护，也可用于其他电气设备非正常工作情况下的过热保护以及介质温度控制。当电动机发热部位的温度或介质温度超过某一允许温度值时，温度继电器快速动作切断控制电路，起到保护作用，而当电动机发热部位或介质温度冷却到继电器的复位温度时，温度继电器能自动复位，重新接通控制电路。

温度继电器有两种类型，一种是双金属片式温度继电器，另一种是半导体热敏电阻式温度继电器。

双金属片式温度继电器的工作原理与热继电器相似，在此不重述。双金属片式温度继电器的缺点是加工工艺复杂，且双金属片易老化。另外，由于体积偏大而多置于绕组的端部，故很难及时反映温度上升的情况，以致发生动作滞后的现象。同时，也不宜用来保护高压电动机，因为过强的绝缘层会加剧动作的滞后现象。

热敏电阻是一种半导体器件，根据材料性质有正温度系数和负温度系数两种。由于正温度系数热敏电阻具有开关特性明显、电阻温度系数大、体积小、灵敏度高等优点而得到广泛应用和迅速发展。

正温度系数热敏电阻式温度继电器的电路如图 1-60 所示。图中，R_T 表示各绕组内埋设的热敏电阻串联后的总电阻，它同电阻 R_3、R_4、R_6 构成一电桥。由晶体管 VT_1 和 VT_2 构成的开关电路接在电桥的对角线上。当温度在 65℃以下时，基本为一恒值，且比较小，电桥处于平衡状态，VT_1 及 VT_2 截止，晶闸管 VTH 不导通，执行继电器 K 不动作。当温度上升到动作温度时，R_T 的阻值剧增，电桥出现不平衡状态而使 VT_1 及 VT_2 导通，晶闸管 VTH 获得门极电流也导通，执行继电器 K 线圈得电，其常闭触点断开，接触器线圈失电，使电动机断电；当电动机温度下降到返回温度时，R_T 的阻值减小，电桥恢复平衡，晶闸管 VTH 关断，执行继电器 K 线圈失电，触点恢复。

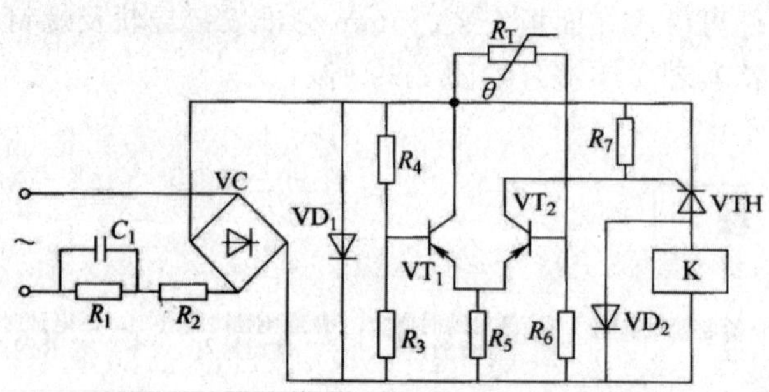

图 1-60　正温度系数热敏电阻式温度继电器

8. 速度继电器

速度继电器又称为反接制动继电器，它主要用于笼型异步电动机的反接制动控制。感应式速度继电器的原理如图 1-61 所示，它依靠电磁感应原理实现触点动作。

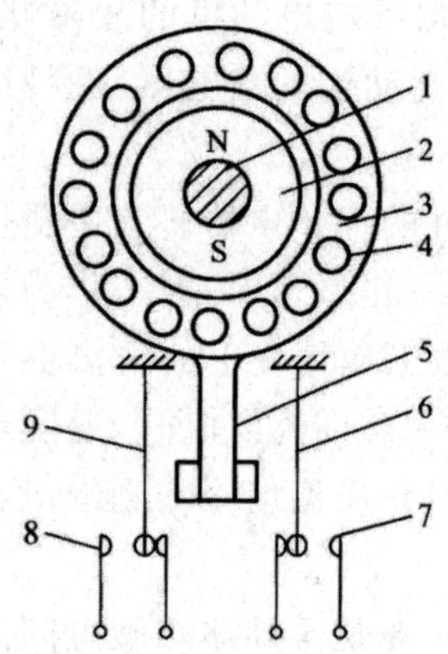

1—转轴；2—转子；3—定子；4—绕组；5—摆锤；6、9—簧片；7、8—静触点

图 1-61　速度继电器结构原理图

从结构上看，速度继电器与交流电动机相类似，主要由定子、转子和触点 3 部分组成。定子的结构与笼型异步电动机相似，是一个笼型空心圆环，由硅钢片冲压而成，并装有笼型绕组。转子是一个圆柱形永久磁铁。

速度继电器的轴与电动机的轴相连接。转子固定在轴上，定子与轴同心。当电动机转动时，速度继电器的转子随之转动，绕组切割磁场产生感应电动势和电流，此电流和永久磁铁的磁场作用产生转矩，使定子向轴的转动方向偏摆，通过定子柄拨动触点，使常闭触点断开、常开触点闭合。当电动机转速下降到接近零时，转矩减小，定子柄在弹簧力的作用下恢复原位，触点也复原。速度继电器根据电动机的额定转速进行选择。其图形符号和文字符号如图 1-62 所示。

常用的感应式速度继电器有 JY1 和 JFZ0 系列。JY1 系列继电器能在 3000r/min 的转速下可靠工作。JFZ0 系列继电器触点动作速度不受定子柄偏转快慢的影响，触点改用微动开关。JFZ0 系列的 JFZ0-1 型继电器适用于 300～1000r/min，JFZ0-2 型适用于 1000～3000r/min。速度继电器有两对常开、常闭触点，分别对应于被控电动机的正、反转运行。一般情况下，速度继电器触点在转速达 120r/min 时能动作，在转速达到 100r/min 左右时能恢复原位。

9. 固态继电器

固态继电器是一种由固态电子组件组装而成的具有隔离功能的无触点电子开关，它利用电子元器件的电、磁和光特性来完成输入和输出之间的可靠隔离，利用电子组件(如开关晶体管、双向晶闸管等半导体组件)的开关特性,达到无触点、无火花接通和断开电路的目的。图 1-63 为固态继电器的实物图。

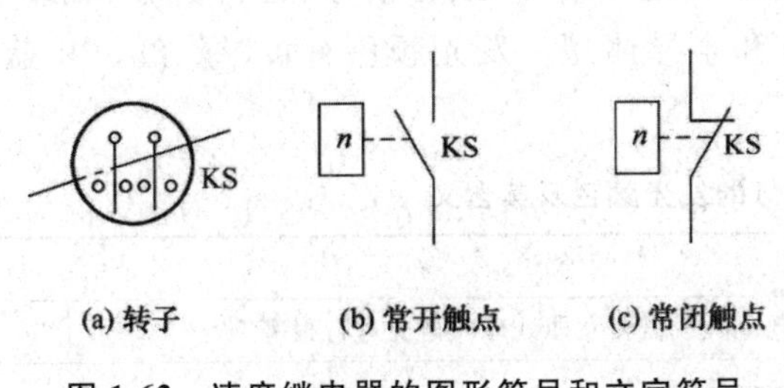

(a) 转子　(b) 常开触点　(c) 常闭触点

图 1-62　速度继电器的图形符号和文字符号

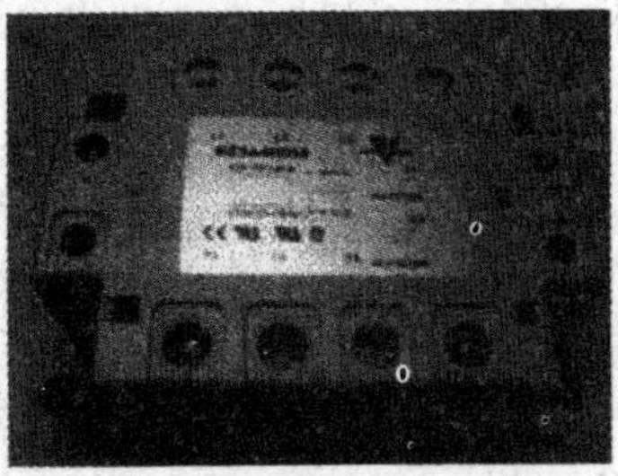

图 1-63　固态继电器的实物图

固态继电器在开关过程中无机械接触部件,因此固态继电器除具有与电磁继电器一样的功能外,还具有与逻辑电路兼容、耐振耐机械冲击、安装位置无限制、良好的防潮防霉防腐蚀等性能,在防爆和防止臭氧污染方面的性能也极佳,还具有输入功率小、灵敏度高、控制功率小、电磁兼容性好、噪声低和工作频率高等特点,广泛应用于计算机外围接口设备,调温、调速、调光、电动机控制、电炉加温控制、电力石化、医疗器械、金融设备、煤炭、仪器仪表和交通信号等领域。

按负载电源的类型不同,可将 SSR 分为交流固态继电器(AC-SSR)和直流固态继电器(DC-SSR)。AC-SSR 是以双向晶闸管作为开关器件,用来接通或断开交流负载电源的固态继电器。按 AC-SSR 的控制触发方式,又可分为过零触发型和随机导通型两种。过零触发型 AC-SSR 是当控制信号输入后,在交流电源经过零电压附近时导通,故干扰很小。随机导通型 AC-SSR 则是在交流电源的任一相位上导通或关断,因此在导通瞬间可能产生较大的干扰。

固态继电器的优点有以下几个方面:

(1)高寿命,高可靠。固态继电器没有机械零部件,由固体器件完成触点功能,由于没有运动的零部件,因此能在高冲击和振动的环境下工作,由于组成固态继电器的元器件的固有特性,决定了固态继电器的寿命长,可靠性高。

(2)灵敏度高,控制功率小,电磁兼容性好。固态继电器的输入电压范围较宽,驱动功率低,可与大多数逻辑集成电路兼容,不需加缓冲器或驱动器。

(3)快速转换。固态继电器因为采用固体器件,所以切换速度可从几毫秒至几微秒。

(4)电磁干扰小。固态继电器没有输入"线圈",没有触点燃弧和回跳,因而减少了电磁干扰。大多数交流输出固态继电器是一个零电压开关,在零电压处导通、零电流处关断,减少了电流波形的突然中断,从而减少了开关瞬态效应。

尽管固态继电器有许多优点,但与传统的继电器相比,仍有不足之处,如漏电流大、接触电压大、触点单一、使用范围窄、过载能力差及价格偏高等。

1.2.6　信号电器

信号电器用来对电气控制系统中某个电路或设备运行的状态进行指示,如声光报警。

常见的信号电器有指示灯、灯柱、电铃和蜂鸣器等。

1. 指示灯

指示灯在电气线路中通常用做电源指示及指挥信号、预告信号、运行信号、故障信号等提示。指示灯发光体主要有白炽灯、氖灯和半导体型。发光颜色有黄、绿、红、白、蓝5种。指示灯的发光颜色及其含义见表1-1。

表1-1 指示灯的发光颜色及其含义

颜色	含义
红色	异常或报警。对可能出现危险或需要立即处理的情况进行报警
黄色	警告。状态改变或变量接近其极限值
绿色	准备、安全。安全运行指示或机械准备起动
蓝色	特殊指示。上述几种颜色未包括的任意一种功能
白色	一般信号。上述几种颜色未包括的各种功能

2. 电铃和蜂鸣器

在警报发生时,不仅需要指示灯指出具体故障位置,还需要声音报警,提醒现场的所有操作人员。蜂鸣器一般用在控制设备上,电铃主要用在较大场合的报警系统。

指示灯、电铃和蜂鸣器的图形符号和文字符号如图1-64所示。

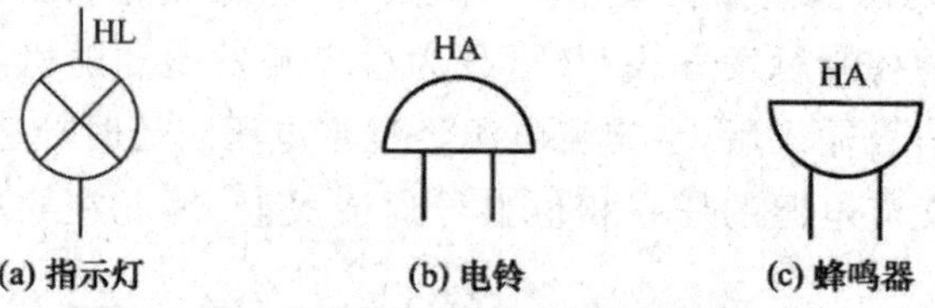

图1-64 信号电器的图形文字符号

1.2.7 电磁执行机构

机械设备的执行机构主要包括电磁铁、电磁阀和电磁制动器等。起重机、机床等设备的工艺过程就是靠这些元件来完成的。

1. 电磁铁

电磁铁由励磁线圈、铁心、衔铁3部分组成,结构如图1-1所示。励磁线圈通电后产生磁场和电磁力,衔铁被吸合,带动机械装置完成相应的动作。

电磁铁有许多优点:电磁铁磁性的有无可以用通、断电流控制;磁性的大小可以用电流的强弱或线圈的匝数来控制,也可以通过改变电阻控制电流大小来控制;它的磁极可以通过改变电流的方向来控制等。即磁性的强弱可以改变、磁性的有无可以控制、磁极的方向可以改变,磁性可因电流的消失而消失。

按励磁电流不同,电磁铁可以分为直流电磁铁和交流电磁铁两大类型。如果按照用途来划分,主要可分成以下5种:

(1)牵引电磁铁。主要用来牵引机械装置、开启或关闭各种阀门,以执行自动控制任务。

(2)起重电磁铁。用做起重装置来吊运钢锭、钢材、铁砂等铁磁性材料。

(3)制动电磁铁。主要用于对电动机进行制动以达到准确停车的目的。

(4)自动电器的电磁系统。如电磁继电器和接触器的电磁系统、自动开关的电磁脱扣器及操作电磁铁等。

(5)其他用途的电磁铁。如磨床的电磁吸盘以及电磁振动器等。

电磁铁的图形符号和文字符号如图1-65所示。

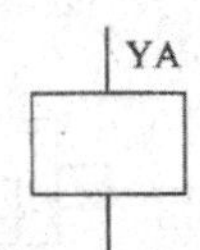

图1-65 电磁铁的图形符号和文字符号

2. 电磁阀

电磁阀是用电磁控制的工业设备,用在工业控制系统中调整介质的方向、流量、速度和其他参数,以满足执行元件所需的运动方向、力、速度的要求。电磁阀可以配合不同的电路来实现预期的控制,而控制的精度和灵活性都能够保证。

电磁阀借助于电磁铁吸力推动阀心动作,其操纵方便、布置灵活,易于实现动作转换的自动化。但因其吸力有限,不能用来直接操纵大规格的阀体。

1)电磁阀原理及分类

图1-66所示是一般控制用螺管电磁系统电磁阀的结构示意图,由图中可见,它由动铁心、静铁心、外壳、压盖、隔磁管、线圈、管路、阀体和反力弹簧等组成。为了使介质与磁路的其他部分隔绝,用非磁性材料(如不锈钢)制成隔磁管,将动铁心与静铁心包住,并将其下部与压盖密封,在压盖与阀体之间用氟橡胶密封,使进、出管之间不会泄漏。阀门是直通式,用反力弹簧压住动铁心上端,而用动铁心下端装有的氟橡胶塞将阀门进出口密封阻塞。如要接通管道,必须接通线圈电源,产生电磁力,克服反力弹簧的阻力,开启阀门。

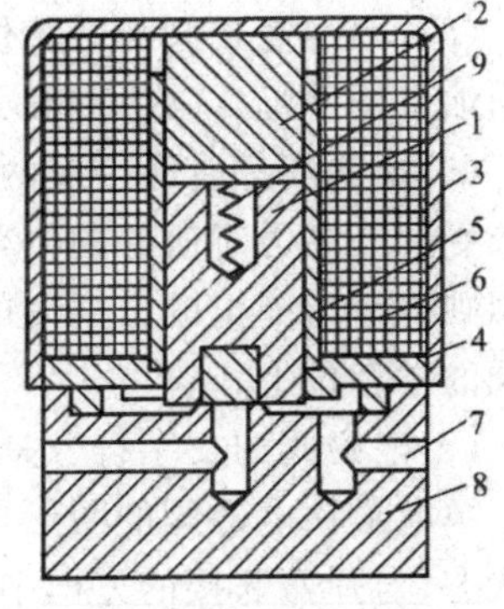

1—动铁心;2—静铁心;3—外壳;4—压盖;5—隔磁管;6—线圈;7—管路;8—阀体;9—反力弹簧

图1-66 电磁阀结构示意图

电磁阀分类方法很多。按电源种类分有直流电磁阀、交流电磁阀、交直流电磁阀、自锁电磁阀等;按用途分有控制一般介质(气体、流体)电磁阀、制冷装置用电磁阀、蒸汽电磁阀、脉冲电磁阀等;按工作原理分有直动式电磁阀、分布直动式电磁阀、先导式电磁阀等;按使用环境分有一般用电磁阀、户外用电磁阀、防爆用电磁阀等。各种电磁阀还可分为二通、三通、四通、五通等规格及主阀和控制阀等。

2)电磁阀的图形符号及含义

在液压系统中,电磁阀用来控制液流方向。阀门开关由电磁铁来操纵,因此,控制电磁铁就是控制电磁阀。电磁阀的结构性能可用它的工作位置数和控制的通道数来表示,并有单电磁铁(称为单电式)和双电磁铁(称为双电式)两种。图1-67是各种电磁阀的图形符号,其含义如下:

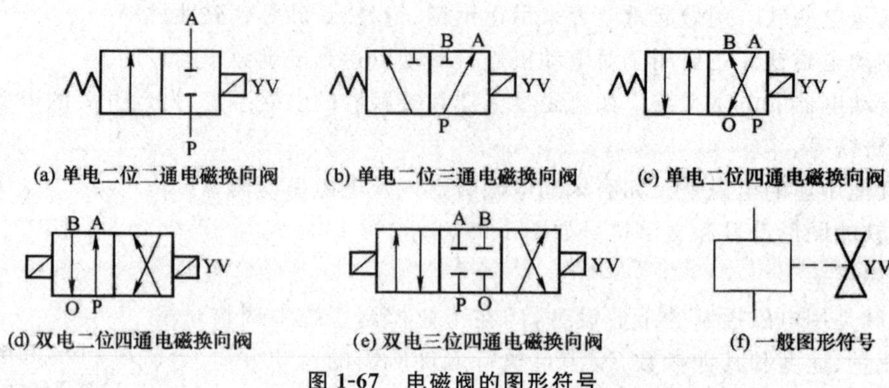

(a) 单电二位二通电磁换向阀 (b) 单电二位三通电磁换向阀 (c) 单电二位四通电磁换向阀

(d) 双电二位四通电磁换向阀 (e) 双电三位四通电磁换向阀 (f) 一般图形符号

图 1-67 电磁阀的图形符号

(1)用方框表示阀的工作位置,有几个方框就表示几“位”。

(2)方框内的箭头表示油路处于接通状态,但箭头方向不一定表示液流的实际方向。

(3)方框内符号“┴”或“┬”表示该通路不通。

(4)一个方框的上边和下边与外部连接的接口数表示几“通”。

(5)一般,电磁阀与系统供油路连接的进油口用字母 P 表示;电磁阀与系统回油路连接的回油口用字母 T(或 O)表示;而电磁阀与执行元件连接的工作油口则用字母 A、B 等表示。

(6)换向阀都有两个或两个以上的工作位置,其中一个为常态位,即电磁铁未得电时,阀心未受到操纵力时所处的位置。图形符号中的中位是三位阀的常态位。利用弹簧复位的二位阀则以靠近弹簧的方框内的通路状态为其常态位。绘制系统图时,油路一般应连接在换向阀的常态位上。

(7)电磁阀的文字符号是“YV”。

单电磁铁电磁阀的图形符号中,与电磁铁邻接的方框中的通路状态为电磁铁得电的工作状态,与弹簧邻接的方框中的通路状态为电磁铁失电时的工作状态。双电磁铁电磁阀的图形符号中,与电磁铁邻接的方框中的通路状态为该侧电磁铁得电的工作状态。

图 1-67(a)中,当电磁铁得电时,P 与 A 不通;当电磁阀失电时,即恢复常态,P 与 A 通。

图 1-67(b)中,当电磁铁得电时,B 封闭,P 与 A 通;当电磁阀失电时,A 封闭,P 与 B 通。

图 1-67(c)中,当电磁铁得电时,P 与 B 通,A 与 O 通;当电磁铁失电时,P 与 A 通,B 与 O 通。

图 1-67(d)中,当左侧电磁铁得电时,P 与 A 通,B 与 O 通,如果左侧电磁铁失电,而右侧电磁铁未得电,电磁阀的工作状态仍保持左侧电磁铁得电时的状态,没有变化。直至右侧电磁铁得电时,电磁阀才换向,其工作状态为 P 与 B 通,A 与 O 通。同样,如果接下来右侧电磁铁失电,仍保持右侧电磁铁得电时的工作状态。如要换向,则需左侧电磁铁得电,才能改变流向。设计控制电路时,不允许两侧电磁铁同时得电。

图 1-67(e)中,中间的方框为电磁阀的常态位,即当左右两侧电磁铁都失电时,A、B、P、O 互不相通。当左侧电磁铁得电时,电磁阀的工作状态为 P 与 A 通,B 与 O 通。当右侧电磁铁得电时,P 与 B 通,A 与 O 通。对三位四通电磁阀,在设计控制电路时,同样不允许两个电磁铁同时得电。

3)正确选用电磁阀

选用电磁阀时应注意以下几点:

(1)阀的工作机能要符合执行机构的要求,据此确定采用阀的型式(二位或三位,单电或双电，二通或三通、四通、五通等）。

(2)阀的孔径是否允许通过额定流量。

(3)阀的工作压力等级。

(4)电磁铁线圈采用交流或直流电，以及电压等级等都要与控制电路一致，并应考虑通电持续率。

3.电磁制动器

电磁制动器是使机械中的运动件在很短时间内停止或减速的机械零件，俗称电磁刹车、电磁抱闸。电磁制动器有盘式制动器和块式制动器，一般都由制动器、电磁铁、摩擦片或闸瓦等组成，是利用电磁力把高速旋转的轴抱死，实现快速停车。其特点是制动力矩大、反应速度极快、安装简单、价格低廉，但容易使旋转的设备损坏，所以一般用在扭矩不大、制动不频繁的场合。

1.3 电气控制系统图的类型及有关规定

由电动机、仪表和许多必要的电气元器件组成，用导线按照一定要求连接起来，从而完成某种特定的控制功能，这样的系统称为电气控制系统。为了表达生产机械电气控制系统的结构、原理等设计意图，也为了便于对控制系统进行设计、安装、接线、运行、维护，需将电气控制系统中各电气元器件的连接关系用一定的图形符号和文字符号表示出来，这种图就是电气控制系统图。

1.3.1 电气控制系统图的图形符号和文字符号

电气控制系统图中用来表示某个电器设备的图形，称为电气图形符号；用来区分不同的电气设备、电气元器件，或用来区分同类设备、电气元器件时，在相对应的图形、标记旁标注的文字称为文字符号。

为了提高电气系统图的通用性，电气控制系统图的绘制必须符合国家标准，用统一的文字符号、图形符号及画法，以便于设计人员的绘图及现场技术人员、维修人员的识图。在电气图中，代表电动机、各种电气元器件的图形符号和文字符号应按照我国已颁布实施的有关国家标准绘制。国家标准局等相关单位参照国际电工委员会(IEC)颁布的有关文件，制定了我国电气设备的有关国家标准，先后颁布了GB 4728.1—1985《电气图用图形符号　总则》、GB 5465.1—1985《电气设备用图形符号绘制原则》、GB 6988.1—1986《电气制图术语》、GB 5094—1985《电气技术中的项目代号》和GB 7159—1987《电气技术中的文字符号制订通则》等标准并多次修订。

常用电气图形符号见表1-2，常用电气文字符号见表1-3。

表 1-2　常用电气图形符号

名　称		图形符号	名　称		图形符号
三极刀开关			接触器	线圈	
低压断路器			接触器	主触点	
行程开关	常开触点		接触器	常开辅助触点	
行程开关	常闭触点		接触器	常闭辅助触点	
行程开关	复合触点		速度继电器	常开触点	
转换开关			速度继电器	常闭触点	
按钮	常开触点		时间继电器	线圈	
按钮	常闭触点		时间继电器	延时闭合常开触点	
按钮	复合触点		时间继电器	延时断开常闭触点	

续表

名　　称		图形符号	名　　称		图形符号
时间继电器	延时闭合常闭触点	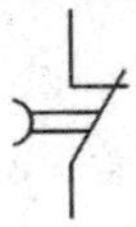	熔断器		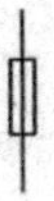
	延时断开常开触点	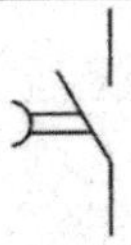	熔断器式刀开关		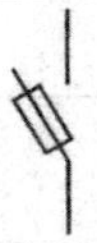
	通电延时线圈	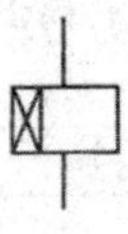	热继电器	热元件	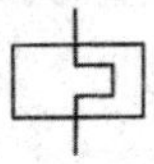
	断电延时线圈	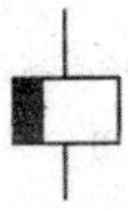		常闭触点	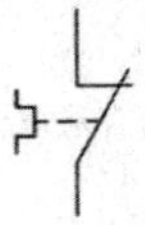
电磁式继电器	中间继电器线圈	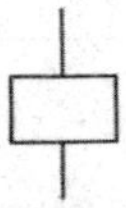	桥式整流装置		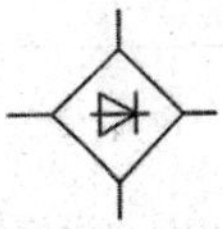
	过电压继电器	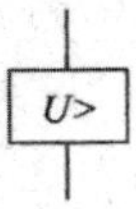 U>	蜂鸣器		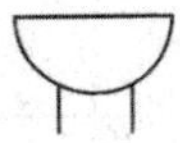
	欠电压继电器线圈	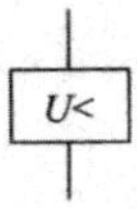 U<	信号灯		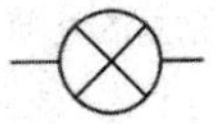
	过电流继电器线圈	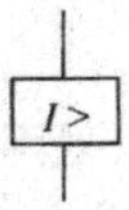 I>	电阻器		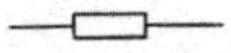
	欠电流继电器线圈	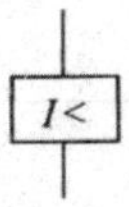 I<	接插器		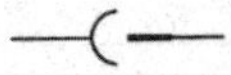
	常开触点	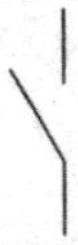	电磁铁		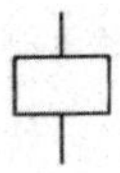
	常闭触点	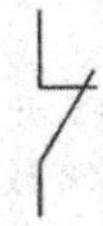			

续表

名　称	图形符号	名　称	图形符号
电磁吸盘	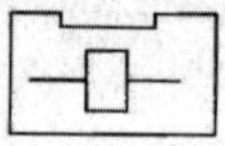	变压器	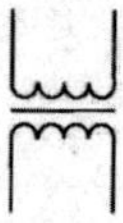
串励直流电动机	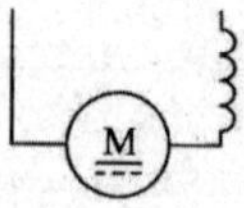 M	三相自耦变压器	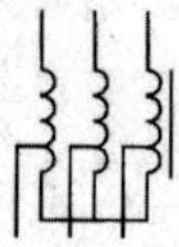
并励直流电动机	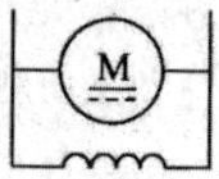 M	带滑动触点的电位器	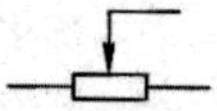
他励直流电动机	 M	PNP 型晶体管	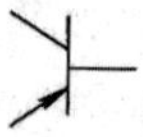
复励直流电动机	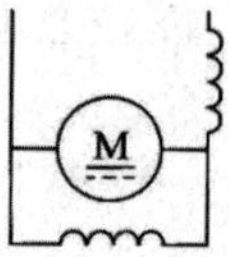 M	NPN 型晶体管	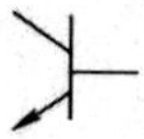
直流发电机	 G	晶闸管（阳极侧受控）	
三相笼型异步电动机	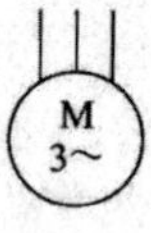 M 3～	半导体二极管	
三相绕线转子异步电动机	 M 3～	接近开关常开触点	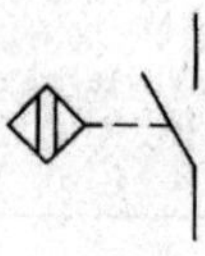

续表

名　称	图形符号
接近开关常闭触点 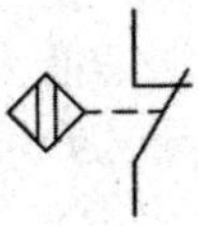 	
与门	&
或门	≥1
非门	1
阀的一般符号  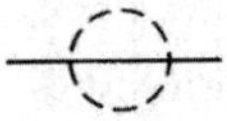	
电磁阀  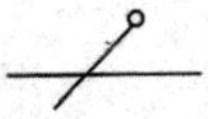	
电动阀  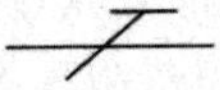	M
屏、台、箱、柜的一般符号	

名　称	图形符号
配电箱	
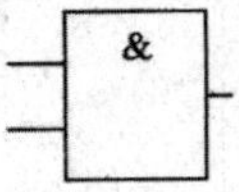 非线端标记的端子板	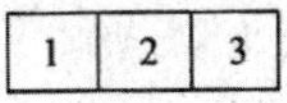 1 2 3
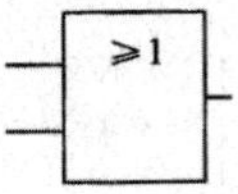 导线的连接	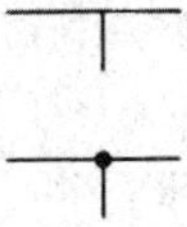
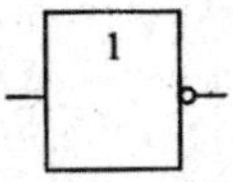 导线跨跃而不连接	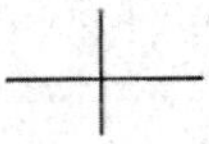
屏蔽线	
中性线	
保护线	
 先断后合的转换触点	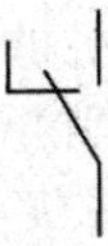
中间断开的双向触点	

表 1-3 常用电气文字符号

名 称	符号	名 称	符号	名 称	符号
直流发电机	GD	断路器	QF	起动电阻器	RS
交流发电机	GA	刀开关	QK	制动电阻器	RB
同步发电机	GS	转换开关	SC	频敏电阻器	RF
异步发电机	GA	控制开关	SA	电容器	C
直流电动机	MD	行程开关	SQ	电感器	L
交流电动机	MA	微动开关	SS	电抗器	L
同步电动机	MS	按钮	SB	熔断器	FU
异步电动机	MA	接近开关	SP	照明灯	EL
笼型电动机	MC	电压继电器	KV	指示灯	HL
电枢绕组	WA	电流继电器	KA	晶体管	VT
定子绕组	WS	时间继电器	KT	晶闸管	VTH
转子绕组	WR	控制继电器	KC	半导体二极管	VD
电力变压器	TM	速度继电器	KS	稳压管	VS
控制变压器	TC	接触器	KM	压力变换器	BP
自耦变压器	TA	电磁铁	YA	位置变换器	BQ
整流变压器	TR	电磁阀	YV	温度变换器	BT
电流互感器	TA	电磁离合器	YC	速度变换器	BV
电压互感器	TV	电阻器	R	测速发电机	BR
整流器	U	电位器	RP		

1.3.2 电气控制系统图的绘制原则

电气控制系统图有 3 种类型，分别为电气原理图、电气安装接线图、电气元器件布置图。每种图都有其不同的用途和规定的表达方式。电气原理图主要用于表达系统控制原理、参数、功能及逻辑关系，是最详细表达控制规律和参数的工程图；电气安装接线图主要用于表达各电气元器件在设备中的具体位置分布情况，以及连接导线的走向；电气元器件布置图主要是表明机械设备上所有电气设备和电气元器件的实际位置。下面对这 3 种类型电气控制系统图分别介绍。

1. 电气原理图

电气原理图是采用将电气元器件以展开的形式绘制而成的一种电气控制系统图，它只表示电气元器件的导电部件和接线关系。电气原理图并不按照电气元器件的实际安装位置来绘制，也不反映电气元器件的实际外观及尺寸。

电气原理图是根据工作原理而绘制的，具有结构简单、层次分明、便于研究和分析电路的工作原理等优点。在各种生产机械的电器控制中，无论在设计部门或生产现场都得到广泛的应用。电气控制电路常用的图形、文字符号必须符合国家标准。

电气原理图的作用是：便于操作者详细了解其控制对象的工作原理；用以指导安装、调试与维修以及为绘制接线图提供依据。

图1-68是电动机正反转控制电气原理图，以此为例说明电气原理图的绘制原则和有关规定。

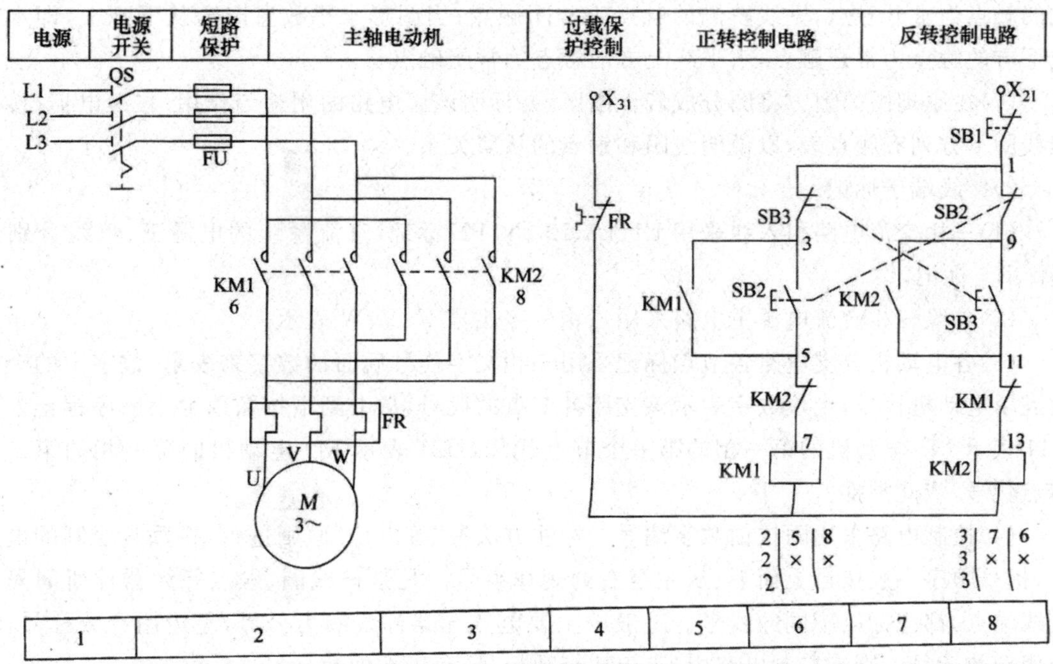

图1-68 电动机正反转控制电气原理图

1)电气原理图的绘制原则

(1)原理图一般分为主电路、控制电路和辅助电路。主电路是设备的驱动电路，是从电源到电动机大电流通过的路径；控制电路是由接触器和继电器线圈、各种电器的触点组成的逻辑电路，实现所要求的控制功能；辅助电路包括信号、照明和保护等电路。

(2)电气元器件的布局应根据便于阅读的原则安排。一般主电路画在左边或上方；控制电路和辅助电路画在右边或下方。主电路、控制电路和辅助电路中各元器件位置都应按操作顺序绘制，自左而右或自上而下，同一电气元器件的各个部件可以不画在一起。

(3)原理图可水平或垂直布置，并尽可能减少线条和避免线条交叉。如果图中有直接电联系的交叉导线的连接点(即导线交叉处)，要用黑圆点表示；无直接电联系的交叉导线，交叉处不能画黑圆点。

(4)原理图中，所有电动机、电器等元器件都应采用国家统一规定的图形符号和文字符号来表示。属于同一电器的线圈和触点，都要用同一文字符号表示。当使用相同类型电器时，可在文字符号后加注阿拉伯数字序号来区分，如两个接触器，可用KM1和KM2来区别。

(5)电气原理图中的电气元器件是按未通电和没有受外力作用时的状态绘制。在不同的工作阶段，各个电器的动作不同，触点时闭时开。而在电气原理图中只能表示出一种情况。因此，规定所有电器的触点均表示在原始情况下的位置，即在没有通电或没有发生机械动作时的位置。对接触器来说，是线圈未通电、触点未动作时的位置；对按钮来说，是手指未按下按钮时触点的位置；对热继电器来说，是常闭触点在未发生过载动作时的位置；对控制器来说，是手柄处于零位时的位置。

(6)原理图中，使触点动作的外力方向必须是：当图形垂直放置时为从左到右，即垂线左侧的触点为常开触点，垂线右侧的触点为常闭触点；当图形水平放置时为从下到上，即水平线下方的触点为常开触点，水平线上方的触点为常闭触点。

(7)在原理图的上方将图分成若干图区，并标明该区电路的用途与作用；在继电器、接触器线圈下方列有触点表，以说明线圈和触点的从属关系。

2)接线端子标记

(1)三相交流电路引入线采用 L1、L2、L3、N、PE 标记，直流系统的电源正、负线分别用 L＋、L－标记。

(2)分级三相交流电源主电路采用三相文字代号 U、V、W 表示。

(3)各电动机分支电路各节点标记采用三相文字代号后面加数字来表示，数字中的个位数表示电动机代号，十位数字表示该支路各节点的代号，从上到下按数值大小顺序标记。如 U11 表示 M1 电动机的第一相的第一个节点代号，U21 表示 M1 电动机的第一相的第二个节点代号，依此类推。

(4)控制电路采用阿拉伯数字编号。标注方法按“等电位”原则进行，在垂直绘制的电路中，标号顺序一般按自上而下、从左至右的规律编号。凡是被线圈、触点等元器件所间隔的接线端点，都应标以不同的线号。一般以主要电气元器件线圈为分界，左边用奇数标号，右边用偶数标号。直流控制电路中，正极按奇数标号，负极按偶数标号。

3)电气原理图图面区域的划分

为了便于检索电路，方便阅读，可以在各种幅面的图纸上进行分区。按照规定，分区数应该是偶数，每一分区的长度一般不小于 25mm，不大于 75mm。每个分区内竖边方向用大写拉丁字母、横边方向用阿拉伯数字分别编号。编号的顺序应从标题栏相对的左上角开始。编号写在图纸的边框内，是为了便于检索电气电路，方便阅读分析而设置的。在编号下方和图面的上方设有功能、用途栏，用于注明该区域电路的功能和作用，以利于理解全电路的工作原理。

4)电气原理图符号位置的索引

在较复杂的电气原理图中，对继电器、接触器线圈的文字符号下方要标注其触点位置的索引；而在其触点的文字符号下方要标注其线圈位置的索引。符号位置的索引，用图号、页次和图区编号的组合索引法，索引代号的组成如下：

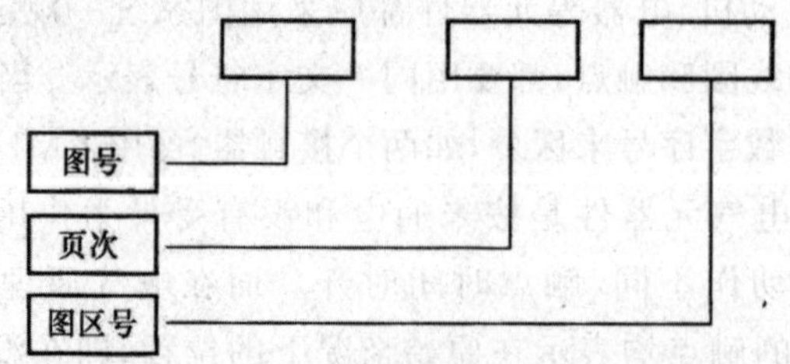

当与某一元件相关的各符号元素出现在不同图号的图样上，而每个图号仅有一页图样时，索引代号可以省去页次；当与某一元件相关的各符号元素出现在同一图号的图样上，而

该图号有几张图样时，索引代号可省去图号，依此类推。当与某一元件相关的各符号元素出现在只有一张图样的不同图区时，索引代号只用图区号表示。

如图1-68的图区2中，接触器KM1主触点下面的6，即表示接触器KM1的线圈位置在图区6。

在电气原理图中，接触器和继电器的线圈与触点的从属关系，应当用附图表示，即在原理图中相应线圈的下方，给出触点的图形符号，并在其下面注明相应触点的索引代号，未使用的触点用“×”表明。有时也可采用省去触点图形符号的表示法，如图1-68图区6中KM1线圈和图区8中KM2线圈的下方是接触器KM1和KM2相应触点的位置索引。

如图1-68所示，在接触器KM1触点的位置索引中，左栏为主触点所在的图区号(有3个主触点在图区2)，中栏为辅助常开触点所在的图区号(一个触点在图区5，另一个没有使用)，右栏为辅助常闭触点所在的图区号(一个触点在图区8，另一个没有使用)。

2. 电气安装接线图

电气安装接线图是用规定的图形符号，按各电气元器件相对位置绘制的实际接线图，所表示的是各电气元器件的相对位置和它们之间的电路连接状况，并标注出所需数据，如接线端子号、连接导线参数等。实际应用中通常与电路图和布置图一起使用。

电气安装接线图主要用于电气设备的安装配线、线路检查、线路维修和故障处理。在电气安装接线图中各电气元器件的文字符号、元件连接顺序、线路号码编制都必须与电气原理图一致。图1-69是C620-1型车床电气安装接线图。

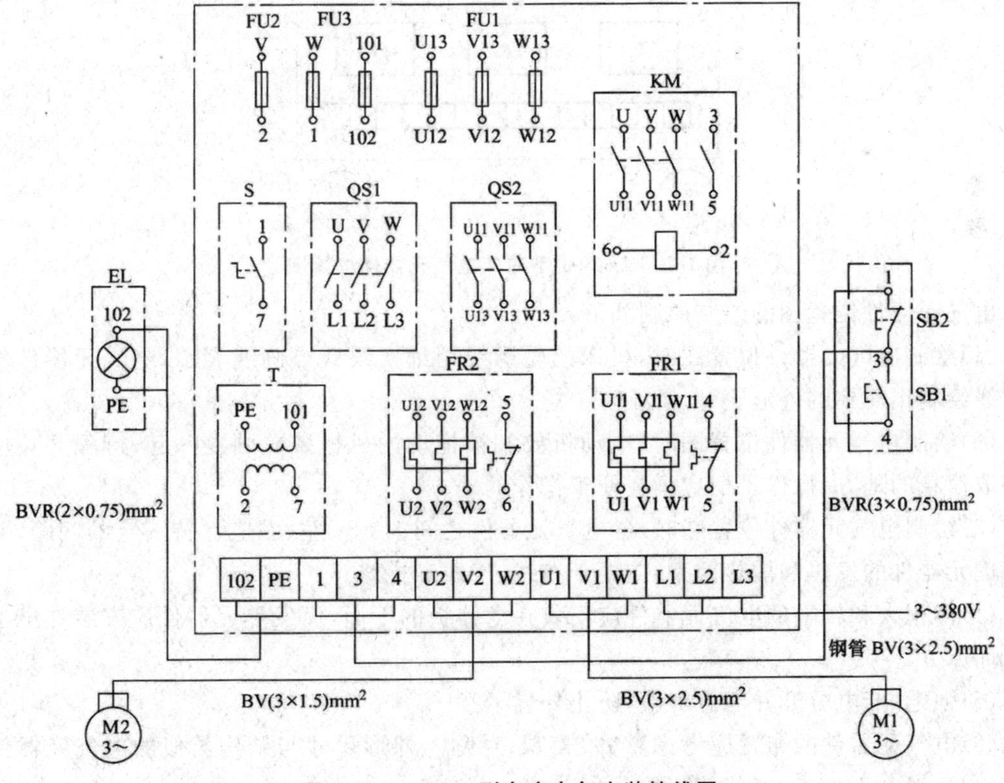

图1-69 C620-1型车床电气安装接线图

电气安装接线图的绘制原则如下：

(1)绘制电气安装接线图时，各电气元器件均按其在安装底板中的实际位置绘出。元件所占图面按实际尺寸以统一比例绘制。

(2)绘制电气安装接线图时，一个元件的所有部件绘在一起，并用点画线框起来，有时将多个电气元器件用点画线框起来，表示它们是安装在同一安装底板上的。

(3)绘制电气安装接线图时，安装底板内外的电气元器件之间的连线通过接线端子板进行连接，安装底板上有几条接至外电路的引线，端子板上就应绘出几条线的接点。

(4)绘制电气安装接线图时，走向相同的相邻导线可以绘成一股线。

3. 电气元器件位置图

电气元器件位置图主要是用来表明电气系统中所有电气元器件的实际位置，为生产机械电气控制设备的制造、安装提供必要的资料。一般情况下，电气元器件位置图是与电气安装接线图组合在一起使用的，既起到电气安装接线图的作用，又能清晰表示出所使用的电气元器件的实际安装位置，是电气控制设备制造、安装和维修必不可少的技术文件。图 1-70 为 C620-1 型车床电气元器件位置图。

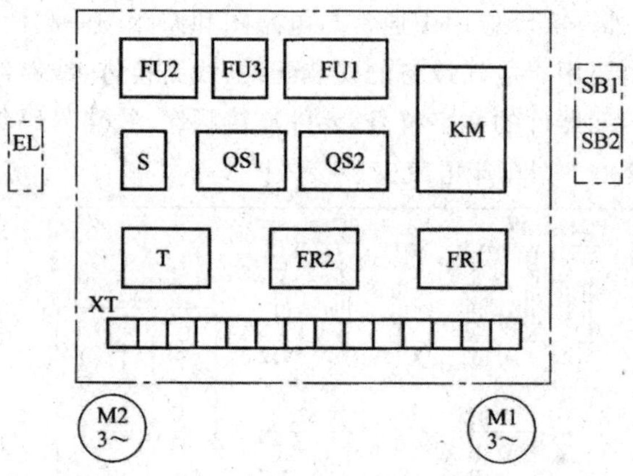

图 1-70 C620-1 型车床电气元器件位置图

电气元器件位置图的绘制原则如下：

(1)绘制电气元器件位置图时，机床的轮廓线用细实线或点画线表示，电气元器件均用粗实线绘制出简单的外形轮廓。

(2)绘制电气元器件位置图时，电动机要和被拖动的机械装置画在一起；行程开关应画在获取信息的地方；操作手柄应画在便于操作的地方。

(3)绘制电气元器件位置图时，各电气元器件之间上、下、左、右应保持一定的间距，并且应考虑元器件的发热和散热因素，应便于布线、接线和检修。

(4)体积大和较重的电气元器件应安装在电器板的下面，而发热元器件应安装在电器板的上面。

(5)强电、弱电分开并注意屏蔽，防止外界干扰。

(6)电气元器件的布置应考虑整齐、美观、对称。外形尺寸与结构类似的电气元器件安放在一起，以利于加工、安装和配线。

(7)需要经常维护、检修、调整的电气元器件安装位置不宜过高或过低。

(8)电气元器件布置不宜过密,若采用板前走线槽配线方式,应适当加大各排电气元器件间距,以利布线和维护。

1.4　电气控制的基本电路

任何复杂的电气控制电路都是按照一定的控制原则,由基本的控制电路组成。基本控制电路是学习电气控制的基础。熟练掌握基本控制电路的组成及工作原理,对生产机械整个电气控制电路工作原理的分析与设计有很大帮助。

本节主要介绍几种典型的基本控制电路。

1.4.1　全压起动控制电路

全压起动是指起动时加在电动机定子绕组上的电压为额定电压,也称直接起动。全压起动需要满足下述条件之一:

(1)功率在 7.5kW 以下的三相异步电动机,均可采用直接起动。

(2)电动机在起动瞬间造成的电网电压降不大于电源的 10%,对于不经常起动的电动机其起动瞬间电网电压降可放宽到电压正常值的 15%。

另外,也可以根据经验公式粗略估算电动机是否可以直接起动。

1.单向全压起动连续运行控制电路

连续控制(也称为长动控制)是指按下按钮后,电动机通电起动运转,松开按钮后,电动机仍继续运行,只有按下停止按钮,电动机才失电直至停转。

单向全压起动连续运行控制电路的电气原理图如图 1-71 所示。

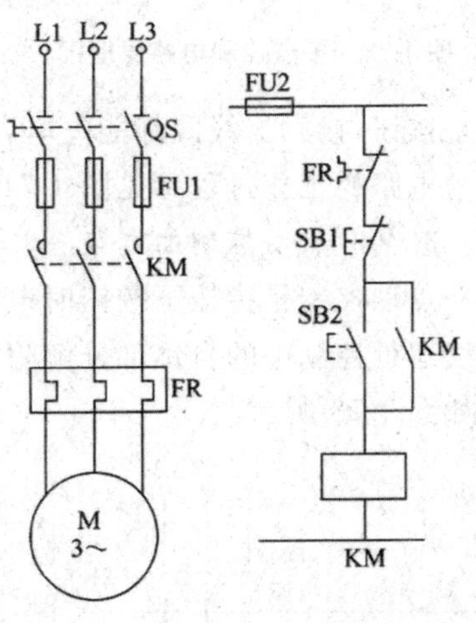

图 1-71　单向全压起动连续运行控制电路的电气原理图

主电路由转换开关 QS、熔断器 FU、接触器主触点 KM、热继电器 FR、电动机 M 组成。

控制电路由熔断器、热继电器辅助触点、两个按钮 SB1 和 SB2、接触器辅助触点和线圈组成。

电路工作过程如下:

起动时,按下 SB2 ⟶ KM 线圈得电 ⟶ {KM 主触点闭合; KM 辅助触点闭合(自锁)} ⟶ 电动机起动。

停止时,按下 SB1 ⟶ KM 线圈失电 ⟶ {KM 主触点断开; KM 辅助触点断开} ⟶ 电动机停机。

所谓“自锁”，是依靠接触器自身的辅助触点闭合来保证线圈继续通电的现象。带有“自锁”功能的控制电路具有失电压(零电压)和欠电压保护作用，即一旦发生断电或电源电压下降到一定值(一般降低到额定值的 85%以下)时，接触器 KM 线圈就会断电，自锁触点就会断开，不重新按下起动按钮 SB2，电动机将无法自行起动。只有在操作人员有准备的情况下再次按下起动按钮 SB2，电动机才能重新起动，从而保证了人身和设备的安全。

该控制电路中，QS 用于手动控制电源通断，不能直接给电动机 M 供电，只起到电源引入的作用。主回路熔断器 FUl 起短路保护作用，如发生三相电路的任意两相短路，或是任意一相电路发生对地短路，短路电流将使熔断器迅速熔断，从而切断主电路电源，实现对电动机的短路保护。FR 用于过载保护，当出现过载时，FR 辅助触点断开，切断控制电路，接触器 KM 线圈失电，主触点和辅助触点断开，电动机停机。

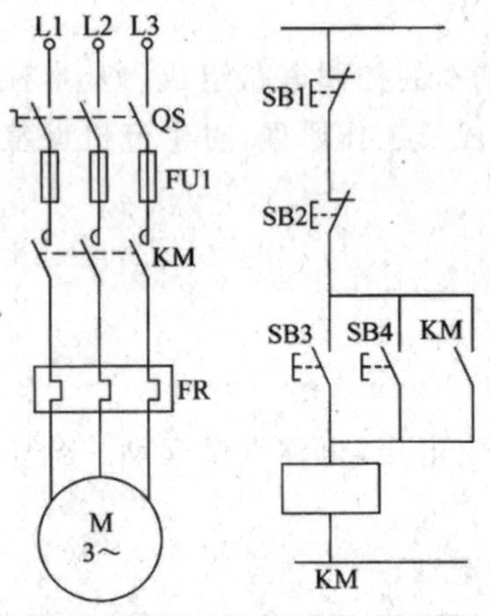

图 1-72　多点控制电路原理图

2. 多点控制电路

对于大型生产机械，为了操作方便，需要在几个不同的地方都能进行操作。能在多地点控制同一台电动机的控制方式叫做多点控制。多点控制电路如图 1-72 所示。

在生产机械各个不同的地方安装一套按钮，将各起动按钮(SB3、SB4)的常开触点并联连接，各停止按钮(SB1、SB2)的常闭触点串联连接。这样，在任何一处按起动按钮，接触器线圈都能得电，电动机都能运行。在任何一处按停止按钮，接触器线圈都能失电，电动机停止运行。

电路的工作过程参见图 1-71 所示的单向全压起动连续运行控制电路。

3. 具有点动控制的电路

点动控制是指按下按钮时电动机得电起动运行，松开按钮时电动机失电停机。将上述连续运行控制中的自锁部分解除就成为点动控制方式。几种点动控制方式的电气控制原理图如图 1-73 所示。

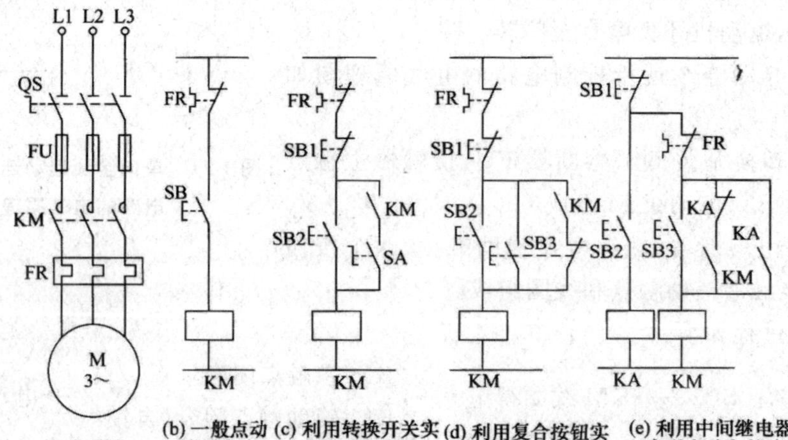

(a) 主电路　(b) 一般点动控制方式　(c) 利用转换开关实现点动和长动　(d) 利用复合按钮实现点动和长动　(e) 利用中间继电器实现点动和长动

图 1-73　几种点动控制方式的电气控制原理图

图 1-73(b)所示为一般点动控制方式，其点动工作原理如下：

(1)起动：按下 SB→KM 线圈得电→KM 主触点闭合→电动机起动。

(2)停止：松开 SB→KM 线圈失电→KM 主触点断开→电动机停机。

图 1-73(c)是利用转换开关 SA 实现的点动和长动选择联锁控制电路。SA 断开时，由 SB2 按钮进行点动控制；当 SA 闭合时，接触器 KM 的自锁触点起作用，可由 SB2 按钮进行正常的起/停长动控制。

点动(SA 断开)工作原理如下：

(1)起动：按下 SB2→KM 线圈得电→{KM 主触点闭合; KM 辅助触点闭合(但无法自锁)}→电动机起动。

(2)停止：松开 SB2→KM 线圈失电→{KM 主触点断开; KM 辅助触点断开}→电动机停机。

长动(SA 闭合)工作原理如下：

(1)起动：按下 SB2→KM 线圈得电→{KM 主触点闭合; KM 辅助触点闭合(自锁)}→电动机起动。

(2)停止：按下 SB1→KM 线圈失电→{KM 主触点断开; KM 辅助触点断开}→电动机停机。

图 1-73(d)是利用复合按钮 SB3 既能点动又能长动的电路。图中 SB2 为长动起动按钮，SB1 为长动停止按钮，SB3 为点动按钮。工作过程与图 1-73(c)所示电路相同。

应用该控制电路的时候，由于接触器使用时间较长后，有时会出现故障，致使其触点复位时间大于点动按钮的恢复时间，这样就会造成点动控制失效，因此点动控制的复合按钮 SB3 松开的速度不能太快。

图 1-73(e)是利用中间继电器控制的点动与长动控制电路。图中，SB3 为长动起动按钮，SB1 为长动停止按钮，SB2 为点动按钮。

长动工作原理与图 1-73(c)所示电路相同。

点动工作原理如下：

(1)起动：按下 SB2→KA 线圈得电→{KA 常开触点闭合; KA 常闭触点断开(切断自锁)}→KM 线圈得电→{KM 主触点闭合; KM 辅助触点闭合(但无法自锁)}→电动机起动。

(2)停止：松开 SB2→KA 线圈失电→KA 常开触点断开→KM 线圈失电→KM 主触点断开→电动机停机。

综上所述，电路能够实现长动和点动控制的根本原因在于能否保证 KM 线圈得电后，自锁支路被接通，能够接通自锁支路，就可以实现长动，否则只能实现点动。

4. 正、反向运行控制电路

电动机正、反向运行控制电路如图 1-74 所示。

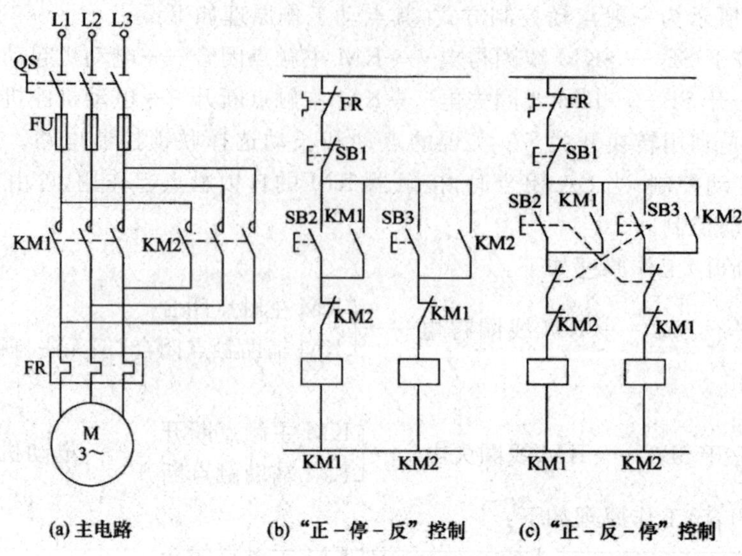

(a) 主电路　(b) "正-停-反"控制　(c) "正-反-停"控制

图 1-74　电动机正、反向运行控制电路

图中,用 KM1 和 KM2 两个接触器控制电动机正、反向运行。由图 1-74(a)所示主电路可以看出,这两个接触器主触点所接通的电源相序不同,KM1 主触点闭合按 L1、L2、L3 相序接线,KM2 主触点闭合则按 L3、L2、L1 相序接线,所以能改变电动机的转向。相应地设置了两条控制电路:由按钮 SB2 和线圈 KM1 等组成正转控制电路;由按钮 SB3 和线圈 KM2 等组成反转控制电路。两条电路运行原理相同,都是长动控制。

图 1-74(b)所示的是接触器联锁正、反转控制电路,工作过程为"正转-停止,反转-停止"。图中,要想达到电动机从一种旋转方向改变为另一种旋转方向,必须先停机,然后才能反向运行。要想达到直接按动反方向起动按钮而不必按停止按钮这一目的,必须设法在按下反转起动按钮之前,首先断开正转接触器线圈电路;同理,在按下正转起动按钮之前,首先断开反转接触器线圈电路。这个要求可通过采用两只复合按钮来实现,如图 1-74(c)所示。

图 1-74(c)中,采用了复合按钮联锁连接,既保证了正、反转接触器 KM1 和 KM2 不会同时通电,又可不按停止按钮而直接按反转按钮进行反转起动。同样,由反转运行转换成正转运行,也只需直接按正转按钮。这种电路的优点是操作方便,缺点是如果正转接触器主触点熔焊分不开,直接按反转按钮进行换向时,会产生短路事故。

5. 自动往复循环控制电路

在生产实践中,有些生产机械的工作台需要自动往复运动,如龙门刨床、导轨磨床等。最基本的自动往复循环控制电路如图 1-75 所示,它利用行程开关实现往复运动控制。

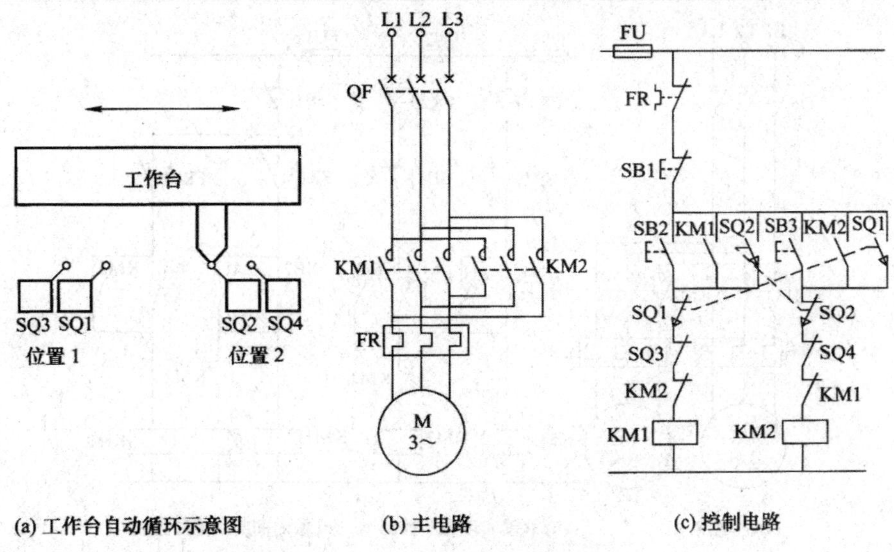

(a) 工作台自动循环示意图　　(b) 主电路　　(c) 控制电路

图 1-75　自动往复循环控制电路

行程开关 SQ1 放在左端需要反向的位置，SQ2 放在右端需要反向的位置，机械挡铁装在运动部件上。起动时利用正向或反向起动按钮，如按正向起动按钮 SB2，起动工作过程如下：

按下 SB2 ⟶ KM1 线圈得电 ⟶ [KM1 主触点闭合；KM1 辅助触点闭合（自锁）] ⟶ 电动机正向运行，带动工作台左移 —工作台移至左端碰到 SQ1⟶ [SQ1 常闭触点断开；SQ1 常开触点闭合] ⟶ [KM1 线圈失电；KM2 线圈得电] ⟶ [KM1 主触点断开，辅助触点断开；KM2 主触点闭合，辅助触点闭合（自锁）] ⟶ 电动机反向运行，带动工作台右移 —移至右端碰 SQ2⟶ 电动机正向运行，工作台向左移动（分析方法同前），即工作台实现自动往复循环运动。

6. 多台电动机顺序控制电路

生产实践中常要求各种运动部件之间能够按顺序工作。例如，车床主轴转动时要求油泵先给齿轮箱提供润滑油，即要求保证润滑泵电动机起动后，主拖动电动机才允许起动，也就是控制对象对控制电路提出了按顺序工作的联锁要求。

两台电动机按顺序起动控制电路如图 1-76 所示。

图 1-76(a)中，M1 为油泵电动机，M2 为主拖动电动机。在图 1-76(b)中，将控制油泵电动机的接触器 KM1 的辅助常开触点串入控制主拖动电动机的接触器 KM2 的线圈电路中，可以实现按顺序工作的联锁要求。

图 1-76(c)所示是采用时间继电器，按时间顺序起动的控制电路。电路要求电动机 M1 起动之后，电动机 M2 自动起动，这可利用时间继电器的延时闭合常开触点来实现。电路的起动工作过程如下：

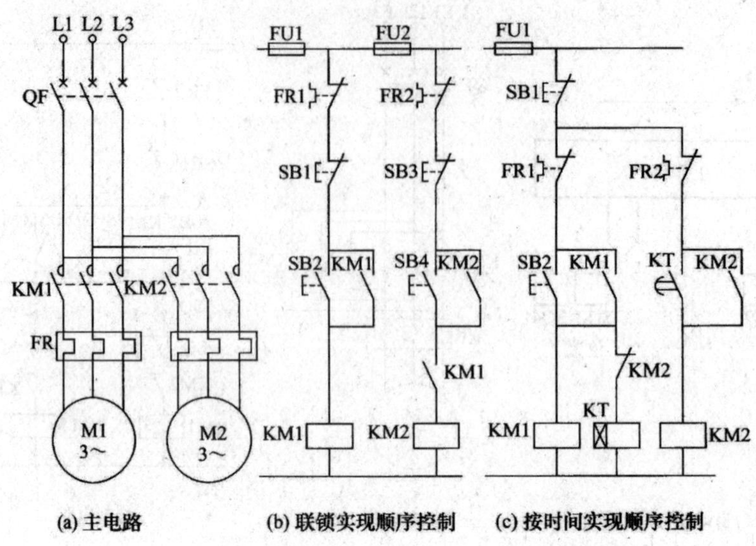

图 1-76 两台电动机按顺序起动控制电路

按下 SB2 ⟶ {KM1 线圈得电，自锁，M1 起动；KT 线圈得电，开始计时} ⟶ KT 延时常开触点闭合 ⟶ KM2 线圈得电 ⟶ {KM2 自锁，电动机 M2 起动；KM2 常闭触点断开，KT 线圈失电。}

1.4.2 三相交流电动机的减压起动控制电路

凡是不满足全压起动条件的电动机，都需要减压起动。在电动机的定子加上降低了的电压进行起动称为减压起动。起动后再将电压恢复到额定值，使之在正常电压下运行。因电枢电流和电压成正比，所以降低电压可以减小起动电流，防止在电路中产生过大的电压降，减小对电路电压的影响。

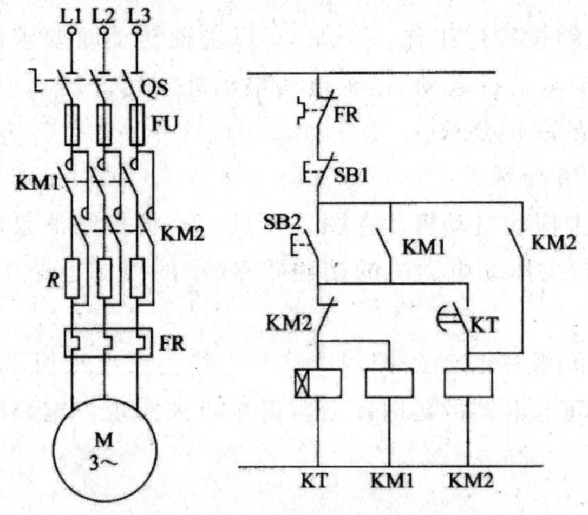

图 1-77 定子串电阻起动控制电路

根据减压措施的不同，工业上常见的减压起动方法有串联电阻减压起动、星形-三角形减压起动、自耦变压器减压起动和延边三角形减压起动等。

1. 定子串电阻或电抗减压起动控制电路

定子串电阻减压起动，是把电阻串接在电动机定子绕组与电源之间，通过电阻的减压作用来降低定子绕组上的起动电压，起动过程完成后再将电阻短接，使电动机在额定电压运行。定子串电阻减压起动控制电路如图 1-77 所示。起动停止过程分别如下。

(1)起动：按下 SB2 ⟶ {KM1 线圈得电，主触点闭合；KM1 辅助触点闭合(自锁)；KT 线圈得电，开始计时} ⟶ 电动机串电阻 R 起动

$\xrightarrow{\text{KT 延时到}}$ KT 常开触点闭合 ⟶ KM2 线圈得电 ⟶ {KM2 主触点闭合；KM2 辅助常开触点闭合(自锁)；KM2 辅助常闭触点断开} ⟶

KM1 线圈失电 ⟶ {KM1 主触点断开；KM1 辅助触点断开} ⟶ {短接电阻 R，电动机全压运行；KT 线圈失电，常开触点断开。}

(2)停止：按下 SB1 ⟶ KM2 线圈失电 ⟶ {KM2 主触点断开；KM2 辅助触点断开} ⟶ 电动机停机。

定子串电阻起动方法虽然降低了起动电流，但起动转矩也随之降低，这种起动方法仅适用于空载起动或轻载起动。同时，外串的起动电阻将会消耗大量的电能，因此该方法仅适用于小型电动机。在某些场合如大功率电动机的起动可采用电抗器取代电阻。

2. 星形-三角形减压起动控制电路

正常运行为三角形联结(△联结)且功率较大的电动机可以采用星形-三角形(Y-△)减压起动。电动机起动时，定子绕组接成星形联结(Y联结)，每相绕组的电压由额定 380V 降为 220V，起动电流降为三角形联结起动电流的 1/3。待转速升高到额定转速时改为三角形联结，直到稳定运行。

图 1-78 为星形-三角形减压起动控制电路。

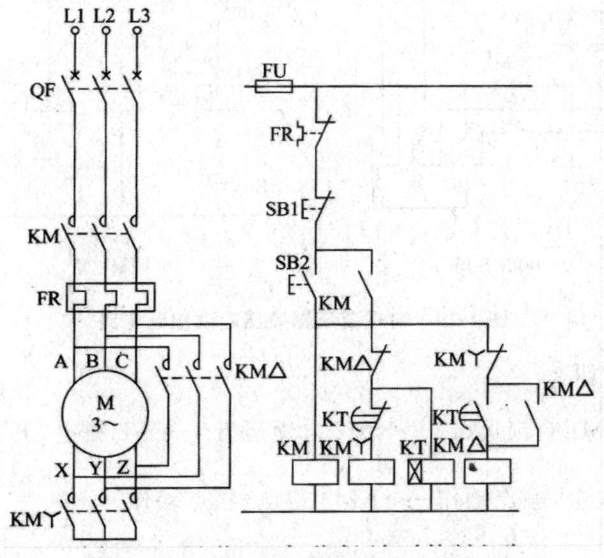

图 1-78 星形-三角形减压起动控制电路

电路工作过程如下：

按下 SB2 ⟶ {KM 线圈得电，主触点闭合；KM Y线圈得电，主触点闭合 ⟶ 电动机Y联结起动运行 $\xrightarrow{\text{KT 延时到}}$；KT 线圈得电，开始计时}

$\begin{cases}\text{KT 常开触点闭合}\\ \text{KT 常闭触点断开}\end{cases}$ ⟶KM Y线圈失电，触点动作⟶ $\begin{cases}\text{KM△线圈得电，主触点闭合}\\ \text{辅助常开触点闭合(自锁)}\end{cases}$ ⟶电动机三角形联结运行。

星-三角起动方法的起动转矩只有全压起动的 1/3，所以这种起动控制电路只适用于轻载或空载起动场合。

3. 自耦变压器减压起动控制电路

星形-三角形减压起动控制电路虽然降低了起动电流，但是同时也降低了起动转矩，对于带有一定负载的设备宜采用自耦变压器减压起动方式。

自耦变压器通常有几个不同的抽头，利用不同抽头的电压比可以得到不同的起动电压和起动转矩，根据需要进行选择。自耦变压器的缺点是价格较贵，而且不允许频繁起动。自耦变压器减压起动控制电路如图 1-79 所示。

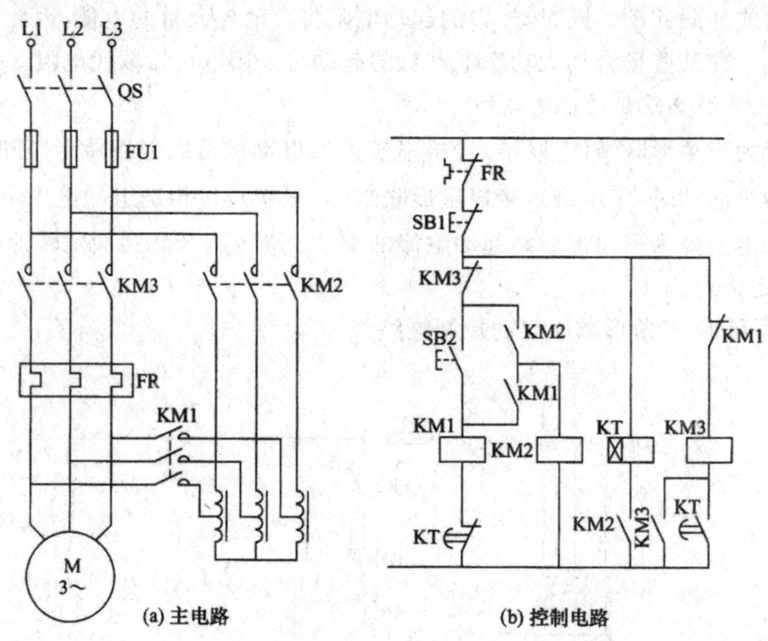

(a) 主电路　　(b) 控制电路

图 1-79　自耦变压器减压起动控制电路

电路的工作过程如下：

按下 SB2 ⟶KM1 自锁运行⟶KM2 自锁运行⟶KT 得电，开始计时 $\xrightarrow{\text{KT 延时到}}$ KT 触点动作⟶KM1 失电，触点动作⟶KM3 得电，触点动作⟶ $\begin{cases}\text{KM2 失电，触点动作}\\ \text{KT 失电，触点动作}\end{cases}$ ⟶电动机全压运行。

1.4.3　三相笼型异步电动机的制动控制电路

利用电动机电磁原理，在电动机需要制动过程中，产生一个与转子转动方向相反的电磁转矩，使电动机转速迅速下降并停止转动，这就是电气制动。常用的三相异步电动机电气制动方法有反接制动、能耗制动、回馈制动和电容制动等。

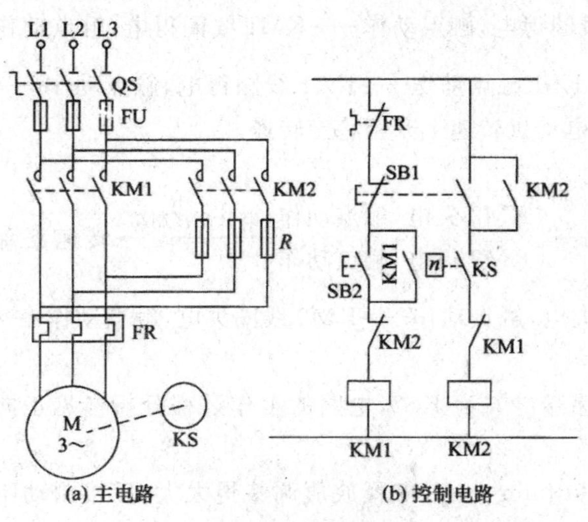

(a) 主电路　(b) 控制电路

图 1-80　单向运行反接制动控制电路

1. 反接制动控制电路

反接制动通过改变接入电动机的电源相序，产生一个与运行方向相反的旋转磁场，从而得到一个反向制动转矩作用于转子，使电动机迅速停转。

反接制动瞬间会产生过大的反向电流，为限制过大冲击，在制动阶段，主电路串电阻起限流作用。当电动机的转速接近零时，应立即切断反接制动电源，否则电动机会反转。

1)单向运行反接制动控制电路

电动机单向运行反接制动控制电路如图 1-80 所示。

电路的工作过程如下：

(1)起动：按下 SB2 ⟶ KM1 自锁运行 ⟶ 电动机起动运行 $\xrightarrow{转速>120r/min}$ ⎡速度继电器 KS 触点闭合 ⎣转速上升至稳定转速 。

(2)停机：按下 SB1 ⟶ KM1 失电，触点动作 ⟶ KM2 得电自锁 $\xrightarrow{串R反接制动}$ 转速下降 $\xrightarrow{转速<90r/min}$ KS 常开触点断开 ⟶ KM2 失电，触点动作 ⟶ 电动机停机。

2)可逆运行的反接制动控制电路

电动机可逆运行的反接制动控制电路如图 1-81 所示。

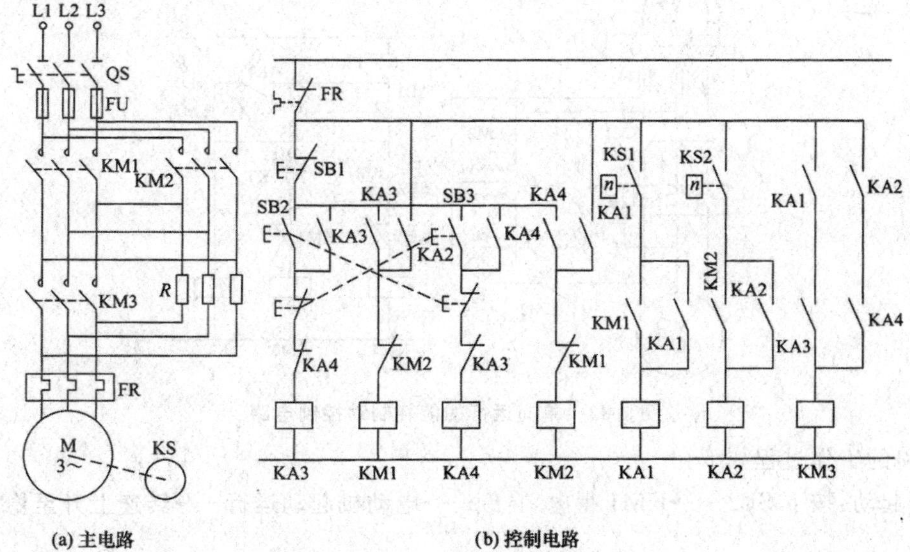

(a) 主电路　(b) 控制电路

图 1-81　可逆运行的反接制动控制电路

以一个方向为例，电路的自动工作过程如下：

合 QS → 按下 SB2（正向）→ KA3 线圈得电，触点动作 → KM1 线圈得电，触点动作 → 电动机串 R 运行 —转速＞120r/min→ 继电器 KS1 触点动作 → KA1 线圈得电，触点动作 → KM3 线圈得电，触点动作 → 短接电阻 R，电动机转速上升至稳定转速。

正向停车制动工作过程如下：

按下 SB1 → [KA3 失电，触点动作；KM1 失电，触点动作] → [KM3 失电，触点动作；KM2 得电，触点动作] —串 R 反接制动→ 转速下降 —转速＜90r/min→ KS1 触点断开 → KA1 线圈失电，触点动作 → KM2 线圈失电，触点动作 → 电动机停机。

同理，反向起动按 SB3，相应的动作转速继电器为 KS2，电路的工作过程分析参见正向起动及停机过程。

一般地，速度继电器的释放值调整到 90r/min 左右，如释放值调整得太大，反接制动不充分；调整得太小，又不能及时断开电源而造成短时反转现象。

反接制动的制动力强、制动迅速、控制电路简单、设备投资少，但制动准确性差、制动过程中冲击力强烈，易损坏传动部件，因此适用于 10kW 以下小功率的电动机，制动要求迅速、系统惯性大，常用于不经常起动与制动的设备，如铣床、镗床、中型车床等主轴的制动控制。

2. 能耗制动控制电路

能耗制动即在电动机脱离三相交流电源的同时，给定子绕组加一个直流电源，以产生一个静止磁场，利用转子感应电流与静止磁场的作用，产生一个与转动方向相反的电磁转矩，对转子起制动作用，达到制动的目的。制动结束后应切除直流电源。

1）单向运行的能耗制动控制电路

电动机单向运行的能耗制动控制电路如图 1-82 所示。

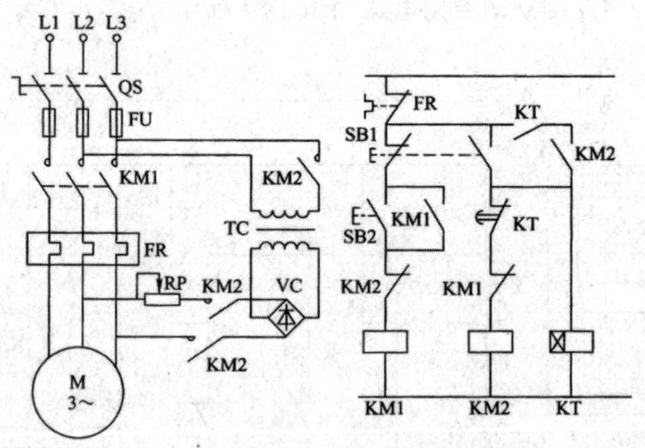

图 1-82 单向运行的能耗制动控制电路

电路的工作过程如下：

(1)起动：按下 SB2 → KM1 得电，自锁 → 电动机起动运行 → 转速上升至稳定转速。

(2)停机:按下 SB1 ⟶KM1 失电,触点动作⟶KM2 得电自锁⟶ {KT 线圈得电,开始计时；电动机开始能耗制动}

$\xrightarrow{\text{KT 延时到}}$ {KM2 失电；KT 失电} ⟶停机。

2)可逆运行的能耗制动控制电路

电动机可逆运行的能耗制动控制电路如图 1-83 所示。

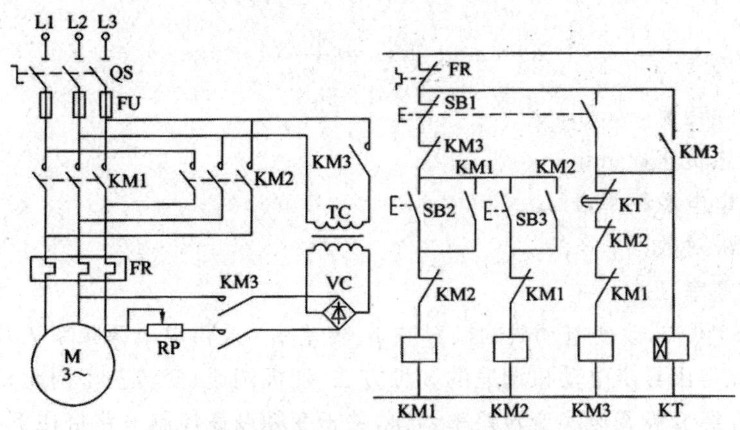

图 1-83 可逆运行的能耗制动控制电路

电路的工作过程如下:

(1)正向起动:合 QS ⟶按下 SB2 ⟶KM1 得电,自锁⟶电动机起动运行⟶转速上升至稳定转速。

(2)正向停机:按下 SB1 ⟶ KM1 失电,触点动作⟶ {KM3 得电；KT 得电} ⟶

{起动能耗制动；转速下降；开始计时} $\xrightarrow{\text{KT 延时到}}$ {KM3 失电；KT 失电} ⟶停机。

能耗制动的不足是在制动过程中,随着电动机转速的下降,拖动系统动能也在减少,于是电动机的再生能力和制动转矩也在减少,所以在惯性较大的拖动系统中,常会出现在低速时停不住的现象,从而产生“爬行”,影响停车时间的延长或停位的准确性。能耗制动仅适用一般负载的停车,但能耗制动电路简单、价格较低。

1.5 三相异步电动机速度控制电路

在实际生产中,不同的生产机械要求有不同的运行速度,甚至一台生产机械在不同的生产过程时也需要不同的运行速度。这就要求生产机械能够根据生产工艺的要求,来改变运转速度。交流异步电动机是应用最广泛的一种动力机械,其调速方法很多,如改变定子绕组的极对数达到变极调速,改变电源频率实现变频调速等。其中,变极调速控制最简单,价格便宜但不能无级调速;变频调速控制最复杂,但性能最好,随着其成本日益降低,已广泛应用于工业自动控制领域中。

1.5.1 概述

根据异步电动机的基本原理,可知电动机的转速公式为

$$n = n_1(1-s) = \frac{60f}{p}(1-s) \tag{1-9}$$

式中 n——实际转速,r/min;

n_1——理想转速,r/min;

f——供电电源频率,Hz;

p——磁极对数;

s——转差率。

根据式(1-9)可知,改变电动机的极对数 p、转差率 s 及供电电源频率 f 均可达到改变转速的目的。由此得出异步电动机调速的 3 种方法:变极调速、变转差率调速和变频调速。

本节主要介绍变极调速和变转差率调速,关于变频调速控制电路将在下一节单独介绍。

1.5.2 变极调速

变极调速是通过改变定子绕组的联结方式来改变笼型电动机的定子极对数,从而达到调速的目的。这种调速方法只能一级一级地改变转速,而不能平滑地调速。

变极调速的基本原理如下:如果电网频率不变,电动机的同步转速与它的极对数成反比。因此,变更电动机绕组的联结方式,使其在不同的极对数下运行,其同步转速便会随之改变。异步电动机的极对数是由定子绕组的联结方式来决定的,这样就可以通过改变定子绕组的联结方式来改变异步电动机的极对数。变极调速方法一般仅适用于笼型异步电动机。

变极多速电动机的转速有双速、三速和四速 3 种,其中双速电动机和三速电动机是变极调速中最常用的两种形式。

1. 变极调速方法

多速电动机的变极调速方法一般有如下两种:

(1)改变定子绕组的联结方式。

(2)在定子上设置具有不同极对数的两套互相独立的绕组。

双速电动机定子绕组的联结方式通常有两种:

(1)绕组进行△-YY变换,如图 1-84(a)所示的联结方式。

(2)绕组进行Y-YY变换,如图 1-84(b)所示的联结方式。

这两种联结方式都能使电动机产生的磁极对数减少一半,即能使电动机的转速提高一倍。

当电动机定子绕组的联结方式进行丫-丫丫变换时，电动机磁极由四极低速变为两极高速，适用于恒转矩负载。

当电动机定子绕组的联结方式进行△-丫丫变换时，电动机磁极由四极低速变为两极高速，适用于恒功率负载。

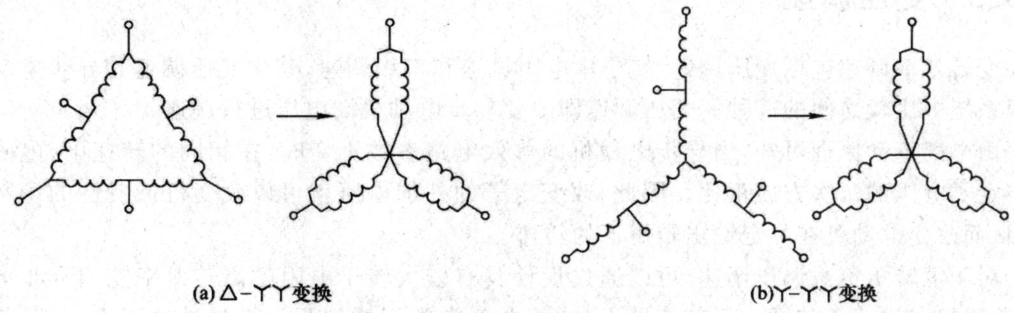

图 1-84　双速电动机定子绕组接线图

2. 变极调速控制电路

下面以双速电动机定子绕组的联结方式进行△-丫丫变换为例，介绍变极调速控制电路。双速电动机变极调速控制电路图如图 1-85 所示。

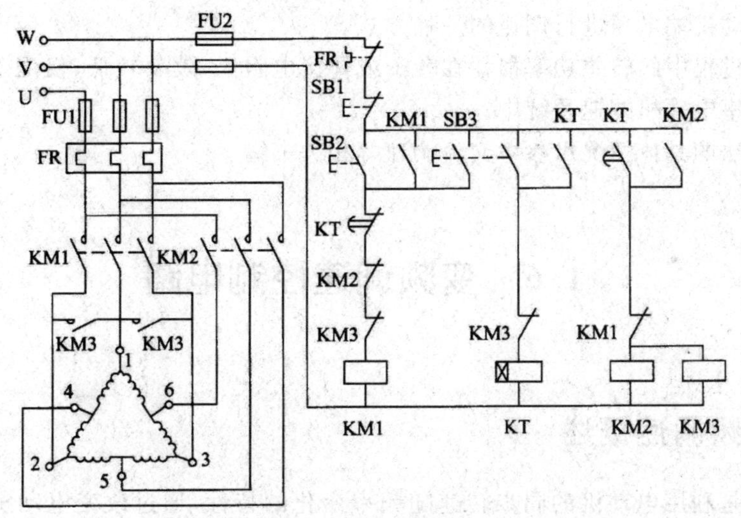

图 1-85　双速电动机变极调速控制电路

工作过程如下：

按下 SB2 ⟶KM1 线圈得电，主触点闭合并自锁⟶电动机△联结低速运行。

按下 SB3 ⟶ ┌KM1 线圈得电主触点闭合并自锁
└KT 线圈得电并自锁，开始计时 ⟶电动机△联结速运行 $\xrightarrow{\text{KT 延时到}}$

┌KT 常闭触点断开
└KT 常开触点闭合 ⟶ ┌KM1 线圈失电，主触点断开
└KM2、KM3 线圈得电，主触点闭合 ⟶电动机丫丫联结高速运行

按下 SB1 ⟶KM1、KM2、KM3 均失电，主触点断开⟶电动机 M 停止。

应注意，当选择高速运行时，该控制电路是控制电动机的转速由低速自动过渡到高速。

双速变极调速的优点是设备简单、运行可靠，既适用于恒转矩调速（Y-YY），也适用于近似恒功率调速（△-YY）；其缺点是转速只能成倍变化，为有级调速。Y-YY变极调速应用于起重电葫芦、运输传送带等。△-YY变极调速应用于各种机床的粗加工和精加工。

1.5.3 变压调速

变转差率调速包括变压调速、转子串电阻调速和串级调速，其中变压调速是异步电动机调速系统中比较简便的一种。变压调速即改变异步电动机端电压进行调速。

由电气传动原理可知，当异步电动机的等效电路参数不变时，在相同的转速下，电磁转矩与定子电压的二次方成正比。因此，改变定子的外加电压就可以改变机械特性的函数关系，从而改变电动机在一定输出转矩下的转速。

对于恒转矩负载调压调速，可以通过设计具有较大转子电阻的高转差率笼型异步电动机，获得较宽的调速范围。但其特性太软，静差率常常不能满足生产机械的要求，而且低压时的过载能力较低，负载的波动稍大，电动机就有可能停转。为了提高调压调速机械特性的硬度，可以采用速度闭环控制系统，这样既能提高低速时的机械特性硬度，又能保证一定的过载能力。

应用中主要采用晶闸管交流调压器进行变压调速，它是通过调整晶闸管的触发延迟角来改变异步电动机端电压进行调速的一种方式。

变压调速过程中的转差功率损耗在转子或外接电阻上，效率较低，仅用于特殊笼型和绕线转子等小功率电动机调速系统中。

该调速方法的具体情况可参考交流调速等相关书籍。

1.6 变频调速控制电路

1.6.1 变频调速概述

变频调速是利用电动机的同步转速随频率变化的特性，通过改变电动机的供电频率进行调速的一种方法。

变频调速的功能是将电网电压提供的恒压恒频交流电变换为变压变频的交流电，它通过平滑改变异步电动机的供电频率来调节异步电动机的同步转速，从而实现异步电动机的无级调速。这种调速方法由于调节同步转速，故可以由高速到低速保持有限的转差率。在异步电动机诸多的调速方法中，变频调速的性能最好、调速范围广、效率高、稳定性好，是交流电动机一种比较理想的调速方法。

1.6.2 变频器的类型

变频器由于它完善的功能，实际应用日趋广泛，对提产增效、节约能源、提高经济效益发挥了重要作用。变频器的类型有很多种,其分类方法也有很多种。

1. 根据变流环节分类

1)交-直-交变频器

该变频器也称为间接变频器。它先将频率固定的交流电"整流"成直流电,经过中间滤波环节之后,再把直流电"逆变"成频率可调的三相交流电。图1-86为交-直-交变频器的基本结构。由于把直流电逆变成交流电的环节较易控制,因此,该方法在频率的调节范围及改善变频后电动机的特性等方面都具有明显的优势。大多数变频器都属于交-直-交变频器。

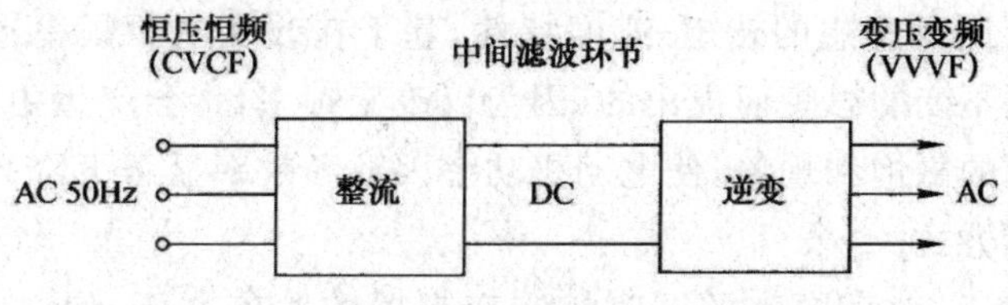

图1-86 交-直-交变频器基本结构

2)交-交变频器

该变频器也称为直接变频器,它没有明显的中间滤波环节,电网固定频率的交流电被直接变成可调频调压的交流电(转换前后的相数相同)。图1-87为交-交变频器的基本结构。通常由三相反并联晶闸管可逆桥式变流器组成,具有过载能力强、效率高、输出波形较好等优点,但同时存在着输出频率低(最高频率小于电网频率的1/2)、使用功率器件多、功率因数低和高次谐波对电网影响大等缺点。交-交变频器可驱动同步电动机和异步电动机,在轧钢厂、船舶主传动和矿石粉碎机等低速传动设备上使用较多。

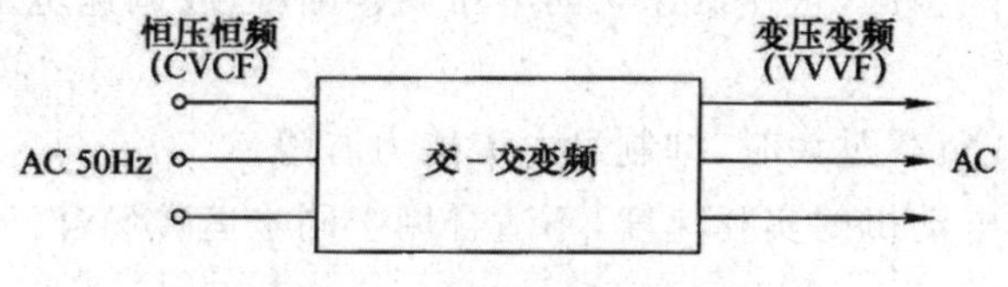

图1-87 交-交变频器的基本结构

2. 根据直流电路的储能环节分类

1)电压型变频器

图1-88(a)为电压型变频器的基本结构,它的特点是中间滤波环节的储能元件采用大电容,负载的无功功率将由它来缓冲,直流电压比较平稳。直流电源的内阻较小,相当于电压源,故称电压型变频器,常用于负载电压变化较大的场合。

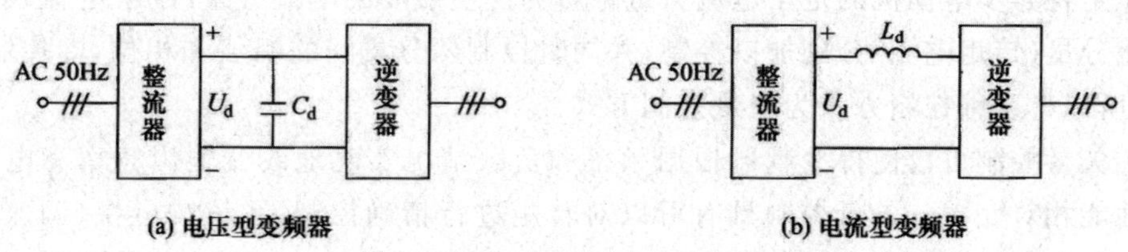

(a) 电压型变频器　(b) 电流型变频器

图1-88 电压型与电流型变频器基本结构

2)电流型变频器

图1-88(b)为电流型变频器的基本结构。电流型变频器的特点是中间滤波环节采用大电感作为储能环节,缓冲无功功率,即扼制电流的变化,使电压接近正弦波。由于直流电源的内阻较大,近似于电流源,故称为电流型变频器。电流型变频器的优点是能扼制负载电流频繁而急剧的变化,常用于负载电流变化较大的场合。

3.根据控制方式分类

1)V/F控制

V/F控制是为了得到理想的转矩-速度特性,基于在改变电源频率进行调速的同时,又要保证电动机的磁通不变的思想而提出的(因为仅改变频率,将会产生由弱励磁引起的转矩不足或由过励磁引起的磁饱和现象,使电动机功率因数和效率显著下降)。通用型变频器基本上都采用这种控制方式。

V/F控制机理如下:改变频率的同时控制变频器的输出电压,使电动机的磁通保持一定,在较大范围内调速运转时,电动机的功率因数和效率不下降,即控制电压与频率之比,所以称为V/F控制。V/F控制变频器结构非常简单,无须速度传感器,为速度开环控制,负载可以是通用标准异步电动机,所以通用性强、经济性好。但开环控制方式不能达到较高的控制性能。而且,在低频时必须进行转矩补偿,以改变低频转矩特性,故V/F控制变频器常用于速度精度要求不十分严格或负载变动较小的场合。

V/F控制方式的特点如下:

(1)它是最简单的一种控制方式,不用选择电动机,通用性能优良。

(2)与其他控制方式相比,它在低速区内电压调整困难,故调速范围窄,通常在1∶10左右的调速范围内使用。

(3)急加速、减速或负载过大时,抑制过电流能力有限。

(4)不能精密控制电动机的实际速度,不适合用于同步运转场合。

2)矢量控制

矢量控制是一种高性能的控制方式。采用矢量控制的交流调速系统在调速性能上可以和直流电动机相媲美。矢量控制的基本思想认为异步电动机和直流电动机具有相同的转矩产生机理。

矢量控制的基本原理是通过测量和控制异步电动机的定子电流矢量,根据磁场定向原理,分别对异步电动机的励磁电流和转矩电流进行控制,从而达到控制异步电动机转矩的目的。具体是将异步电动机的定子电流矢量分解为产生磁场的电流分量(励磁电流)和产生转矩的电流分量(转矩电流)分别加以控制,并同时控制两分量间的幅值和相位,即控制定子电流矢量,所以称这种控制方式为矢量控制方式。

由于矢量控制可以使得变频器根据频率和负载情况实时地改变输出频率和电压,因此其动态性能相对完善。矢量控制具有可以对转矩进行精确控制、系统响应快、调速范围广、加减速性能好等特点。在对转矩控制要求高的场合,以其优越的控制性能受到用户的赞赏。在变频器中,实际应用的矢量控制方式主要有基于转差频率控制的矢量控制方式和无速度传感器的矢量控制方式。

矢量控制变频器的特点如下：

(1)需要使用电动机参数，一般用作专用变频器。

(2)调速范围在1∶100以上。

(3)速度响应性极高，适合于急加、减速运转和连续四象限运转，能适用任何场合。

4. 根据输入电源的相数分类

1)单相变频器

单相变频器又称为单进三出变频器。变频器的输入侧为单相交流电，输出侧为三相交流电。家用电器里的变频器均属于此类，通常容量较小。

2)三相变频器

三相变频器又称为三进三出变频器。变频器的输入侧和输出侧都是三相交流电。绝大多数变频器都属于此类。

5. 根据输出电压调制方式分类

1)PAM方式

脉冲幅值调制(PAM，Pulse Amplitude Modulation)方式的特点是，变频器在改变输出频率的同时也改变了电压的振幅值。在变频器中，逆变器负责调解输出频率，而输出电压的调节则由相控整流器或直流斩波器通过调节直流电压去实现。采用相控整流器调压时，供电电源的功率因数随调节深度的增加而变小；采用直流斩波调压时，供电电源的功率因数在不考虑谐波影响时，可以达到 $\cos\Phi\approx1$。

2)PWM方式

脉冲宽度调制(PWM，Pulse Width Modulation)方式的特点是变频器在改变输出频率的同时也改变了电压的脉冲占空比。PWM方式只需控制逆变电路即可实现，通过改变脉冲宽度可以改变输出电压幅值，通过改变调制周期可以控制其输出频率。

6. 根据功能用途分类

1)通用变频器

通用变频器主电路采用电压型逆变器，具有不选择负载的通用性，应用范围很广，适用于多种机械及控制场合。一般情况下与标准电动机结合使用，可获得良好的传动特性。市场上的变频器大部分都是通用变频器。

2)专用变频器

专用变频器是为专门用途设计制造的，设计上与现场机械或控制对象特性紧密结合。与通用变频器相比较，专用变频器能达到更好的传动效果。如西门子公司推出的Siemens MICO340系列电梯专用变频器可更简单、更准确地控制电梯运行，达到良好的控制效果。

1.6.3　变频器的组成

各生产厂家生产的变频器，其主电路结构和控制电路并不完全相同，但基本构造原理和主电路连接方式以及控制电路的基本功能都大同小异。虽然变频器种类很多，但是大多数变频器都具有如图1-89所示的基本内部结构。

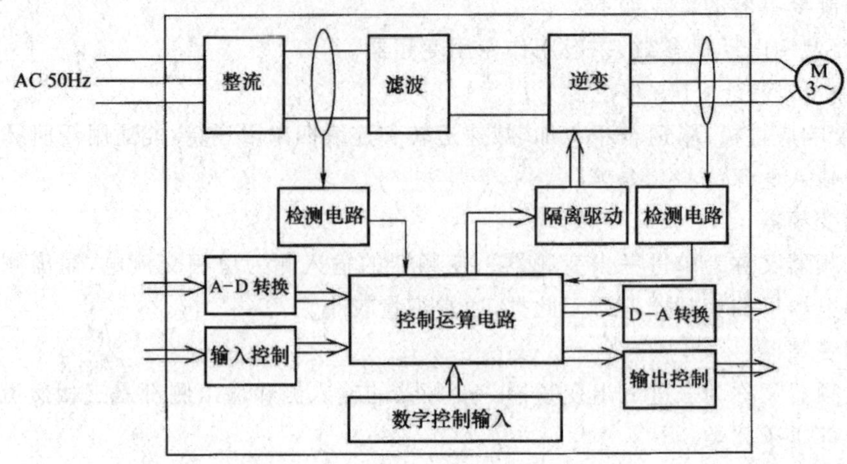

图 1-89　通用变频器内部结构框图

变频器一般由主电路和控制电路两大部分组成。下面结合图 1-89 简单介绍变频器各个主要部分的基本作用。

1. 主电路

主电路是给异步电动机提供调压调频电源的电力变换部分。

主电路由 3 部分构成：将交流工频电源变换为直流电的“整流器”、吸收在整流器和逆变器产生的电压脉动的“滤波回路”，以及将直流功率变换为交流功率的“逆变器”。另外，异步电动机需要制动时，有时要附加“制动回路”。

(1)整流器。又称为电网侧变流器，其作用是把交流电整流成直流电。常见的整流器有用二极管构成的不可控三相桥式电路和用晶闸管构成的可控三相桥式电路。

(2)逆变器。又称为负载侧变流器。与整流器相反，逆变器将直流电重新变换为交流电，最常见的结构形式是利用 6 个半导体主开关器件组成三相桥式逆变电路，有规律地控制逆变器中主开关器件的通与断，可以得到任意频率的三相交流电输出。

(3)滤波回路。在整流器整流后的直流电压中，含有电源 6 倍频率的脉动电压，此外逆变器产生的脉动电流也使直流电压变动。为了抑制电压波动，采用电感和电容吸收脉动电压(电流)。装置容量小时，如果电源和主电路构成器件有余量，可以省去电感采用简单的滤波回路。

2. 控制电路

给主电路提供控制信号的电路，称为控制电路。控制电路的主要作用是将检测到的各种信号送至运算电路，使运算电路能够根据要求为主电路提供必要的驱动信号，同时对异步电动机提供必要的保护。此外，控制电路还提供 AD 转换、DA 转换等外部接口，接收/发送多种形式的外部信号，并给出系统内部工作状态，以使调速系统能够和外部设备配合进行各种高性能的控制。

控制电路由以下电路组成：频率、电压的运算电路，主电路的电压、电流检测电路，电动机的速度检测电路，将运算电路的控制信号进行放大的驱动电路以及输入/输出接口控制电路。

(1)运算电路。将外部的速度、转矩等指令和检测电路的电流、电压信号进行比较运算，决定逆变器的输出电压、频率。

(2)驱动电路。为驱动主电路器件的电路,它与控制电路隔离使主电路器件导通、关断。

(3)检测电路。包括电压、电流检测电路和速度检测电路。电压、电流检测电路与主回路电位隔离检测电压、电流等;速度检测电路是以装在异步电动机轴机上的速度检测器(TG、PLG等)的信号为速度信号,送入运算回路,根据指令和运算可使电动机按指令速度运转。

(4)输入/输出接口控制电路。该电路是变频器的主要外部联系通道。输入信号接口主要有频率信号设定端和输入控制信号端;输出信号接口主要有状态信号输出端、报警信号输出端和测量仪表输出端。

(5)数字控制输入。可设定电动机的旋转方向,完成频率的分段选择及数据通信等。

1.6.4 变频器的额定值和技术指标

1. 输入侧的额定值

中、小容量通用变频器输入侧的额定值主要指电压和相数。在我国,输入电压的额定值(指线电压)有三相380V、三相220V(主要是进口变频器)和单相220V这3种。此外,输入侧电源电压的频率一般规定为工频50Hz或60Hz。

2. 输出侧的额定值

(1)额定电压。由于变频器在变频的同时也要变压,所以输出电压的额定值是指输出电压中的最大值。

(2)额定电流。指允许长时间输出的最大电流,是用户在选择变频器时的主要依据。

(3)额定容量。由额定输出电压和额定输出电流的乘积决定。

(4)配用电动机容量。在带动连续不变负载的情况下,能够配用的最大电动机容量。

(5)输出频率范围。指输出频率的最大调节范围,通常用最大输出频率和最小输出频率来表示。

3. 变频器的性能指标

变频器的性能就是通常所说的功能,这类指标是可以通过各种测量仪器工具在较短时间内测量出来的,这类指标是IEC标准和国标所规定的出厂所需检验的质量指标。用户选择几项关键指标就可知道变频器的质量高低,而不是单纯看是进口还是国产,是昂贵还是便宜。以下是变频器的几项关键性能指标。

1)在0.5Hz时能输出的起动转矩

比较优良的变频器在0.5Hz时能输出200%的高起动转矩。具有这一性能的变频器,可根据负载要求实现短时间平稳加减速,快速响应急变负载,及时检测出再生功率。

2)频率指标

变频器的频率指标包括频率范围、频率稳定精度和频率分辨率。

频率范围:以变频器输出的最高频率范围和最低频率范围表示,各种变频器的频率范围不尽相同。通常,最低工作频率约为0.1～1Hz,最高工作频率约为200～500Hz。

频率稳定精度:也称频率精度,是指在频率给定值不变的情况下,当温度、负载变化,电压波动或长时间工作后,变频器的实际输出频率与给定频率之间的最大误差与最高工作频率之比(用百分数表示)。

频率分辨率:指输出频率的最小改变量,即每相邻两挡频率之间的最小差值。

3)速度调节范围控制精度和转矩控制精度

现有变频器速度控制精度能达到±0.005%,转矩控制精度能达到±3%。

4)低转速时的脉动情况

低转速时的脉动情况是检验变频器好坏的一个重要标准。

此外,变频器的噪声及谐波干扰、发热量等都是重要的性能指标,这些指标与变频器所选用的开关器件及调制频率和控制方式有关。

1.6.5 变频器的选择

异步电动机利用变频器进行调速控制时,应合理选择变频器。通常变频器的选择包括变频器类型选择和容量选择两个方面。

1. 类型选择

变频器的拖动对象是电动机,变频器类型的选择要根据负载的要求来进行。

(1)鼓风机泵类负载在过载能力方面的要求较低,低速运行时负载较轻,对转速精度没有什么要求,通常可以选择价廉的普通功能型。

(2)恒转矩类负载,例如挤压机、搅拌机、传送带等需要具有恒转矩特性的设备,但在转速精度以及动态性能方面要求不高,选型时可选无矢量控制的变频器。

(3)有些负载低速时要求有较硬的机械特性和一定的调速精度,但在动态性能方面无较高要求的,可选用无反馈矢量控制功能的变频器。

(4)有些负载对调速精度和动态性能都有较高要求,并要求高精度同步运行,可采用带速度反馈的矢量控制功能的变频器。

2. 容量选择

采用变频器驱动异步电动机调速,在异步电动机确定后,通常应根据异步电动机的额定电流来选择变频器,或者根据异步电动机实际运行中的电流值(最大值)来选择变频器,当运行方式不同时,变频器容量的计算方式和选择方法不同,变频器应满足的条件不一样。

选择变频器容量时,变频器的额定电流是一个关键量,变频器的容量应按运行过程中可能出现的最大工作电流来选择。

有关变频器容量选择的具体说明请参考其他相关书籍。

1.6.6 变频器的主要功能

变频器的主要功能有频率给定功能、控制模式的选择功能、升速和降速功能、保护功能和控制功能等。

1. 频率给定功能

(1)面板给定方式。通过面板上的键盘进行给定。

(2)外接给定方式。通过外部的给定信号进行给定。对于外接数字量信号接口可用来设定电动机的旋转方向,以及完成分段频率的控制。外接模拟量控制信号时,电压信号通常有0~5V、0~10V等;电流信号通常有0~20mA、4~20mA两种。

(3)通信接口给定方式。由计算机或其他控制器通过通信接口进行给定，如 RS-485、PROFIBUS 等。

2. 控制模式的选择功能

(1)V/F 控制模式的选择功能。为以往各通用变频器中所使用的控制模式，不会识别电动机参数等。另外，在无法进行矢量控制的自动调整时、使用高速电动机等特殊电动机时、多台电动机驱动时选择此模式。预置 V/F 控制模式：①设定变频器的输出频率和电压的基本关系；②应输入电动机的容量、极数等基本数据。

(2)矢量控制模式的选择功能。通过矢量演算电动机内部的状态，可在输出频率为 0.5Hz 时，取得电动机额定转矩 180% 的输出转矩，是比 V/F 控制更为强力的电动机控制，可以抑制由负载变动而引起的速度变动。它主要包括的控制模式有带速度反馈的矢量控制、无反馈矢量控制和预置矢量控制模式。

3. 升、降速功能

可以通过预置升/降速时间和升/降速方式等参数来控制电动机的升/降速。

1)升速功能

变频调速系统中，起动和升速过程是通过逐渐升高频率来实现的。

升速时间是指给定频率从 0 上升至基底频率(又称基准频率，一般为额定频率)所需的时间。升速时间越短，频率上升越快，越容易“过电流”。升速方式主要有以下 3 种：

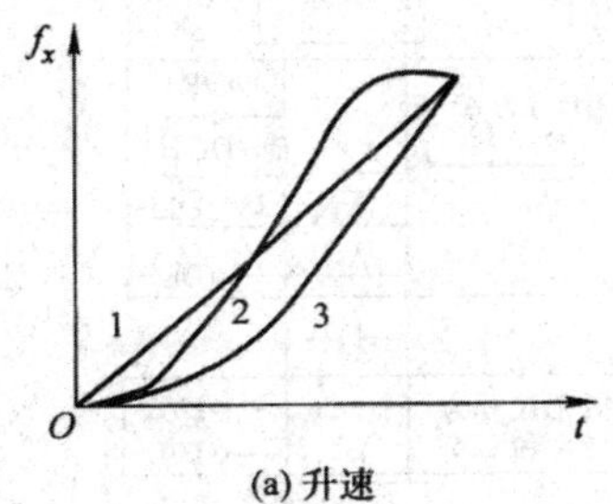

(a) 升速

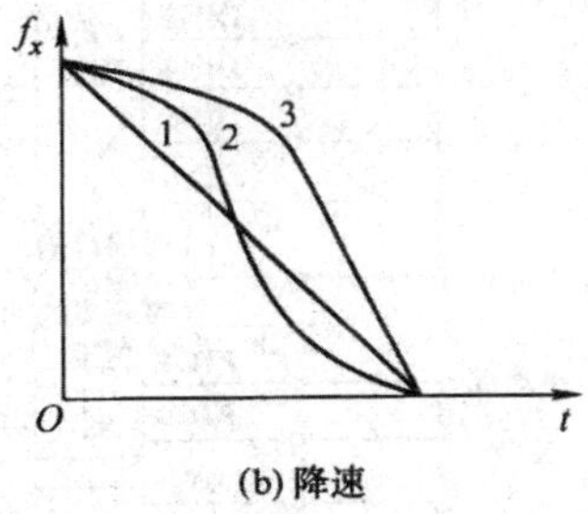

(b) 降速

图 1-90　升/降速方式

(1)线性方式。频率与时间成线性关系，如图 1-90(a)中曲线 1 所示。

(2)S 形方式。开始和结束阶段，升速的过程比较缓慢，中间阶段按线性方式，如图 1-90(a)中曲线 2 所示。

(3)半 S 形方式。在开始阶段，升速过程较缓慢，在中间和结束阶段按线性方式升速，如图 1-90(a)中曲线 3 所示。

2)降速功能

在变频调速系统中，停止和降速过程是通过逐渐降低频率来实现的。

降速时间是指给定频率从基底频率下降至 0 所需的时间。降速时间越短，频率下降越快，越容易“过电流”和“过电压”。

降速方式主要有 3 种，与升速方式相同。如图 1-90(b)所示，曲线 1、2、3 分别为线性方式、S 形方式和半 S 形方式。

4. 保护功能

变频器的保护功能可分为以下两类：

(1)检知异常状态后自动地进行修正动作,如过电流失速防止、再生过电压失速防止等。

(2)检知异常后封闭电力半导体器件 PWM 控制信号,使电动机自动停车,如过电流切断、再生过电压切断、半导体冷却风扇过热和瞬时停电保护等。

1.6.7 变频器的应用举例

目前实用化的变频器种类很多,下面以西门子 MICROMASTER 440(以下简称为 MM440)为例,简要说明变频器的使用。

1. MM440 变频器简介

MM440 是一种集多种功能于一体的变频器,它适用于各种需要电动机调速的场合。它可通过操作面板或现场总线通信方式操作,通过修改其内置参数,即可工作于各种场合。

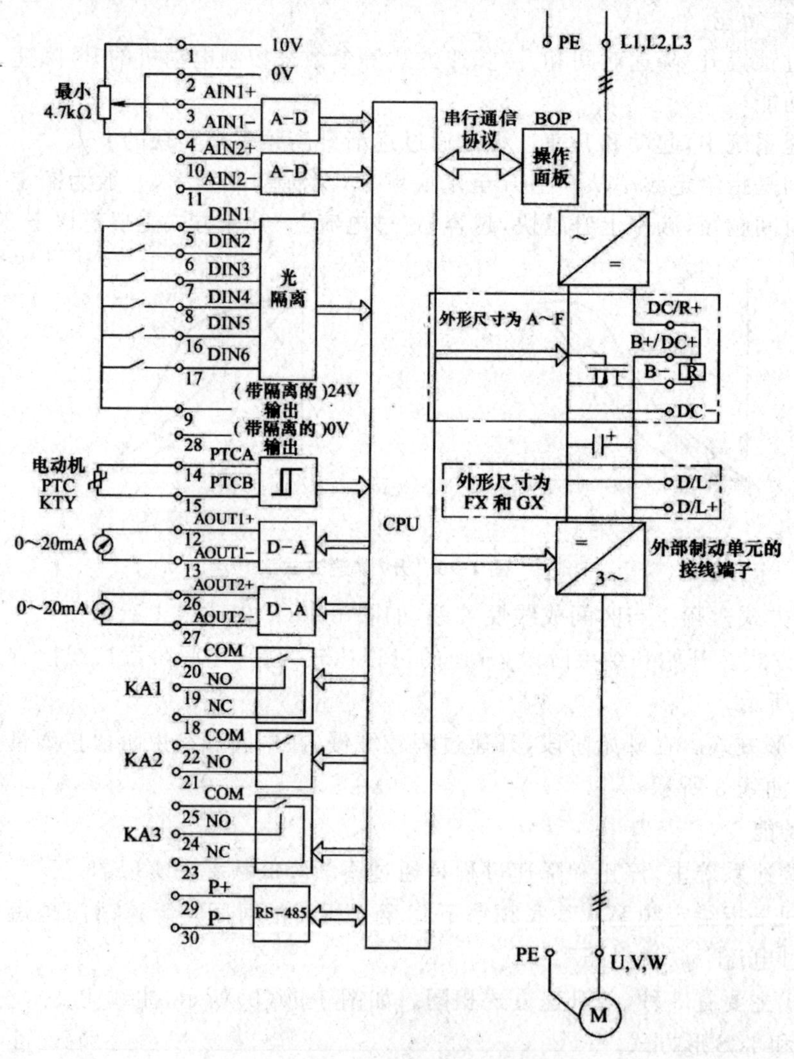

图 1-91 MM440 变频器功能框图

图 1-91 所示为 MM440 变频器内部功能框图。DIN1~DIN6 为数字信号输入端子,一

般用于变频器外部控制，其具体功能由相应设置决定，例如出厂时设置 DIN1 为正向运行、DIN2 为反向运行等，根据需要通过修改参数可改变其功能。AINl、AIN2 为模拟信号输入端子，可作为频率给定信号和闭环时反馈信号输入。KA1、KA2、KA3 为继电器输出，其功能也是可编程的。AOUT1、AOUT2 端子为模拟量输出，可输出 0～20mA 信号。PTC 端子用于电动机内置 FTC 测温保护，为 PTC 传感器的输入端。P＋、P－为 RS-485 通信接口。

2. MM440 变频器在电动机调速控制系统中的应用

图 1-92 所示为西门子 MM440 变频器在异步电动机可逆调速控制电路中的应用实例。此电路可以实现电动机正反向运行并具有调速和点动功能。根据功能要求，首先要对变频器编程并修改参数来选择控制端子的功能，将变频器 DIN1、DIN2、DIN3 和 DIN4 端子分别设置成正转运行、反转运行、正向点动和反向点动功能。图中，KAl 为变频器的输出继电器，定义为保护继电器，正常工作时，KA1 触点闭合。当变频器出现故障时或电动机过载时，触点断开。电路的工作过程如下：

按下 SB2 ⟶KM 得电，其触点闭合并自锁运行⟶MM440 接通电源。

按下 SB3 ⟶KA4 得电，其触点闭合并自锁运行⟶DIN1 得电⟶电动机 M 正转运行。

按下 SB4 ⟶KA5 得电，其触点闭合并自锁运行⟶DIN2 得电⟶电动机 M 反转运行。

按下 SB5 ⟶KA6 得电，其触点闭合⟶DIN3 得电⟶电动机 M 正向点动。

按下 SB6 ⟶KA7 得电，其触点闭合⟶DIN4 得电⟶电动机 M 反向点动。

按下 SB1 ⟶KM 失电⟶主触点断开⟶MM440 断开电源，电动机 M 停机。

按钮 SB3、SB4 均为复合按钮，实现电动机 M 正转和反转的互锁。另外，正反向运行频率由电位器 RP 给定。正反向点动运行频率可由变频器内部设置。

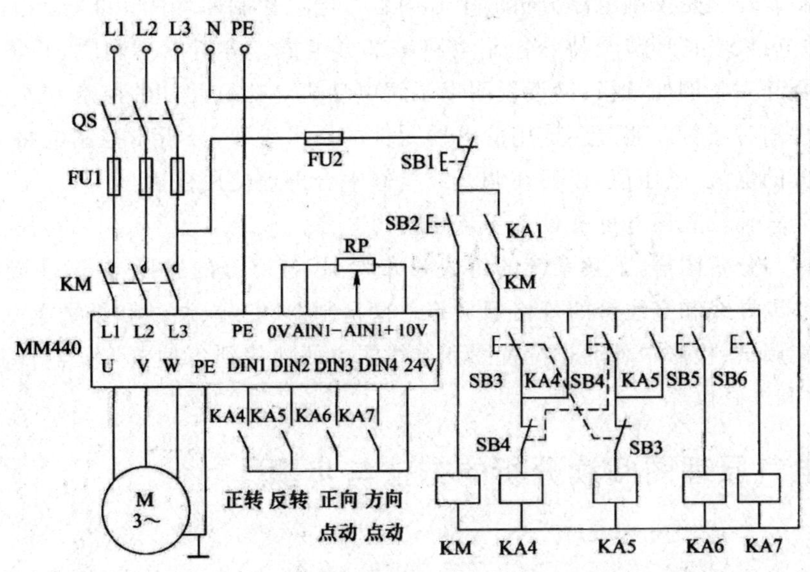

图 1-92 西门子 MM440 变频器在异步电动机可逆调速控制电路中的应用

1.7 电气控制电路分析基础

具备电气控制电路的阅读与分析能力，是电气工程技术人员应有的基本素质。本节通过典型生产机械电气控制电路的实例分析，进一步阐述电气控制电路的分析方法与分析步骤。

1.7.1 电气控制分析的内容与要求

电气控制分析是通过对各种技术资料的分析，掌握电气控制电路的工作原理、技术指标、使用方法和维护要求等。

电气控制分析具体内容和要求主要包括以下几点。

1. 设备说明书

设备说明书由机械(包括液压部分)与电气两部分组成。分析时首先阅读这两部分说明书，重点掌握以下内容：

(1)设备的结构包括机械、液压、气动部分的传动方式与工作原理。

(2)电气传动方式包括电动机与执行电器的数目、规格型号、安装位置与控制要求。

(3)设备使用方法包括各操作手柄、开关、旋钮、指示装置的布置及在控制电路中的作用。

2. 电气控制原理图

电气控制原理图是控制电路分析的中心内容。电气控制原理图由主电路、控制电路、辅助电路、保护电路、联锁环节及特殊控制电路等部分组成。分析原理图时，必须与阅读其他技术资料结合起来。例如，通过阅读说明书了解电动机与执行元件的控制方式及控制作用。

分析原理图时还可以通过所选用的电器元件的技术参数，分析出控制电路的主要参数，估计出各部分的电流、电压值，以便在调试或检修中合理地使用仪表。

3. 电气元器件位置图与电气设备安装接线图

通过阅读与分析图样，了解系统的组成分布状况，各部分的连接方式，主要电气部件的布置、安装要求，导线和穿线管的规格型号等。这是制造、安装、调试和维护电气设备必需的技术资料。在调试、检修中可通过位置图和接线图方便地找到各种电气元器件和测试点，进行检测、调试和维修保养。

1.7.2 电气原理图阅读分析的方法与步骤

1. 基本原则

原理图阅读分析基本原则为：化整为零，顺藤摸瓜，先主后辅，集零为整，安全保护，全面检查。

采用化整为零的原则以某一电动机或电气元器件(如接触器或继电器线圈)为对象，从电源开始，自上而下，自左而右，逐一分析其接通或断开的关系。

2. 分析方法与步骤

1)分析主电路

无论电路设计还是电路分析都是先从主电路入手。主电路的作用是保证整机拖动要求的实现。从主电路的构成可分析出电动机或执行电器的类型、工作方式、起动、转向、调速、制动等控制要求与保护要求等内容。

2)分析控制电路

主电路的各种控制要求是由控制电路来实现的,运用“化整为零”“顺藤摸瓜”的原则,将控制电路按功能划分为若干个局部控制电路,从电源和主令信号开始,经过逻辑判断,写出控制流程,以简便明了的方式表达出电路的自动工作过程。

3)分析辅助电路

辅助电路包括执行元件的工作状态显示、电源显示、参数测定、照明和故障报警等。这部分电路具有相对独立性,起辅助作用但又不影响主要功能。辅助电路中很多部分是受控制电路中的元件来控制的。

4)分析联锁和保护环节

生产机械对于安全性、可靠性有很高的要求,实现这些要求,除了合理地选择拖动、控制方案外,在控制电路中还设置了一系列电气保护和必要的电气联锁。在电气控制原理图的分析过程中,电气联锁与电气保护环节是一个重要内容,不能遗漏。

5)分析特殊控制环节

在某些电气控制电路中,还设置了一些与主电路、控制电路关系不密切,相对独立的某些特殊环节。如产品计数装置、自动检测系统、晶闸管触发电路、自动调温装置等。这些部分往往自成一个小系统,其读图分析的方法可参照上述分析过程,并灵活运用所学过的电子技术、变流技术、自控原理、检测与转换等知识逐一分析。

6)总体检查

经过“化整为零”,逐步分析了每一局部电路的工作原理以及各部分之间的控制关系之后,还必须用“集零为整”的方法检查整个控制电路,看是否有遗漏。特别要从整体角度去进一步检查和理解各控制环节之间的联系,从而正确理解原理图中每一个电气元器件的作用。

1.7.3　C650 卧式车床电气控制电路分析

卧式车床是一种应用极为广泛的金属切削加工机床,主要用来加工各种回转表面、螺纹和端面,并通过尾座进行钻孔、铰孔和攻螺纹等。

卧式车床通常由一台主电动机拖动,经由机械传动链,实现切削主运动和刀具进给运动的输出,其运动速度由变速齿轮箱通过手柄操作进行切换。刀具的快速移动、冷却泵和液压泵等常采用单独的电动机驱动。不同型号的卧式车床,其主电路的工作要求不同,因而具有不同的控制电路。现以 C650 卧式车床电气控制系统为例,说明生产机械电气原理图的分析过程。

1. 机床的主要结构和运动形式

C650 卧式车床属于中型车床,可加工的最大工件回转直径为 1020mm,最大工件长度为 3000mm,机床的结构形式如图 1-93 所示。

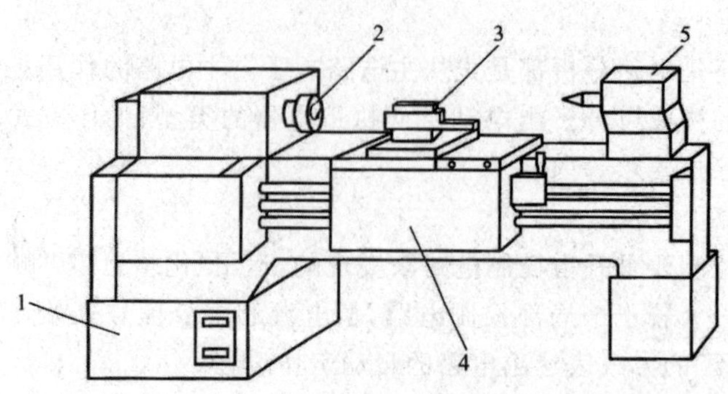

1—床身；2—主轴；3—刀架；4—溜板箱；5—尾座

图 1-93　C650 卧式车床结构形式

C650 卧式车床主要由床身、主轴、刀架、溜板箱和尾座等部分组成。该车床有两种主要运动：一种是安装在床身主轴箱中的主轴运动，称为主运动；另一种是溜板箱中的溜板带动刀架的直线运动，称为进给运动。刀具安装在刀架上，与滑板一起随溜板箱沿主轴轴线方向实现进给移动，主轴的转动和溜板箱的移动均由主电动机驱动。由于加工的工件比较大，加工时其转动惯量也比较大，需要停车时不易立即停止转动，因此必须有停车制动的功能，较好的停车制动是采用电气制动方法。为了加工螺纹等工作，主轴需要正、反转，主轴的转速应随工件的材料、尺寸、工艺要求及刀具的种类不同而变化，所以要求在相当宽的范围内可进行速度调节。在加工过程中，还需提供切削液，并且为减轻工人的劳动强度和节省辅助工作时间，要求带动刀架移动的溜板能够快速移动。

2. 电力拖动及控制要求

从车床的加工工艺出发，对拖动控制有以下要求：

(1)主电动机 M1 完成主轴主运动和溜板箱进给运动的驱动，电动机采用直接起动方式，可正反两个方向旋转，并可进行正反两个旋转方向的电气停车制动。为加工调整方便，还应具有点动功能。

(2)电动机 M2 拖动冷却泵，在加工时提供切削液，采用直接起动、单向运行、连续工作方式。

(3)快速移动电动机 M3 拖动刀架快速移动，可根据使用需要随时进行手动控制起停，采用单向点动的工作方式。

(4)应具有局部照明装置和电气保护与联锁。

3. 电气控制电路分析

C650 卧式车床的电气控制系统电路如图 1-94 所示，其线路分析过程如下。

1)主电路分析

图 1-94 所示的主电路中有 3 台电动机，刀开关 QS 将 380V 的三相电源引入。

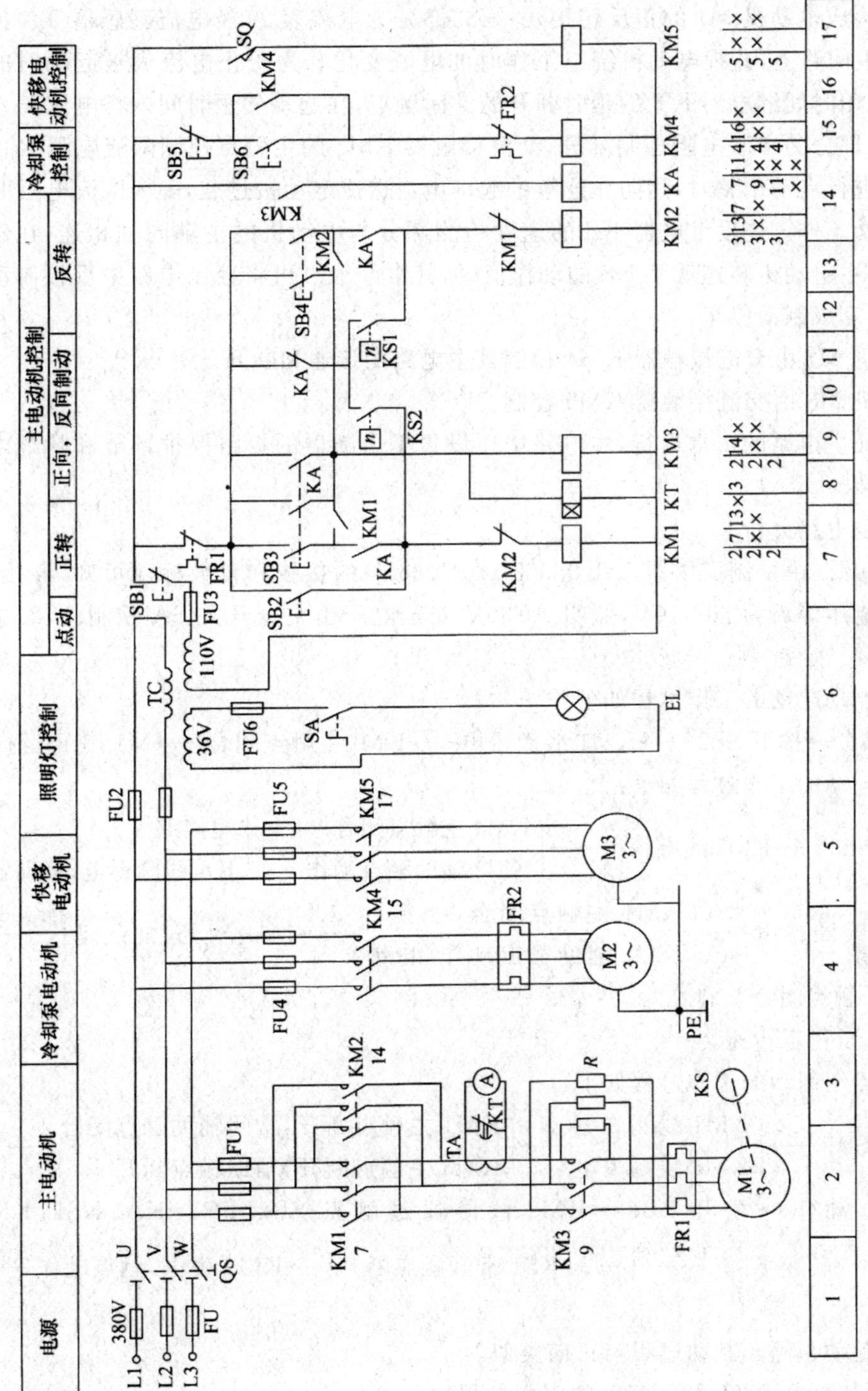

图 1-94　C650 卧式车床的电气控制系统电路

电动机 M1 的接线分为 3 部分:第一部分由正、反转控制交流接触器 KM1 和 KM2 的两个主触点构成电动机 M1 的正反转接线;第二部分为电流表 A 经电流互感器 TA 接在电动机 M1 的主回路上,监视电动机绕组工作时的电流变化。为防止电流表被起动时的冲击电流损坏,利用时间继电器 KT 的延时断开的常闭触点,在起动的短时间内将电流表 A 暂时短接掉;第三部分为串联电阻控制部分,交流接触器 KM3 的主触点控制限流电阻 R 的接入和切除。在进行点动调整时,为防止连续的起动电流造成电动机过载,串入限流电阻 R 保证电路设备正常工作。速度继电器 KS 的速度检测部分与电动机的主轴同轴相连,在停车制动过程中,当主电动机转速低于 KS 的动作值时,其常开触点可将控制电路中反接制动的相应电路切断,完成制动停车。

电动机 M2 由交流接触器 KM4 控制其主电路的接通和断开。

电动机 M3 由交流接触器 KM5 控制。

为保证主电路的正常运行,主电路中还设置了熔断器的短路保护环节和热继电器的过载保护环节。

2)控制电路分析

(1)电源。由控制变压器 TC(380V/110V,36V)的接线和参数标注可知,各接触器、继电器线圈电压等级为 AC110V,照明 AC36V 安全电压由主令开关 SA 控制。(2)主电动机 M1 控制。

正向点动起动的工作过程如下:

合 QS ⟶按下 SB2 ⟶KM1 线圈得电⟶KMl 主触点闭合⟶M1 串 R 运行。

正向起动的工作过程如下:

按下 SB3 ⟶KM3 线圈得电⟶[KM3 主触点闭合 / KM3 辅助触点动作] ⟶[短接 R / KA 线圈得电,辅助触点闭合]

⟶KM1 线圈得电⟶[KM1 主触点闭合 / KM1 辅助触点动作(自锁)] ⟶M1 全压正向起动 $\xrightarrow{\text{转速}>120\text{r/min}}$

[KS1 常开触点闭合 / 转速上升至稳定转速。]

正向停车制动的工作过程如下:

按下 SB1 ⟶[KM1 线圈失电 / KM3 线圈失电] ⟶[KM1 主触点断开,常闭辅助触点闭合 / KM3 主触点断开,辅助触点断开] ⟶KA 线圈失电,触点动作→松开 SB1→KM2 线圈通过触点 SB1、FR1、KA、KS1、KM1 得电 $\xrightarrow{\text{串 R 反接制动}}$ 转速下降 $\xrightarrow{\text{转速}<90\text{r/min}}$ KS1 常开触点断开⟶KM2 失电,触点动作⟶电动机停机。

反向起动与停车制动过程与正向类似。

(3)冷却泵电动机 M2。起动的工作过程如下:

按下 SB6 ⟶KM4 线圈得电⟶[KM4 主触点闭合 / KM4 辅助触点闭合(自锁)] ⟶M2 起动。

(4)快速电动机 M3。起动的工作过程如下：

压动刀架手柄 SQ ⟶KM5 线圈得电⟶KM5 主触点闭合⟶M3 起动。

采用控制流程来表达电路的自动工作过程具有简单、一目了然的优点。其基本步骤是：接通电源⟶发主令信号⟶写出得电的线圈⟶按逻辑关系，自上而下、自左而右写出各自受控触点动作后出现的控制结果。

3)整机线路联锁与保护

由 KMl 和 KM2 各自的常闭触点串接于对方工作电路以实现正、反转运行联锁。由 FU 及 FU1～FU6 实现短路保护。由 FR1 和 FR2 实现 M1 与 M2 的过载保护。KM1～KM4 等接触器采用按钮与自锁控制方式，使 M1 与 M2 具有欠电压与零电压保护。

本章小结

本章所讲的主要内容是常用低压电器的作用、分类、结构及其工作原理。低压电器的种类很多，这里主要介绍了常用的开关电器、主令电器、接触器和继电器的用途、基本构造、工作原理及其主要参数、型号与图形符号。每种电器都有一定的使用范围，要根据使用条件正确选用。各类电器元件的技术参数是选用的主要依据，可以在产品样本及电工手册中查阅。

本章内容为继电接触器控制电路的设计奠定了基础。通过本章的学习，读者要熟悉低压电器的原理及使用方法。要特别说明的是，在使用同一电器时，其图形符号及文字符号必须统一，以免与其他同类电器混淆。同时，要了解一些电动机的基本控制线路，能够知道电动机的点动和连续运转控制、正反转控制、位置控制和自动往复控制、顺序控制和多点控制、延时控制等各种基本控制线路；了解电动机的自锁和联锁(包括机械互锁和电气互锁)、短路保护和过载保护、过(欠)压(流)等保护措施，以便在传统的继电器控制线路和可编程序控制系统中加以识别和采用。

习 题

1. 低压电器的定义是什么？常用的低压电器有哪些？

2. 交流接触器在衔铁吸合瞬间，为什么在线圈中会产生很大的冲击电流？直流接触器会不会产生同样的现象？为什么？

3. 常用的灭弧方法有哪些？

4. 低压断路器有哪些基本组成部分？它在电路中的作用是什么？

5. 单相交流电磁机构中，短路环的作用是什么？

6. 电动机的起动电流较大，当电动机起动时，热继电器会不会动作？为什么？

7. 在电动机的主电路中装有熔断器，为什么还要装热继电器？

8. 中间继电器和接触器有何异同？

9. 简述固态继电器的优缺点。

10. 断路器的技术参数有哪些？

11. 如何正确选择熔断器？

12. 普通的两相或三相结构的热继电器，为什么不能对三角形联结的电动机进行断相保护？

13. 当出现通风不良或环境温度过高而使电动机过热时，能否采用热继电器进行保护？为什么？

14. 电磁阀分为几大类？各自的工作原理是什么？

15. 简述电磁机构的吸力特性和反力特性。两者之间应满足怎样的配合关系？

16. 电气原理图的图区划分和区号检索有什么规定？对电路分析有什么帮助？

17. 三相笼型异步电动机在什么条件下可直接起动？

18. 画出点动正反转控制电路，并有过载保护和短路保护。

19. 画出星形-三角形换接起动控制电路，并说明该线路的优缺点及适用的场合。

20. 分析图 1-81 所示可逆运行反接制动控制电路的反向起动和制动过程。

21. 设计用按钮和接触器控制电动机 M1 和 M2 的控制电路，要求能控制两台电动机同时起动和同时停止。

22. 按下列要求设计出带双重联锁正反转控制电路。

(1)实现工作台自动往复运动。

(2)工作台到达两端终点时停留 5s 之后再自动返回，并进行往复运动。

23. 现要求三台笼型电动机 M1、M2、M3 按一定顺序起动，即 M1 起动后 M2 能才起动，M2 起动后 M3 能才起动。试画出其控制电路。

24. 对空调设备中的风机电动机的工作情况有如下要求，试为它设计一个控制电路。

(1)先开风机，再开压缩机。

(2)压缩机可自由停转。

(3)风机停止时，压缩机随即自动停止。

25. 带运输机是由异步电动机拖动的。试设计由 3 台带运输机组成的运输系统电气控制电路，要求如下：

(1)起动时，3 台带运输机的工作顺序为 M3、M2、M1，并有一定的时间间隔。

(2)停车时，3 台带运输机的工作顺序为 M1、M2、M3，也要有一定的时间间隔。

(3)具有必要的保护措施。

26. 某机床由两台三相笼型异步电动机 M1 和 M2 拖动，其控制要求是：

(1)M1 功率较大，要求采用星形-三角形换接起动，停车带有能耗制动。

(2)M1 和 M2 的起停控制顺序是：先开 M1，经过 1min 后允许 M2 起动，停车顺序相反，只有在 M2 停车后才允许 M1 停车。

(3)M1、M2 的起停控制均可以两地操作。

试设计电气控制原理线路图，并设置必要的电气保护。

27. 变频器主要由哪几部分组成？每部分各有什么作用？

28. V/F 控制方式变频器和矢量控制方式变频器各有哪些特点？

29. 电气控制系统分析的任务是什么？分析哪些内容？应达到什么要求？

30. 试简述电气控制电路分析中，电气原理图分析的基本方法与步骤。

31. 对图 1-94 所示的 C650 卧式车床的电气控制系统电路进行分析并完成以下问题：

(1)分析 C650 卧式车床的工作过程。

(2)写出 KM1 和 KM2 的自锁回路的构成。

(3)电流表 A 电路中的 KT 延时断开的常闭触点有何作用？

第 2 章 电动机的控制线路

1. 了解电动机的控制线路基本动作原理。
2. 了解各种控制线路的作用。
3. 了解电动机基本线路的组成和互相联系。

2.1 三相异步电动机起动控制

三相笼型异步电动机的直接全压(额定电压)起动是一种简便、经济的起动方法。但直接起动时的起动电流较大,一般为额定电流的 4~7 倍。在小于 7.5kW 以下的容量可采取直接起动。若有大容量的电动机还需要直接启动,则要看所处电源变压器视在功率的大小,须满足以下的经验公式:

$$K_I = \frac{I_{st}}{I_N} \leqslant \frac{1}{4}\left(3 + \frac{S_N}{P_N}\right)$$

式中 I_{st}——电动机全压启动电流,A;

I_N——电动机额定电流,A;

S_N——电源变压器容量,KV · A;

P_N——电动机容量,kW。

在电源变压器容量不够大,而电动机功率较大的情况下,直接启动将导致电源变压器输出电压下降,不仅会减少电动机本身的启动转矩,而且会影响同一供电线路中其他电气设备的正常工作。因此，凡不满足上述直接启动条件的较大容量的电动机启动时，需要采用降压启动的方法(降压启动是指利用启动设备将加到电机定子绕组上的电压适当降低，待电动机启动后，再使电动机电压恢复到额定电压正常运转)。

2.1.1　笼型异电动机的Y－△降压启动控制线路

电动机启动时接成 Y 形，加在每相定子绕组上的启动电压只有△形接法的$\frac{1}{3}$，启动电流为△形接法的$\frac{1}{3}$，启动转矩也只有△形接法的$\frac{1}{3}$。所以这种降压启动的方法只适用于轻载或空载下启动。凡是在正常运行时定子绕组做△形连接的异步电动机，均可采用这种降压启动的方法。

图 2-1 所示为采用时间继电器自动控制Y－△降压启动控制电路。该线路由 3 个接触器、一个热继电器、一个时间继电器和两个按钮组成。接触器 KM 作引入电源用，继电器 KMY 和 KM△分别作 Y 形降压启动和△形运行用，时间继电器 KT 用作控制Y形降压启动时间和完成Y－△自动切换，SB1 是停止按钮，SB2 是启动按钮，FU1 作主电路的短路保护，FU2 作控制电路的短路保护，FR 作过载保护。

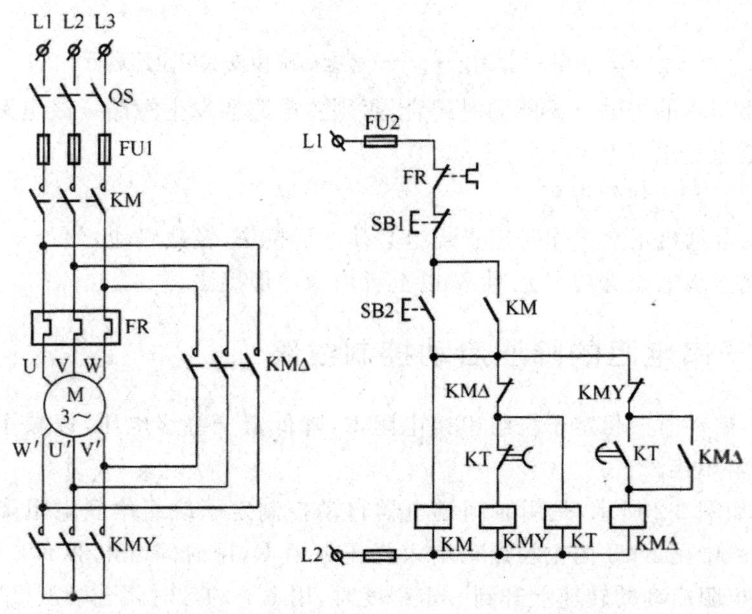

图 2-1　时间继电器自动控制Y－△降压启动控制电路

线路的工作原理如下：

降压启动，先合上手动电源转换开关 QS。

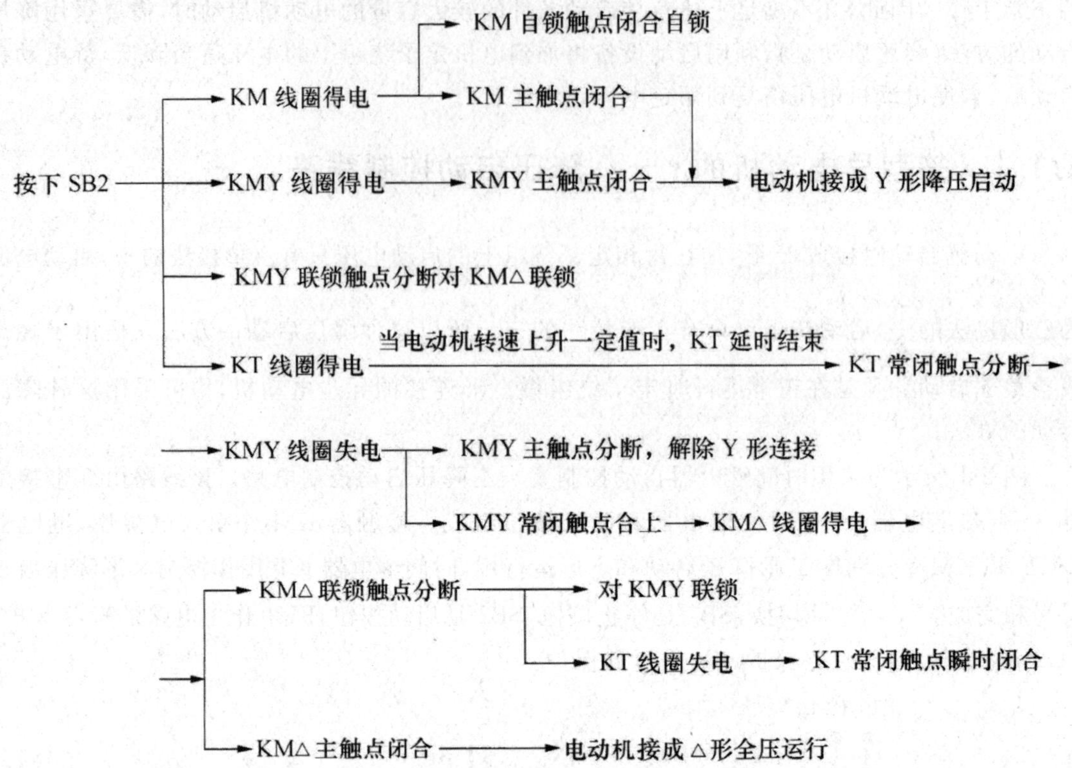

KMY 和 KM△的主触点不能同时闭合,否则主电路会发生短路。故电路中用 KMY 和 KM△常闭触点进行电气互锁。

停止时,按下 SB1 按钮即可。

适用场合:电动机正常工作时定子绕组必须△形接法,轻载启动。

(Y 系列笼型步电动机功率为 4kW 以上者均为△形接法。)

2.1.2 定子串电阻的降压启动控制线路

启动原理:启动时三相定子绕组串接电阻 R,降低定子绕组电压,以减小启动电流。启动结束应将电阻短接。

控制电路如图 2-2 所示,是用时间继电器自动控制定子绕组串联电阻降压启动的电路图。在这个线路中用 KM1 的主触点来串入降压电阻 R,用时间继电器 KT 延时几秒钟后,待电动机串联电阻启动的转速上升到一定程度时,用 KT 的延时闭合触点接通 KM2 接触器线圈,让 KM2 主触点切除电阻 R,从而自动控制电动机从串联电阻降压启动切换到全压运行。线路的工作原理如下。

降压启动,先合上手动电源转换开关 QS。

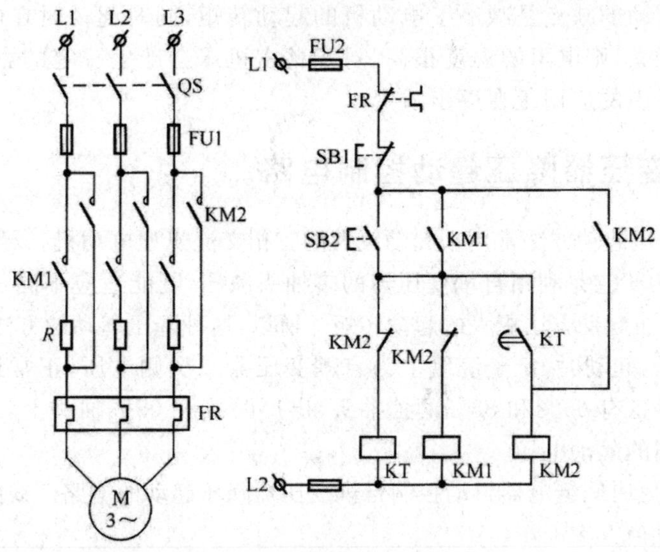

图 2-2　用时间继电器自动控制定子绕组串联电阻降压启动电路图

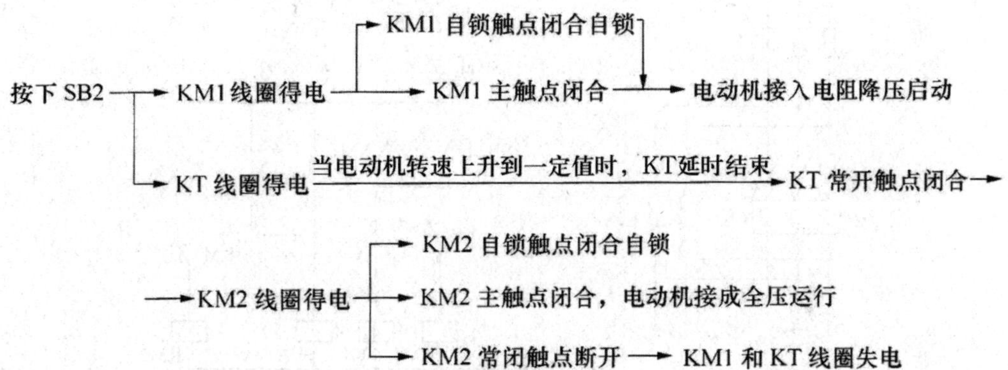

停止时，按下 SB1 按钮即可。

由以上分析可见，只要调整好时间继电器 KT 触点的动作时间，电动机由降压启动过程切换成全压运行过程就能准确可靠地自动完成。

启动电阻 R 一般采用 ZX1、ZX2 系列铸铁电阻。铸铁电阻能够通过较大电流，功率大。启动电阻 R 的阻值可按下列公式计算：

$$R = 190 \times \frac{I_{st} - I'_{st}}{I_{st} I'_{st}}$$

式中　I_{st}——未串电阻前的启动电流，A[一般 $I_{st}=(4\sim7)I_N$]；

I'_{st}——串电阻后的启动电流，A[一般 $I'_{st}=(2\sim3)I_N$]；

I_N——电动机的额定电流，A；

R——电动机每相串联的启动电阻值，Ω。

电阻的功率可用公式 $P=I_N^2 R$ 计算。由于起动电阻 R 仅在起动过程中接入，而且起动时间很短，所以实际选用的电阻功率可比计算值减少$\frac{1}{4}\sim\frac{1}{3}$。

串电阻降压起动的缺点是减小了电动机的起动转矩，同时起动时在电阻上功率消耗也较大。如果起动频繁，则电阻的温度很高，对于精密机床会产生一定的影响。因此，这种起动方法在生产实际中的应用正在逐步减少。

2.1.3 自耦变压器降压起动控制电路

自耦变压器降压起动方法常用来起动较大的三相交流笼型电动机。尽管这是一种比较传统的起动方法，但由于它是利用自耦变压器的多抽头减压，既能适应不同负载起动的需要，又能得到比前面的降压起动方法更大的起动转矩。所以，这种降压起动的方法应用较多。

起动的原理是：起动时，定子绕组上为自耦变压器二次侧电压；正常运行时切除自耦变压器。自耦变压器备有 65％和 85％两挡抽头，出厂时接在 65％抽头上，可根据电动机的带负载情况选择不同的起动电压。

图 2-3 所示为用时间继电器自动控制自耦变压器降压起动的电路。线路的工作原理如下。

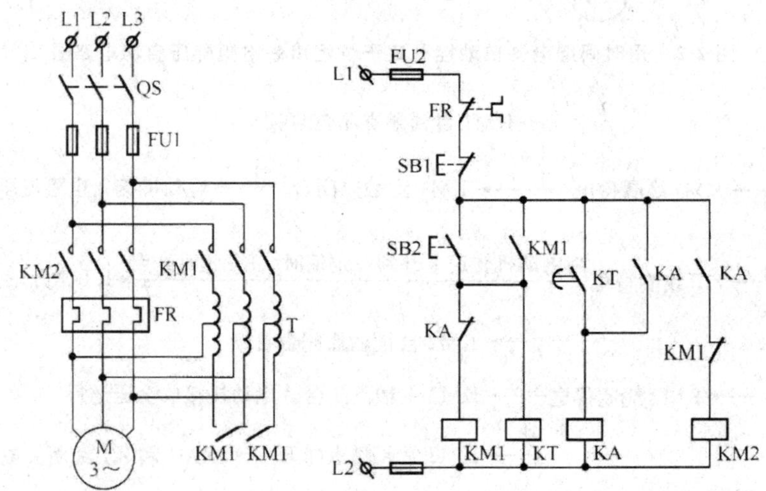

图 2-3 用时间继电器自动控制自耦变压器降压起动电路图

降压起动时，先合上手动电源转换开关 QS。

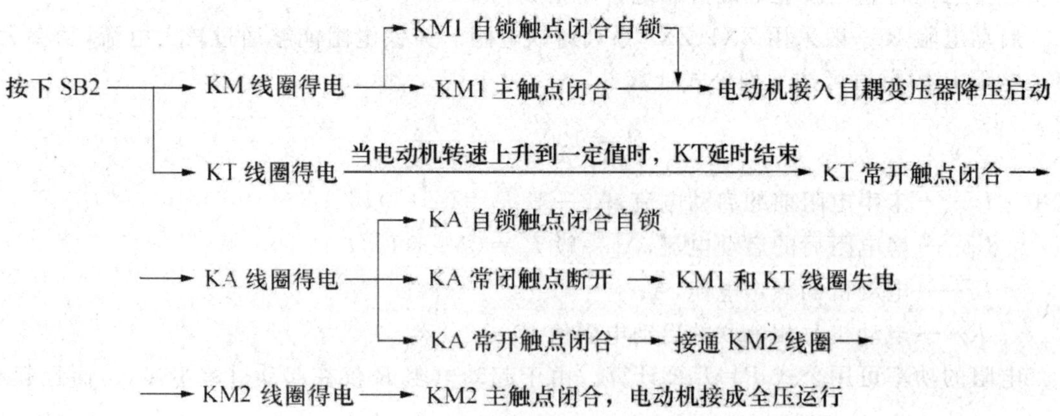

2.1.4　绕线式异步电动机转子绕组串接电阻起动控制线路

三相绕线式异步电动机转子绕组可通过滑环串接起动电阻。它的优点是改善电动机机械特性，减小起动电流，提高转子电路的功率因数和提高起动转矩。在一般要求起动转矩较高（负重起动），并且能调速的场合，绕线式电动机的应用非常广泛。按照绕线式电动机转子绕组在起动过程中串接装置的不同，分为串电阻起动与串频敏变阻器起动两大类。

串接在三相转子绕组中的起动电阻，一般都接成 Y 形接线。在起动前分级切换的三相起动电阻全部接入电路，以减小起动电流，获得较大的起动转矩。当随着电动机转速的升高，启动电阻被逐级地切除。起动完毕后，所有起动电阻直接短接，电动机运行在额定状态之下。

串接在三相转子绕组中的起动电阻分为三相平衡（对称）接法和三相不平衡（不对称）接法。无论串接在三相转子绕组中的起动电阻采用哪一种接法，其作用基本是相同的，只是在应用的角度上三相平衡接法采用接触器切除电阻，三相不平衡接法直接采用凸轮控制器来切除电阻。控制线路主要可以分为按钮操作控制线路、时间继电器自动控制线路和电流继电器自动控制线路。本节主要以时间继电器自动控制线路分析（按钮操作控制线路的缺点是操作不便，工作不安全、不可靠），实际应用以 3 个时间继电器与 3 个继电器的相互配合来依次自动切除转子绕组中的三级电阻。

电路原理图如图 2-4 所示。

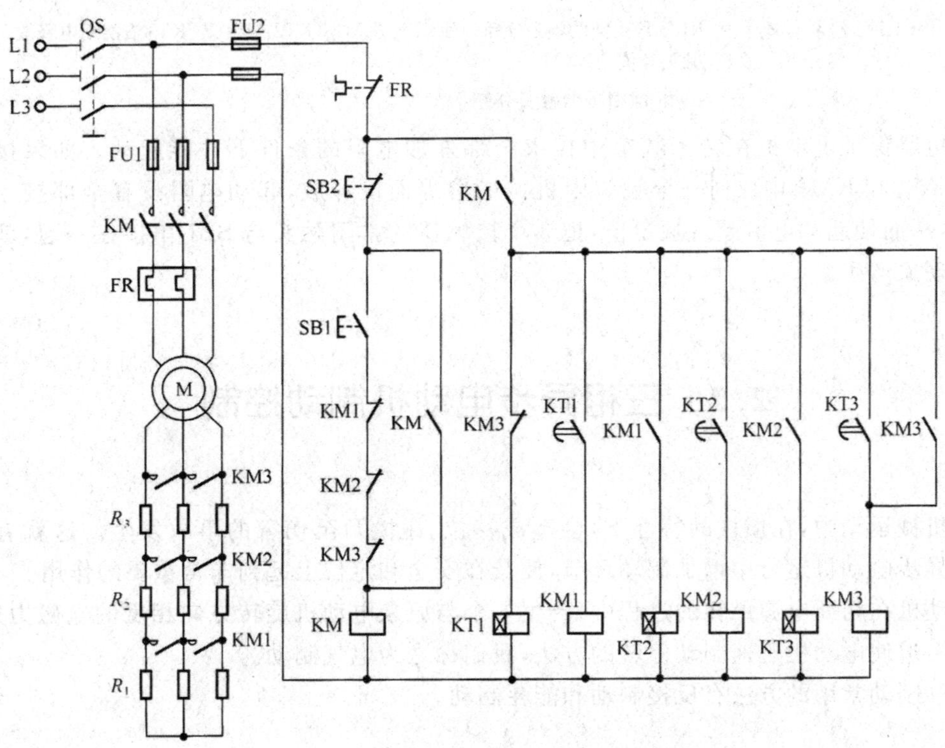

图 2-4　转子绕组串接电阻起动控制线路

其线路工作原理如下。

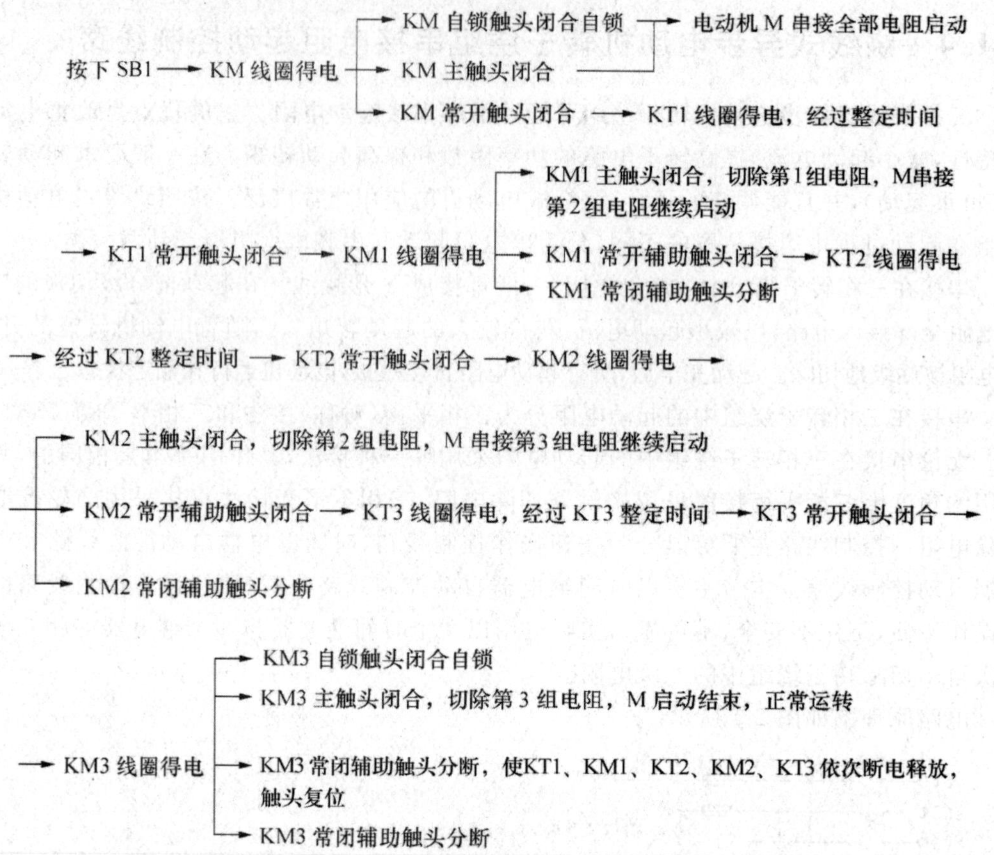

该电路保证电动机在转子绕组中接入全部外加电阻的条件下才能起动。如果接触器KM1、KM2和KM3中任何一个触头因机械或熔焊而没释放，起动电阻没有全部接入转子绕组中，从而使起动电流超过规定值，把3个接触器的常闭触头与SB1串接在一起，就可避免这种现象产生。

2.2 三相异步电动机制动控制

在机械运动中，在惯性的特性下，会造成移位、碰撞乃至伤害的事故发生。这就有必要在交流异步电动机运行中增加制动环节，使其在安全和定位上起到非常重要的作用。

电动机在切断电源停转的过程中，产生一个与原来电动机旋转方向相反的电磁力矩（制动力矩），迫使电动机迅速制动停转的方法，我们称之为电气制动。

电气制动常用的方法有反接制动和能耗制动。

2.2.1 电压反接制动的原理

图2-5所示线路的主电路和正反转控制线路的主电路相同，只是在反接制动时增加了3个

限流电阻 R，线路中的 KM1 为正转运行接触器，KM2 为反接制动接触器，KS 为速度继电器。

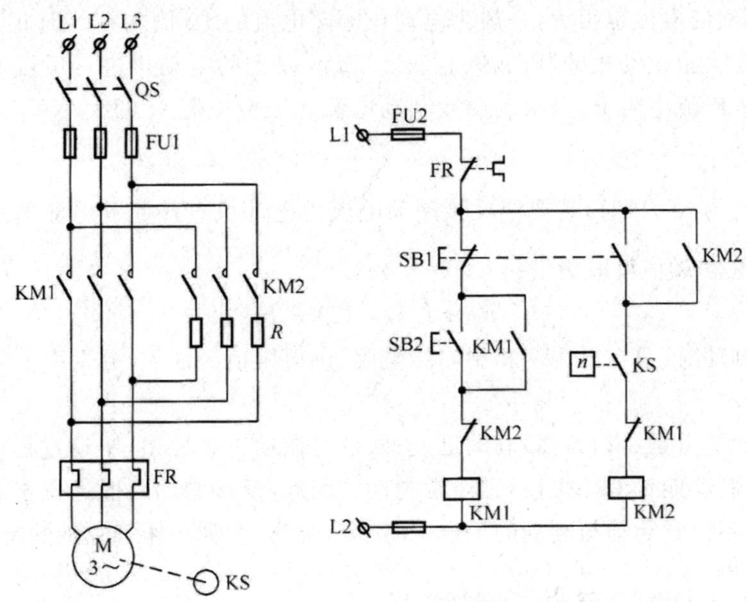

图 2-5　电压反接制动控制线路图

线路的工作原理如下。

先合上电源 QS。

单向起动：

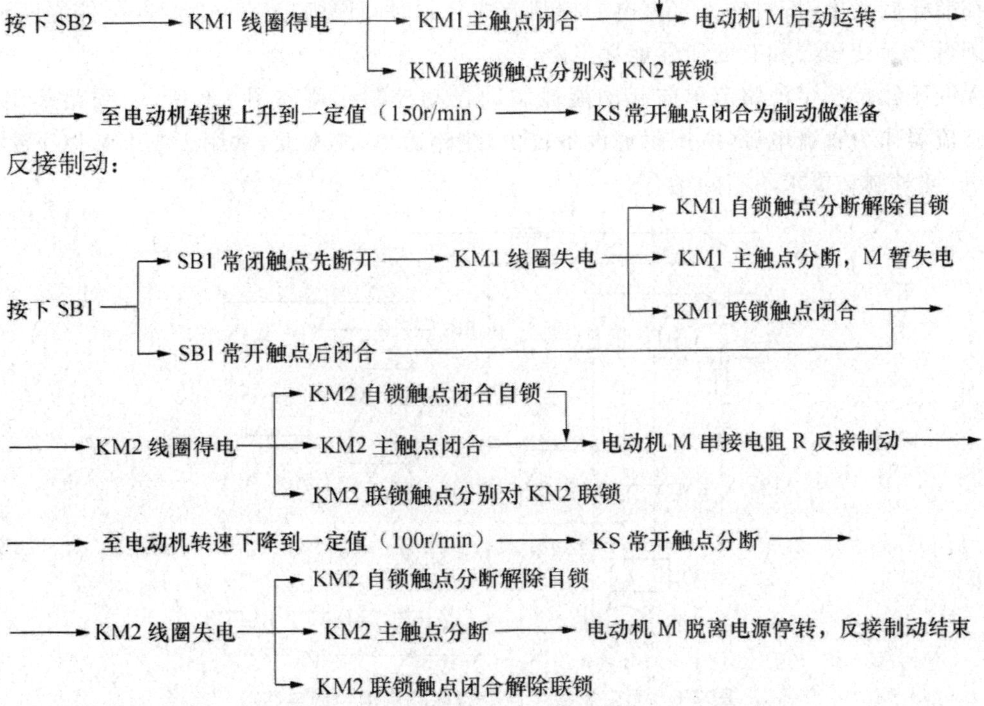

反接制动时，由于旋转磁场与转子的相对转速(n_s-n)很高，故转子绕组中感应电流很大，致使定子绕组的电流也很大，一般为电动机额定电流的10倍左右。因此，反接制动适用于10kW以下小容量电动机的制动，并且对4.5kW以上的电动机进行反接制动时，需要在定子绕组中串入限流电阻R，以限制反接制动电流。限流电阻R的大小可参考下述计算公式进行估算。

在电源电压为380V时，若要使反接制动电流为电动机直接起动电流的$\frac{1}{2}$，则三相电路每相应串入的电阻R值可取为

$$R \approx 1.5 \times 220 \div I_{st}$$

如果反接制动时，只在电源两相中串接电阻，则电阻值应加大，分别取上述电阻值的1.5倍。

反接制动的优点是制动力强，制动迅速；缺点是制动正确性差，制动过程中冲击强烈，易损坏传动零件，制动能量消耗大，不宜经常制动。因此，反接制动一般适用于制动要求迅速、系统惯性较大、不经常起动与制动的场合，如铣床、镗床、中型车床等主轴的制动控制。

2.2.2 能耗制动的自动控制线路

所谓能耗制动，就是在电动机脱离三相电源以后，在定子绕组任意两相中通入直流电，产生静止的磁场，转子感应电流与该静止磁场的作用产生与转子惯性转动方向相反的制动转矩，迫使电动机迅速停转的方法。这种方法是以消耗转子惯性运转的动能来进行制动的，所以称其为能耗制动，又称之为动能制动。

在能耗制动中，按对输入直流电的控制方式分为时间原则控制和速度原则控制两种，时间原则可分无变压器和有变压器能耗电路。

无变压器单相半波整流单向起动能耗制动自动控制线路如图2-6所示，线路采用单相半波整流器作为直流电源，所用附加设备较少，线路简单，成本低，常用于10kW以下小容量电动机，且对制动要求不高的场合。

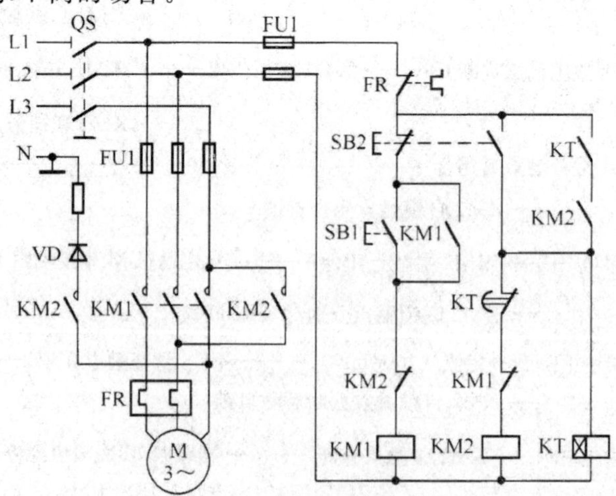

图2-6 无变压器半波整流能耗制动控制电路

线路的工作原理如下。

先合上电源开关 QS。

单向起动运转：按 SB1，KM1 线圈得电，产生磁场。→ KM1 自锁触头闭合自锁；KM 主触头闭合；KM1 联锁触头分断 KM2 联锁 →

电动机 M 起动运转。

能耗制动停转：

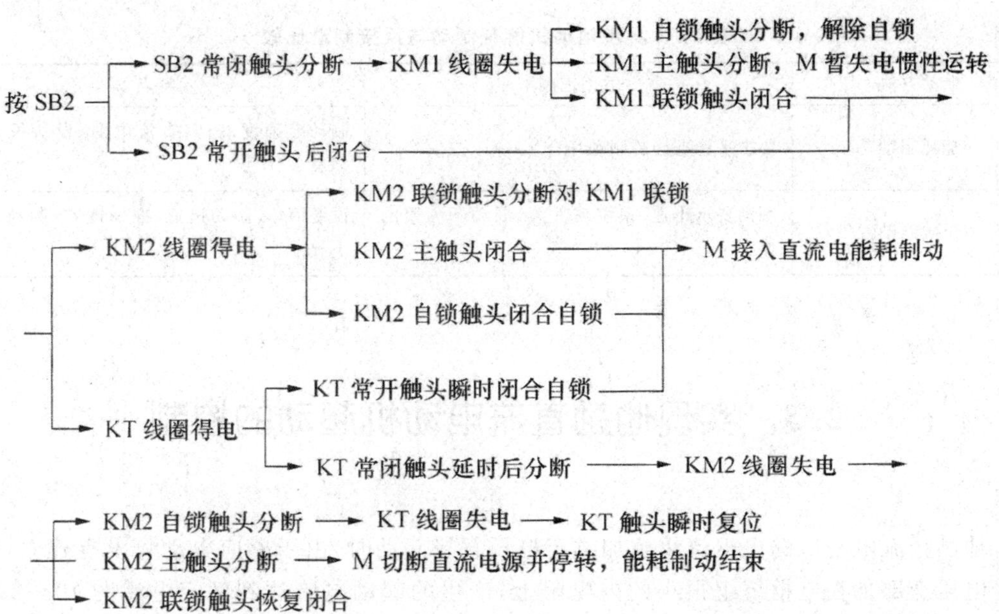

在此电路中 KT 瞬时闭合常开触头的作用是当 KT 出现线圈断线或机械卡住等故障时，按下 SB2 后能使电动机制动后脱离直流电源。

能耗制动与反接制动相比，由于制动是利用转子中的储能进行的，所以能量损耗小，制动电流较小，制动准确，适用于要求平稳制动的场合。但缺点是需要附加直流电源装置，增加设备费用，制动力较弱，在低速时制动力矩小，制动速度也较反接制动慢一些。因此，能耗制动一般用于要求制动准确、平稳的场合，如磨床、立式铣床等设备的控制线路中。

能耗制动所需直流电源一般用以下方法估算，其具体步骤如下：

(1)首先测量出电动机 3 根进线中任意两根之间的电阻值 $r(\Omega)$。

(2)测量出电动机的进线空载电流 I_0(A)。

(3)能耗制动所需要的直流电流 $I_L = KI_0$，所需要的直流电压 $U_L = I_L r$。其中系数 K 一般取 3.5～4。若考虑到电动机定子绕组的发热情况，并使电动机达到比较满意的制动效果，对转速高、惯性大的传动装置可取上限。

(4)单相桥式整流电源变压器二次绕组电压和电流的有效值分别为

$$U_2 = \frac{U_L}{0.9}(\mathrm{V})$$

$$I_2 = \frac{I_L}{0.9}(\mathrm{A})$$

变压器的计算容量为

$$S = U_2 I_2 (\text{V} \cdot \text{A})$$

如果制动不频繁,可取变压器实际容量为

$$S' = \left(\frac{1}{3} \sim \frac{1}{2}\right) S(\text{V} \cdot \text{A})$$

(5)可调电阻 R≈2Ω,电阻功率 $P_R = I_L^2 R$,实际选用时,电阻功率的值也可适当小一些。

三相异步电动机的能耗制动与反接制动的适用范围和特点见表 2-1。

表 2-1　异步电动机能耗制动与反接制动比较

制动方法	适用范围	特点
能耗制动	要求平稳准确的制动场合	制动准确度高,需直流电源,设备投入费用高
反接制动	制动要求迅速、系统惯性大、制动不频繁的场合	设备简单,制动迅速,准确性差,制动冲击力强

2.3　实现他励直流电动机起动的控制

他励直流电动机的电枢绕组施加额定电压直接起动时,由于感应电动势没有建立,外加额定电压全部加在电枢绕组很小的内电阻上,产生的起动电流达到额定电流的 10～20 倍,这对直流电动机和电网供电来讲都是不允许的。因此,在他励直流电动机起动时需要设法降低电枢电流,一般采取在电枢回路串电阻的方法限制起动电流。

他励直流电动机电枢回路串电阻的实质是能够降低电枢电压,他励直流电动机电枢回路串电阻降压起动是常用方法之一。在起动时,先串入电阻起动,然后随转速上升的过程逐级短接分段电阻,直到起动结束。

2.3.1　他励直流电动机三级电阻手动控制减压起动电路

他励直流电动机三级电阻手动控制减压起动电路如图 2-7 所示。线路的工作原理为:按下起动按钮 SB2,接触器 KM 线圈得电,KM 自锁触点闭合,实现 KM 线圈自保持通电。KM 串联在电枢电路的动合触点闭合,电枢串入 R_1、R_2、R_3 电阻后接入直流电源,开始降压起动。随着电动机转速从零开始上升,接触器 KM1 线圈两端电压也随之上升,当电压达到接触器 KM1 动作值时,KM1 动作,其动合触点闭合,将起动电阻 R_1 短接。电动机转速继续上升,随后 KM2、KM3 都先后达到动作值而动作,分别将 R_2、R_3 电阻短接。电动机转速达到额定值,电动机起动完毕,进入正常额定电压运转。其动作顺序如下:

QS2→SB2→KM→M(串 R_1、R_2、R_3 起动)→n↑→U_{KM1}↑→KM1→R_1(短接)→n↑→U_{KM2}↑→KM2→R_2(短接)→U_{KM3}↑→KM3→R_3(短接)→M(全压运行)。

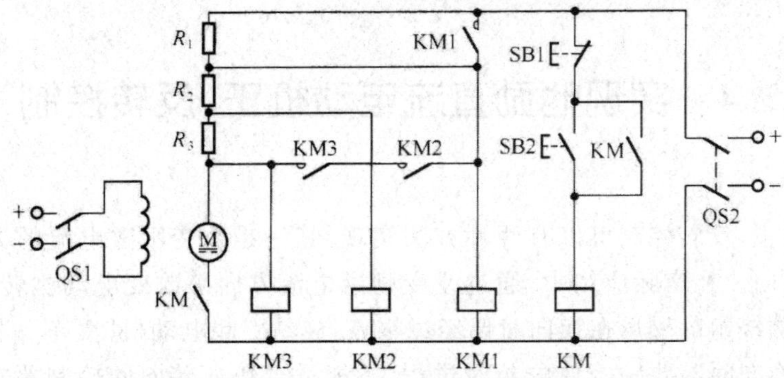

图 2-7　他励直流电动机三级电阻手动控制减压起动电路

2.3.2　利用时间继电器控制他励直流电动机起动控制电路

图 2-8 所示为运用接触器和时间继电器配合他励直流电动机电枢串电阻降压起动控制线路。图 2-8 中 KT1 和 KT2 为断电延时型时间继电器，线路的工作原理为：在开关按钮 QS2 合上后，KT1 和 KT2 线圈得电，其动断触点立即断开，使接触器 KM2、KM3 线圈失电，那么与电枢串联的电阻 R_1、R_2 可以全部串入电路进行降压起动的准备。当按下起动按钮 ST 后，KM1 接触器接通他励直流电动机的电枢回路，串入电阻 R_1 和 R_2 进行限流起动，同时 KM1 的常闭触点打开，两个时间继电器 KT1 和 KT2 线圈断电，其中，$\Delta t_1 < \Delta t_2$，即 KT2 整定时间短，其触点先动作，让 KM2 接触器线圈先通电，KM2 的常开触点先短接（切除）R_2；而 KT1 整定时间较长，其常闭触点延时闭合后，使 KM2 接触器线圈后通电，KM2 的常开触点后短接（切除）R_1，他励直流电动机串电阻起动过程结束。

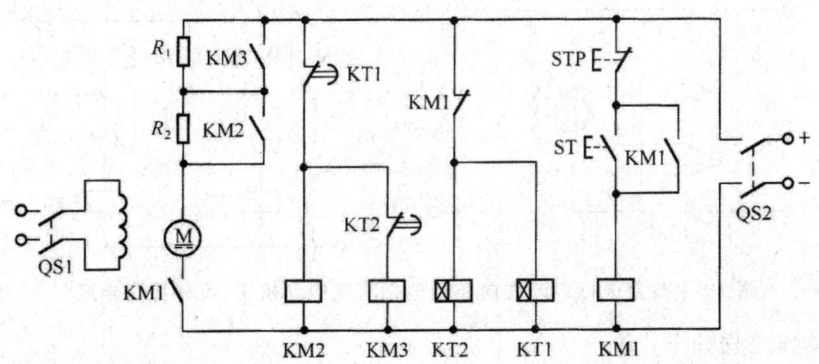

图 2-8　时间继电器控制他励直流电动机起动控制电路

线路工作过程如下：

QS2 → KT1 → KM2、KM3 → SB2 → KM1 → M（串 R_1、R_2、启动）
QS2 → KT2 → KM3 → SB2 → KT1 → KM2 → R（先短接）→ M（全压运行）
SB2 → KT2 → KM3 → R_3（后短接）

图 2-8 所示控制线路和图 2-7 所示控制线路比较：前者不受电网电压波动的影响，工作的可靠性较高，而且适用于大功率直流电动机的控制；后者线路简单，所使用元器件的数量少。

2.4 实现他励直流电动机正、反转控制

直流电动机正、反转控制可以有两种方法实现:其一是改变励磁电流的方向;其二是改变电枢电流的方向。在实际应用中,通过改变励磁电流方向来改变电动机转向的方法适用较少,原因是励磁绕组的磁场在换向时要经过零点,极易引起电动机“飞车”;另外,励磁绕组电感量较大,在换向时需要一个放电延时过程,不能适合快速转向的控制要求。所以,通常都采用改变电枢电流方向的方法来控制直流电动机的正、反转。

2.4.1 改变电枢电流方向控制他励直流电动机正、反转控制线路

图 2-9 所示为改变电枢电流方向控制他励直流电动机正、反转控制线路。图 2-9 中,电枢电路电源由接触器 KM1 和 KM2 主触点分别接入,其方向相反,从而达到控制电动机正、反转的目的。其线路工作原理为:按下 SB2 后接触器 KM1 线圈得电,KM1 的主触点合上,使他励直流电动机接通电源正转,同时 KM1 辅助常开触点自锁,在 SB2 按钮松开后保持 KM1 线圈通电;需要电动机反转时应先按停止按钮 SB1,切断电动机供电,然后按下 SB3 使接触器 KM2 线圈得电,KM2 的主触点合上,使他励直流电动机接通反极性电源反转。KM1 和 KM2 的辅助常闭触点的互锁是为了防止将电源短路而设置的。

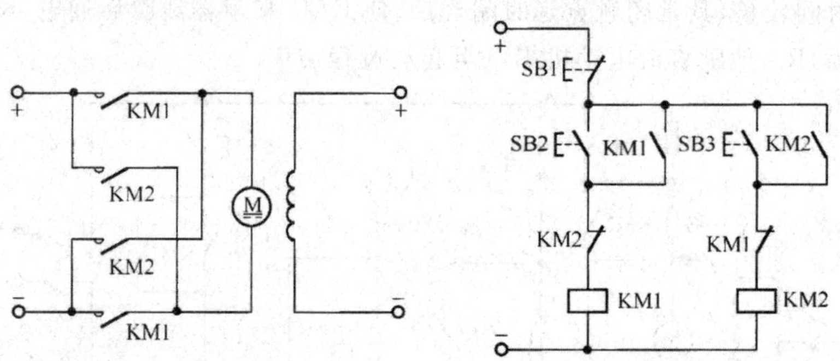

图 2-9 改变电枢电流方向控制他励直流电动机正、反转控制电路

线路的动作过程如下:

正转: SB2 → KM1 → M(正转)
　　　　　　　　└→ KM2(互锁)
停车: SB1 → KM1 → M(停车)
反转: SB3 → KM2 → M(反转)
　　　　　　　　└→ KM1(互锁)

图 2-10 所示为利用行程开关控制的他励直流电动机正、反转起动控制线路。图 2-10 中接触器 KM1、KM2 控制电动机正、反转;接触器 KM3、KM4 短接电枢起动电阻;过程开关 SQ1、SQ2 可替代正、反转起动按钮 SB2、SB3,实现自动往复控制;时间继电器 KT1、KT2,控

制起动时间，分段短接起动电阻 R_1、R_2，R_3 为放电电阻，KA1 为过电流继电器，KA2 为欠电流继电器。其线路工作原理如下。

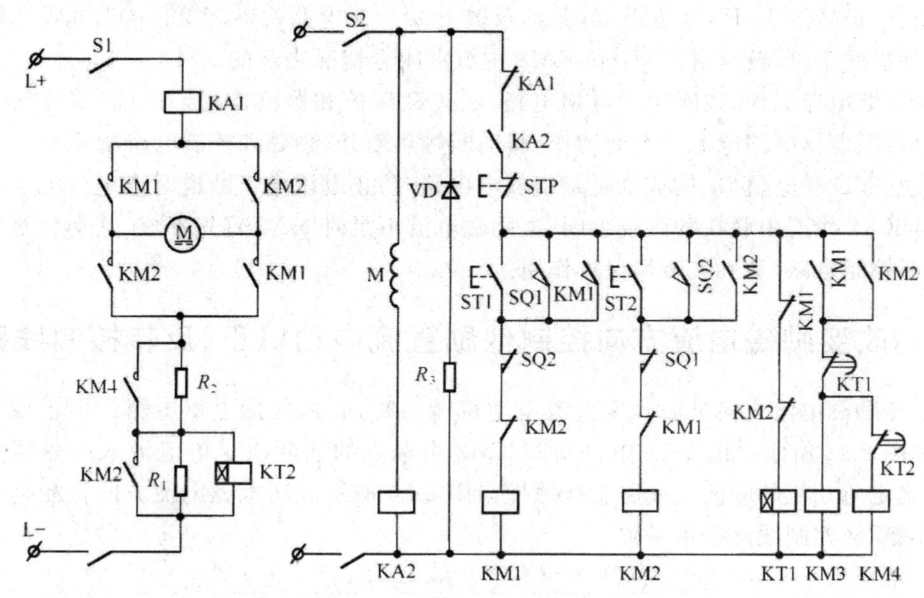

图 2-10　他励直流电动机正、反转起动控制线路

接通电源后，未按下起动按钮前，当励磁线圈中通过足够大的电流时，欠电流继电器 KA2 得电动作，其动合触点闭合，使断电延时型时间继电器 KT1 线圈得电，KKT 动断触点断开，接触器 KM3、KM4 线圈失电。按下正转起动按钮 SB2，接触器 KM1 线圈得电，KM1 自锁与互锁触点动作，实现对 KM1 线圈的自锁和对接触器 KM2 线圈的互锁。另外，KM1 串联在 KT1 线圈电路的动触点断开，时间继电器 KT1 开始延时。电枢电路 KM1 动合触点闭合，直流电动机电枢回路串入 R_1、R_2 电阻起动。此时 R_1 两端并联的断电延时型时间继电器 KT2 线圈得电，KT2 动断触点断开，使接触器 KM4 线圈无法得电。

线路的动作过程如下：

按 SB2 → KM 线圈得电 → KM1 动合触点自锁 → 电枢回路中 KM1 动合触点闭合使电机串电阻启动

→ KM1 动断触点断开，KM2 线圈进行互锁 → KT1 回路 KM1 触点断开使延时

KT1 延时后 → KM2 线圈得电 → 短路 R_1 → 使 KT2 断电失压 → KT2 延时闭合常闭触点闭合 →

→ 使 KM4 线圈得电 → KM4 动合触点闭合 → 短路（切除）R_2 → 启动结束

随着起动的进行，转速不断升高，经过 KT1 设置的时间后，KT1 延时闭合动断触点闭合，因 KM1 线圈得电后其动合触点也闭合，所以接触器 KM3 线圈得电。电枢电路中的 KM3 动合主触点闭合，短接电阻 R_1 和时间继电器 KT2 线圈。R_1 被短接后，直流电动机转速进一步提高，继续降压起动过程。时间继电器 KT2 被短接，相当于该线圈失电。KT2 开始延时，经过 KT2 设置时间，其触点闭合，使接触器 KM4 线圈得电。电枢回路中的 KM4 动合主触点闭合，电枢回路串联的起动电阻 R_2 被短接。正转起动过程结束，电动机电枢全压运行。其反转起动过程与正转起动类似。

图 2-10 中的电动机拖动机械设备运动，在限位位置上压下行程开关 SQ2，其动断触点断开，使接触器 KM1 线圈失电，其动合触点闭合接通接触器 KM2 线圈，电枢电路中的 KM1 主触点断开，正转停止；KM2 主触点闭合，反转开始。该电路由 SQ1 和 SQ2 组成自动往复控制，电动机的正、反转是由 KM1 和 KM2 主触点闭合情况决定的。

过电流继电器 KA1 线圈串入电枢电路，起过载保护和短路作用。过载（或短路）时，过电流继电器因电枢电路电流过大而动作，其动断触点断开，励磁和控制电路断开。

二极管 VD 和电阻 R_3 构成励磁绕组放电电路，防止励磁电流断电时产生过电压。欠电流继电器 KA2 线圈串联在励磁绕组中，当励磁电流不足时 KA2 首先释放，其动合触点恢复断开，切断控制电路，达到欠磁场保护作用。

2.4.2 改变励磁电流方向控制他励直流电动机正、反转控制线路

在改变励磁电流方向进而改变直流电动机转向时，必须保持电枢电路方向不变。其控制线路如图 2-11 所示。图 2-11 中，KM1、KM2 主触点的通断决定电流流入励磁绕组的方向，从而确定电动机的转向。线路工作原理与图 2-10 所示改变电枢电流方向控制他励直流电动机正、反转控制线路基本一致。

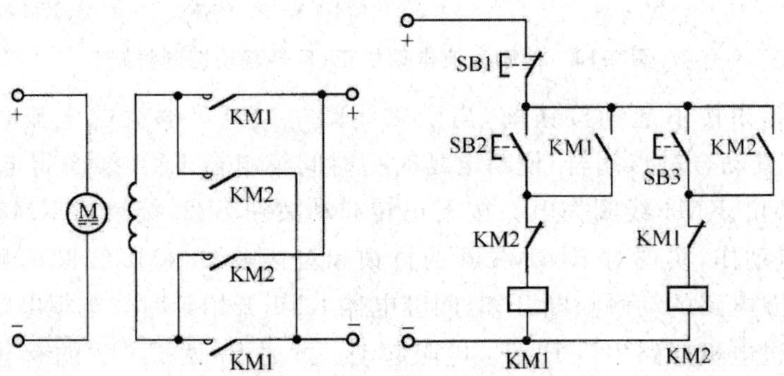

图 2-11 改变励磁电流方向控制他励直流电动机正、反转控制线路

2.5 直流电动机制动控制

与交流电动机一样，直流电动机也可以采用机械制动或电气制动。电气制动就是使电动机产生的电磁转矩与电动机旋转方向相反，使电动机转速迅速下降。电气制动的特点是产生的转矩大，易于控制，操作方便。他励直流电动机的电气制动方法有反接制动、能耗制动等。

2.5.1 反接制动控制线路

直流电动机反接制动工作原理与交流电动机反接制动原理基本一致。将正在运转的直流电动机的电枢两端电压突然反接，但仍然维持其励磁电流方向不变，电枢将产生反向力

矩,强迫电动机迅速停转。

直流电动机接触器反接制动控制线路如图2-12所示。在图2-12中,接触器KM1控制电动机正常运转;接触器KM2控制电动机反接制动;为了减小过大的反接制动电流,在电枢电路中串入R作为制动限流电阻,因为此时电枢电路电流值是由当时电压和反电动势之和建立的。

线路工作原理如下:

按下起动按钮SB2,接触器KM1线圈得电,其自锁和互锁触点动作,分别对KM1线圈实现自锁和对接触器KM2线圈实现互锁。电枢电路中的KM1主触点闭合,电动机电枢接入电源,电动机运转。

按下制动按钮SB1,其动断触点先断开,使接触器KM1线圈失电,解除KM1的自锁和互锁,主回路中的KM1主触点断开,电动机电枢惯性旋转。SB1的动合触点后闭合,接触器KM2线圈得电,电枢电路中的KM2主触点闭合,电枢接入反方向电源,串入电阻后进行反接制动。

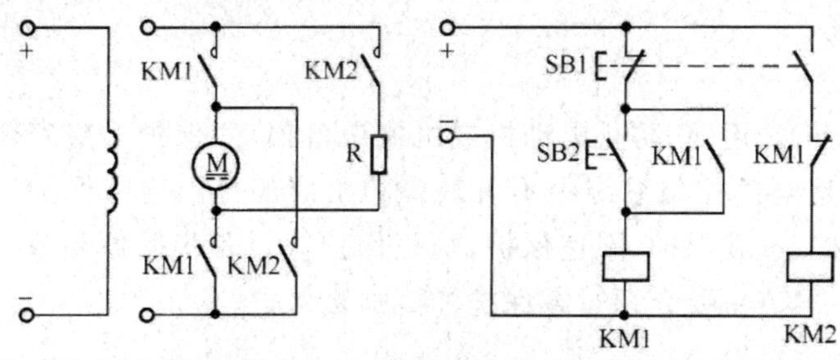

图2-12 直流电动机接触器反接制动控制电路

反接制动必须在转速为零时切断制动电源,否则会引起电动机反向起动。为此,和异步电动机反接制动一样,采用与电枢同轴的速度继电器(图2-12中未标出)控制。这样制动的准确性比手动控制大为提高。另外,反接制动过程中冲击强烈,极易损害传动零件。但反接制动的优点也十分明显,其制动力矩大,制动速度快,线路简单,操作较方便。鉴于反接制动的这些特点,反接制动一般适用于不经常起动与制动的场合。

2.5.2 能耗制动控制线路

能耗制动是将正在运转的电动机电枢从电源上断开,串入外接能耗制动电阻后,再与电枢组成回路,并且维持原来的励磁电流,使机械系统和电枢的惯性动能转换成电能,消耗在电枢和外电阻上,迫使电动机迅速停止转动。

直流电动机能耗制动控制线路如图2-13所示。电枢电路中的KM2动合触点在能耗制动时,将制动电阻R接入电枢回路。

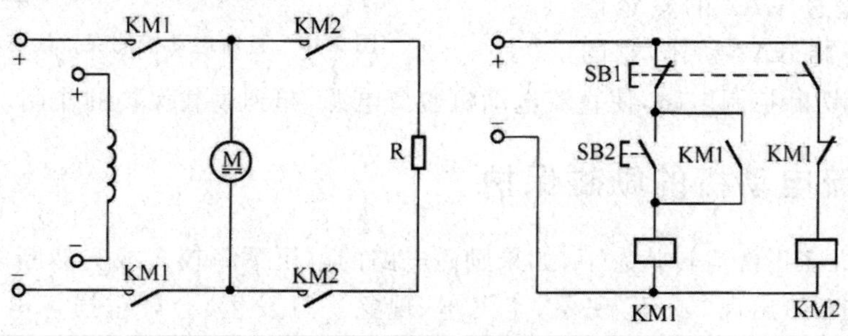

图2-13 直流电动机外接电阻能耗制动控制电路

线路的工作原理如下：

SB2 为起动按钮，它可以接通接触器 KM1 线圈。制动按钮 SB1 按下时，接触器 KM2 线圈得电，电枢电路中的电阻 R 串入，直流电动机进入能耗制动状态，随着制动的进行，电动机减速。

能耗制动所串入制动电阻大小的选择十分重要。若阻值选择较大，致使制动电流小、制动缓慢；若制动电阻选择较小，制动电流大，制动迅速，但其电流可能会超过电枢电路的允许值。一般情况下，按最大制动电流小于两倍额定电枢电流来选择较合适。

能耗制动的优点是制动准确、平稳，能量消耗少。能耗制动的缺点是制动转矩小，制动不迅速。

2.6 直流电动机的保护

直流电动机的保护是保证电动机正常运转、防止电动机或机械设备损坏、保护人身安全的需要，所以直流电动机的保护环节是电气控制系统中不可缺少的组成部分。这些保护环节包括短路保护、过电压和失电压保护、过载保护、限速保护、励磁保护等。有些保护环节与交流异步电动机保护环节完全一样。本节主要介绍过载保护和零励磁保护。

2.6.1 直流电动机的过载保护

直流电动机在起动、制动和短时过载时，电流会很大，应将其电流限制在允许过载的范围内。直流电动机的过载保护一般是利用过电流继电器来实现的。保护线路如图 2-14 所示，在图中，电枢电路串联过电流继电器 KA2。其线路工作原理如下：

电动机负载正常时，过电流继电器中通过的电枢电流正常，KA2 不动作，其动断触点保持闭合状态，控制电路能够正常工作。一旦发生过载情况，电枢电路的电流会增大，当其值超过 KA2 的整定值时，过电流继电器 KA2 动作，它的动断触点断开，切断控制电路，使直流电动机脱离电源，起到过载保护的作用。

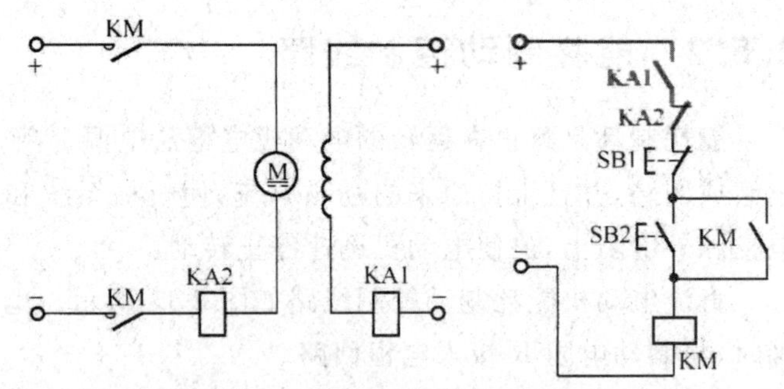

图 2-14 直流电动机的保护线路

2.6.2 直流电动机的励磁保护

直流电动机在正常运转状态下，如果励磁电路的电压下降较多或突然断电，会引起电动机的速度急剧上升，出现“飞车”现象。“飞车”现象一旦发生，会严重损坏电动机或机械设备。直流电动机防止失去励磁或削弱励磁的保护，是采用欠电流继电器来实现的。

在图 2-14 中，励磁电路串联欠电流继电器 KA1，当励磁电流合适时，欠电流继电器吸合，其动合触点闭合，控制电路能够正常工作。当励磁电流减少或为零时，欠电流继电器因电流过低而释放，其动合触点恢复断开状态，切断控制电路，使电动机脱离电源，起到励磁保护作用。

本章小结

本章主要讲述了电气控制系统的基本线路——三相异步电动机的启停、正反转、制动控制线路及直流电动机的保护。它们是分析和设计机械设备电气控制线路的基础。

笼型异步电动机常用的降压起动方法有定子电路串电阻降压起动、星形-三角形（Y—△）降压起动和自耦变压器降压起动。

常用的制动方法有反接制动和能耗制动，制动控制线路设计应考虑限制制动电流和避免反向再起动。前者是在主电路中串限流电阻，采用速度继电器进行控制；后者通入直流电流产生制动转矩，采用时间继电器进行控制。

习　　题

1. 电路图中 QS、FU、KM、KA、KT、SB 分别是什么电气元器件的文字符号？
2. 如何决定笼型异步电动机是否可采用直接起动法？
3. 笼型异步电动机是如何改变转动方向的？
4. 什么是自锁？什么是互锁？试举例说明各自的作用。
5. 三相异步电动机的起动有哪些方法？
6. 三相异步电动机的制动有哪些方法？
7. 为什么三相异步电动机能耗制动时需要在定子绕组通入直流电流？
8. 他励直流电动机串电阻起动的作用是什么？为何要串多级电阻起动？
9. 为什么他励直流电动机正、反转控制不采用励磁电流的变换？
10. 二极管 VD 和电阻 R_3 构成励磁绕组放电电路的作用有哪些？
11. 直流电动机的保护电路有哪些？分别做什么保护？
12. 直流电动机制动时为什么要外串电阻？
13. 直流电动机的正反转控制有哪些方法？
14. 直流电动机为什么不允许直接起动？
15. 画出带有热继电器过载保护的笼型异步电动机正常起动运转的控制线路。
16. 画出具有双重互锁的异步电动机正、反转控制线路。
17. 某三相笼型异步电动机单向运转，要求起动电流不能过大，制动时要快速停车。试设计主电路和控制电路，并要求有必要的保护。
18. 某三相笼型异步电动机可正、反转，要求降压起动、快速停车。试设计主电路和控制电路，并要求有必要的保护。
19. 星形-三角形降压起动方法有什么特点？说明其使用场合。
20. 试设计一控制电路，要求：按下按钮 SB，电动机 M 正转；松开按钮 SB，M 反转，1min

后 M 自动停止，画出其控制线路。

21. 试设计两台笼型电动机 M_1、M_2 的顺序起动停止的控制线路，要求：

(1) M_1、M_2 能顺序起动，并能同时或分别停止。

(2) M_1 起动后 M_2 起动，M_1 可点动，M_2 可单独停止。

22. 设计一个控制电路，要求第 1 台电动机起动 10s 以后，第 2 台电动机自动起动。运行 5s 后，第 1 台电动机停止，同时第 3 台电动机自动起动，运行 15s 后，全部电动机停止。

23. 设计一控制电路，控制一台电动机，要求：

(1) 可正、反转。

(2) 两处启停控制。

(3) 可反接制动。

(4) 有短路和过载保护。

24. 某机床主轴由一台三相笼型异步电动机拖动，润滑油泵由另一台三相笼型异步电动机拖动，均采用直接起动，要求：

(1) 主轴必须在润滑油泵起动后，才能起动。

(2) 主轴为正、反向运转，为调试方便，要求能正、反向点动。

(3) 主轴停止后，才允许润滑油泵停止。

(4) 具有必要的电气保护。

试设计主电路和控制电路。

25. M_1 和 M_2 均为三相笼型异步电动机，可直接起动，按下列要求设计主电路和控制电路：

(1) M_1 先起动，经一段时间后，M_2 自行起动。

(2) M_2 起动后，M_1 立即停车。

(3) M_2 可单独停车。

(4) M_1 和 M_2 均能点动。

26. 现有一双速电动机，试按下述要求设计控制线路：

(1) 分别用两个按钮操作电动机的高速起动和低速起动，用一个总停按钮操作电动机的停止。

(2) 起动高速时，应先接成低速，然后经延时后再换接到高速。

(3) 应有短路保护和过载保护。

第3章 可编程序控制器基本组成和工作原理

1. 了解可编程序控制器的定义和发展情况。
2. 了解可编程序控制器的基本结构和工作原理。
3. 熟悉可编程序控制器的输入和输出接口电路。
4. 了解可编程序控制器的编程语言的类型。

3.1 可编程序控制器的发展

3.1.1 可编程序控制器的产生和定义

可编程控制器(programmable controller)是计算机家族中的一员,是为工业控制应用而设计的。早期的可编程序控制器称为可编程逻辑控制器(programmable logic controller),简称 PLC,用它来代替继电器实现逻辑控制。随着技术的发展,可编程序控制器的功能已大大超过了逻辑控制的范围,因此,人们都把这种装置称为可编程序控制器,称为 PC(国标简称可编程序控制器为 PC 系统)。为了避免与应用广泛的个人计算机(personal computer)的简称 PC 相混淆,所以仍将可编程序控制器简称为 PLC。

1968 年,美国通用汽车公司(GM)为改造汽车生产设备的传统控制方式,解决因汽车不断改型而重新设计汽车装配线上各种继电器的控制线路问题，提出了著名的十条技术指标在社会上招标，要求制造商为其装配线提供一种新型的控制器，它应具有以下特点：

(1)编程方便，可现场修改程序。

(2)维修方便，采用插件式结构。

(3)可靠性高于继电器控制系统。

(4)体积小于继电器控制柜。

(5)数据可直接送入管理计算机。

(6)成本可与继电器控制系统竞争。

(7)输入可为市电。

(8)输出可为市电，输出电流要求在 2A 以上，可直接驱动电磁阀、接触器等。

(9)系统扩展时，原系统变更最小。

(10)用户存储器容量大于 4KB。

1969 年年末，美国数字设备公司(DEC)根据上述要求研制出世界上第一台可编程序控制器，型号为 PDP-14，在美国通用汽车自动生产线上试用，并获得成功，取得了显著的经济效益。这种新型的智能化工业控制装置很快在美国其他工业控制领域推广应用，至 1971 年，已成功将 PLC 用于食品、饮料、冶金、造纸等行业。

PLC 的出现，受到了世界各国工业控制界的高度重视。1971 年日本从美国引进了这项新技术，很快研制出日本第一台 PLC。1973 年西欧国家也研制出了他们的第一台 PLC。我国的 PLC 研制始于 1974 年，于 1977 年开始于工业应用。

随着半导体技术，尤其是微处理器和微型计算机技术的发展，到 20 世纪 70 年代中期以后，、PLC 已广泛使用微处理器作为中央处理器，输入/输出模块和外围电路也都采用中、大规模甚至超大规模集成电路，这时的 PLC 已不再是仅有逻辑判断功能，还同时具有数据处理、PID 调节和数据通信功能。

国际电工委员会(IEC)1987 年颁布的可编程序控制器标准草案中对可编程序控制器做了如下的定义：可编程序控制器是一种数字运算操作的电子系统，专为在工业环境下应用而设计。它采用了可编程序的存储器，用于其内部存储程序，执行逻辑运算、顺序控制、定时、计数、算术运算等面向用户的指令，并通过数字和模拟式的输入和输出，控制各种类型的机械或生产过程。可编程序控制器及其有关外围设备，都按易于与工业控制系统联成一个整体，易于扩展其功能的原则设计。

可编程序控制器对用户来说，是一种无触点的智能控制器，也就是说，PLC 是一台工业控制计算机，改变程序即可改变生产工艺，因此可在初步设计阶段选用 PLC；另外，从 PLC 的制造商角度看，PLC 是通用控制器，适合批量生产。

3.1.2 可编程控制器分类和应用

1. 可编程控制器的分类

PLC 的种类很多，其在实现的功能、内存容量、控制规模、外形等方面都存在较大的差异，因此，PLC 的分类没有一个严格、统一的标准，而是按 I/O 总点数、组成结构和功能进行大致的分类。

1)按 I/O 总点数分类

按 I/O 总点数，PLC 通常分为小型、中型、大型 3 类。

(1)小型 PLC：I/O 总点数为 256 点及其以下的 PLC。

(2)中型 PLC：I/O 总点数超过 256 点且在 2048 点以下的 PLC。

(3)大型 PLC：I/O 总点数为 2048 点及其以上的 PLC。

还有，把 I/O 总点数少于 32 点的 PLC 称为微型或超小型 PLC，而把 I/O 总点数超过万点的 PLC 称为超大型 PLC。

此外，不少 PLC 生产企业根据自己生产的 PLC 产品的 I/O 总点数情况，也有企业内部的划分标准。应当指出，目前国际上对于 PLC 按 I/O 总点数分类并无统一的划分标准，可以预料，随着 PLC 向两极化方向发展，按 I/O 总点数划分类别势必会出现一些变化。

2)按组成结构分类

按组成结构，PLC 可分为整体式和模块式两类。

(1)整体式 PLC。

整体式 PLC 是将中央处理器、存储器、I/O 点、电源等硬件都装在一个箱状的机壳内，结构非常紧凑。它的体积小、价格低，小型 PLC 一般采用整体式结构。图 3-1 所示为三菱公司的 FX_{1S}系列 PLC 外形，图 3-2 所示为西门子 S7200 系列外形，图 3-3 所示为欧姆龙 PLC 外形。

图 3-1 三菱 FX_{1S}外形

图 3-2 西门子 S7200 外形

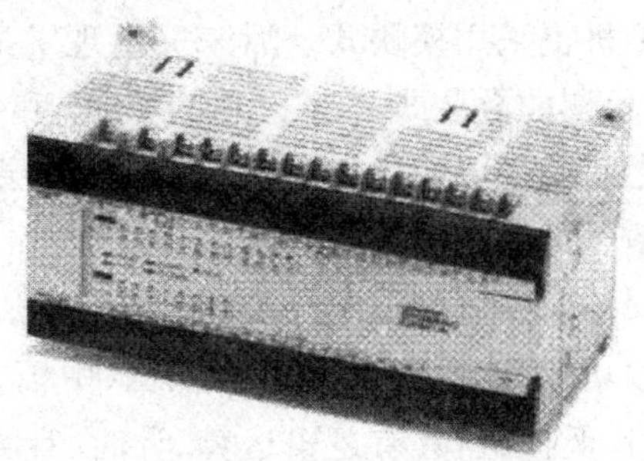

图 3-3 欧姆龙 PLC 外形

整体式 PLC 提供多种不同的 I/O 点数的基本单位和扩展单元供用户选用，基本单位内有 CPU 模块、I/O 模块和电源，扩展单位内只有 I/O 模块和电源，基本单元和扩展单元之间用扁平电缆连接。各单元的输入点与输出点的比例是固定的，有的PLC有全输入型和全输出型的扩展单元。选择不同的基本单元和扩展单元，可以满足用户的不同要求。

整体式PLC一般配备有许多专用的特殊功能单元，如模拟量I/O单元、位置控制单元、通信单元等，使PLC的功能得到扩展。

FX系列的基本单元、扩展单元和扩展模块的高度深度相同，但宽度不同。它们不用基板，各模块可用底部自带的卡子卡在DIN导轨上，两个相邻的单元或模块之间用扁平电缆连接，安装好后组成一个整齐的长方体。

(2)模块式PLC。

大、中型PLC(如三菱的A系列和O系列，西门子的S7300系列和S7400系列)一般采用模块式结构。模块式PLC用搭积木的方式组成系统，它由机架(有的厂家称机架为基板)和模块组成。图3-4所示为三菱的Q系列外形，图3-5所示为西门子的S7300系列外形。

图3-4 三菱的Q系列

图3-5 西门子的S7300系列

模块式PLC是将PLC的各部分分成若干个单独的模块，如将CPU、存储器组成主控模块；将电源组成电源模块；将若干输入点组成I模块，若干输出点组成O模块；将某项的功能专门制成一定的功能模块等。模块式PLC由用户自行选择所需要的模块，安插在机架或基板上。

PLC厂家备有不同槽数的机架供用户选用，如果一个机架容纳不下所选用的模块，可以增设一个或数个扩展机架，各机架之间用I/O扩展电缆相连，有的PLC需要通过接口模块来连接各机架。模块式PLC具有配置灵活、装配方便、便于扩展和维修等优点，较多用于中型或大型机。由于其输入/输出模块可根据实际需要任意选择，组合灵活，维修方便，致使一些小型机也采用模块式。后来又出现了把整体式、模块式两者的长处结合为一体的PLC结构，即所谓的叠装式PLC。它的CPU和存储器、电源、I/O等单元依然是各自独立模块，但它们之间通过电缆进行连接，且可一层层地叠装，既保留了模块式可灵活配置之所长，也体现了整体式体积小之优点。

3)按功能分类。

按功能，PLC可大致分为低档、中档、高档机3种。

(1)低档机：具有逻辑运算、计时、计数、移位、自诊断、监控等基本功能，还可能具有少量的模拟量输入/输出、算术运算、数据传送与比较、远程I/O、通信等功能。

(2)中档机：除具有低档机的功能外，还具有较强的模拟量输入/输出、算术运算、数据传送与比较、数据转换、远程I/O、子程序、通信联网等功能。还可能增设中端控制、PID控制等功能。

(3)高档机:除具有中档机的功能外,还有符号运算(32 位双精度加、减、乘、除及比较)、矩阵运算、位逻辑运算(置位、清除、右移、左移)、平方根运算及其他特殊功能函数的运算、表格传送及表格功能等。而且高档机具有更强的通信联网功能,可用于大规模过程控制,构成全 PLC 的集散控制系统或整个工厂的自动化网络。

表 3-1 所示为几种常见 PLC 的规格性能。

表 3-1　几种常见 PLC 的规格性能

类型	公司	机型	1K 字处理速度/ms	存储器容量/KB	I/O 点数
小型机	美国 MODICON	984—131X	4.24	4	256
		984—14X	4.25	8	256
		984—38X	3～5	4～16	256
	日本 OMRON	C60P	6～95	1.19	120
		C120	3～83	2.2	256
		CQM1	0.5～10	3.2～7.2	256
	日本三菱电机	FX2	0.74	2～8	256
	德国 SIEMENS	S5—100U	70	2	128
		S7—200	0.8～1.2	2	256
中型机	美国 MODICON	984—48X	3	4～16	1024
		984—68X	1～2	8～16	1024
		984—78X	1.5	16～32	1024
	日本 OMRON	C200H	0.75～2.25	6.6	1024
		C1000H	0.4～2.4	3.8	1024
		CV1000	0.125～0.375	62	1024
	日本富士电机	HDC—100	2.5	48	1792
	德国 SIEMENS	S5—115U	2.5	42	1024
		S7—300	0.3～0.6	12～192	1024
大型机	美国 MODICON	984A	0.75	16～32	2048
		984B	0.75	32～64	2048
	日本富士	F200	2.5	32	3200
	日本 OMRON	C2000H	0.4～2.4	30.8	2048
		CV2000	0.125～0.175	62	2048
	德国 SIEMENS	S5—150U	2	480	4096
		S7—400	0.3～0.6	512	131072

2. 可编程控制器的应用

PLC 在国内外已广泛应用于钢铁、石油、化工、电力、食品、机械制造、汽车、纺织、交通运输、环保、文化娱乐等各行业。随着 PLC 性价比的不断提高,其应用范围不断扩大,大致可归结为以下几类。

1)开关量的逻辑控制

这是PLC最基本、最广泛的应用领域,它取代传统的继电-接触器控制器系统,实现逻辑控制、顺序控制,可用于单机控制、多机群控制、自动化生产线的控制等,如注塑机、组合机床、磨床、自动化生产线等。

2)位置控制

大多数的PLC制造商,都提供拖动步进电机或伺服电机的单轴或多轴位置控制模板。这一功能用于各种机械,如金属成形机床、装配机器人和电梯等。

3)过程控制

过程控制是指对温度、压力、流量等连续变化的模拟量的闭环控制。PLC通过模拟量I/O模块,实现模拟量与数字量之间的AD、DA转换,并对模拟量进行闭环PID控制。现代的大、中型PLC一般都有闭环PID控制模板。这一功能可用PID子程序来实现,也可用专用的智能PID模块实现。

4)数据处理

PLC具有数学运算(函数运算、逻辑运算)、数据传送、转换、排序和查表、位操作等功能,也能完成数据的采集、分析和处理。这些数据可通过通信接口传送到其他智能装置。

5)通信联网

PLC的通信包括PLC相互之间,PLC与上位机、PLC与其他智能设备间的通信。PLC系统与通用计算机可以直接通过通信处理单元、通信转换器相连构成网络,以实现信息的交换,并可构成“集中管理、分散控制”的分布式控制系统,满足工厂自动化系统发展的需要。各PLC系统过程I/O模块按功能各自放置在生产现场分散控制,然后采用网络连接构成信息集中管理的分布式网络系统。

3.1.3 可编程控制器的发展

PLC自问世以来,经过近50年的发展,已成为很多国家的重要产业,PLC在国际市场已成为最受欢迎的工业控制产品。随着科学技术的发展及市场需求量的增加,PLC的结构和功能在不断改进,生产厂家不停地将更强的PLC推入市场,平均3～5年就更新一次。

PLC的发展方向主要有以下几个方面:

(1)向体积更小、速度更快的方向发展。虽然现在小型PLC的体积已经很小,但是微电子技术及电子电路装配工艺的不断改进,都会使PLC的体积变得更小,以便于嵌入到更小型的机器和设备之中,同时PLC的执行速度也越来越快,目前大型PLC的程序执行速度可高达34ns,从而保证了控制作用的实时性,可使系统的控制作用及时、准确。

(2)向大型化、高可靠性、好的兼容性和多功能方向发展。现在的大型PLC容量更大,智商更高,通信功能更强。对于大规模、复杂系统进行综合自动控制的PLC,大多已采用多CPU的结构,如三菱公司的AnA系列可编程控制器使用了世界上第一个在一块芯片上实现PLC全部功能的32位微处理器,即顺序控制专用芯片,其扫描一条基本指令的时间为0.15μs。松下公司的FP10H系列PLC采用32位5级流水线RISC结构的CPU,可以同时处理5条指令,顺序指令的执行速度高达0.04μs,高级功能指令的执行速度也有很大的提高。

在有两个通信接口、256 个 I/O 点的情况下，扫描时间为 0.27～0.42ms，大大提高了处理程序的速度。

在模拟量的控制方面，除了专门用于模拟量闭环控制的 PID 模块外，随着模糊控制技术的发展，已出现具有模拟量的模糊控制、自适应、参数自整定功能的可编程控制器，应用方便，调试时间缩短，控制精度进一步得到提高。

(3)与其他工业控制产品相结合。在大型自动控制系统中计算机和 PLC 在应用功能方面互相融合、互补、渗透，使控制系统的性价比不断提高。目前，工业控制系统的趋势是采用开放式的应用平台，即网络、操作系统、监视及显示均采用国际标准或工业标准，如操作系统采用 UKIX、MS-DOS、Windows 等，这样可实现不同厂家的 PLC 产品可以在同一个网络中运行。

1988 年美国 AB 公司与 DEC 公司联合开发的金字塔集成器，使 PLC 和工业控制计算机有机的结合在一起，研制出一种新型的 IPLC 型可编程控制器(集成 PLC)。IPLC 是运行 DOS 或 Windows 操作系统的可编程序控制器，它实际上是一个能用梯形图语言以实施方式控制的 I/O 计算机。计算机和 PLC 结合应用的方式有：在 PLC 的 CPU 模块旁边加插 Windows CPU 或在计算机总线上插入 PLC 的 CPU 模块，采用这种方式后生产和管理更加便利，将数据处理、通信和控制程序统一起来，既保留了 PLC 的简单、易用和高可靠性的特点，同时又具有计算机强大的数据处理能力，使现场的生产数据、生产计划调度和管理可以直接上机操作获取。

3.2　可编程序控制器的基本组成和工作原理

可编程序控制器之所以应用广泛，其最主要的原因是硬件结构简单，软件编程容易。要真正用好可编程序控制器，还需要了解可编程序控制器的软硬件结构和工作原理。

3.2.1　可编程序控制器的硬件结构

PLC 种类繁多，功能多种多样，但其组成结构和工作原理基本相同。其实质上是一种专门用于工业控制的计算机，采用了典型的计算机结构，由硬件和软件两部分组成。硬件配置主要由中央处理器(CPU)、存储器、输入/输出接口电路、电源、编程器以及一些扩展模块组成，如图 3-6 所示。

1. 中央处理器

PLC 的中央处理器(CPU)与一般的计算机控制系统一样，是整个系统的核心，起着类似人体的大脑和神经中枢的作用，它按 PLC 中系统程序赋予的功能，指挥 PLC 有条不紊地进行工作。其主要任务有如下几个方面：

(1)控制从编程器、上位机和其他外部设备键入的用户程序和数据的接收与存储。

(2)用扫描的方式通过电源 I/O 部件接收现场的状态或数据，并存入指定的存储单元或数据寄存器。

(3)诊断电源、PLC 内部电路的工作故障和编程中的语法错误等。

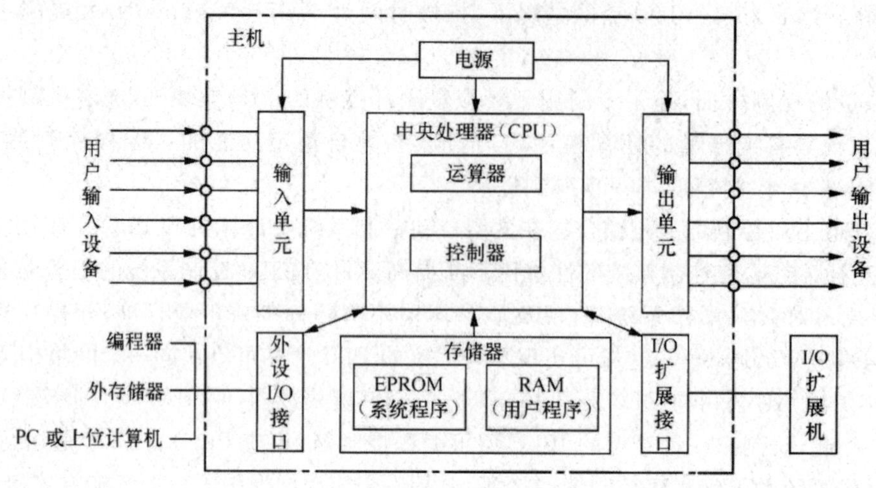

图 3-6　PLC 结构图

(4)PLC 进入运行程序后,从存储器逐条读取用户指令,经过命令解释后按指令规定的任务进行数据传送、逻辑或算术运算等。

(5)根据运算结果,更新有关标志位的状态和输出寄存器的内容,再经输出部件实现输出控制、制表、打印或数据通信等功能。

与通用微机不同的是,PLC 具有面向电气技术人员的开发语言。通常用户使用虚拟的输入继电器、输出继电器、中间辅助继电器、时间继电器、计数器等,这些虚拟的继电器也称"软继电器"或"软元件",理论上具有无限的动合、动断触点,但只能在 PLC 上编程时使用,其具体结构对用户透明。

一般,小型 PLC 为单 CPU 系统,而中型及大型 PLC 则为双 CPU 甚至多 CPU 系统,PLC 所采用的微处理器有如下 3 种:

(1)通用微处理器。小型 PLC 一般使用 8 位微处理器,如 8080、8085、6800、Z80 等,大中型 PLC 除使用位片式微处理器外,大都必须使用 16 位或 32 位微处理器。当前不少 PLC 的 CPU 已升级到 Intel 公司的微处理器产品,或奔腾(Pentium)处理器,如德国西门子公司的 S7-400。采用通用微处理器的优点是价格便宜,通用性强,还可借用微机成熟的实时操作系统和丰富的软、硬件资源。

(2)单片微处理器(即单片机)。它具有集成度高、体积小、价格低、可扩展等优点。如 Intel 公司的 8 位 MCS-51 系列运行速度快、可靠性高、体积小,很适合于小型 PLC。三菱公司的 FX2 系列 PLC 所使用的微处理器是 16 位 8098 单片机。

(3)位片式微处理器。它是独立的一个分支,多为双极型电路,4 位为一片,几个位片级相连可组成任意字长的微处理器,代表产品有 AMD-2900 系列,美国 AB 公司的 PLC-3 型、西屋公司的 HPPC-1500 型和西门子公司的 S5-1500 型都属于大型 PLC,都采用双极型位片式微处理器 AMD-2900 高速芯片。PLC 中位片式微处理器的主要作用有两个:一是直接处理一些位指令,从而提高位指令的处理速度,减少了位指令处理器的压力;二是将 PLC 的面向工程技术人员的语言(梯形图、控制系统流程图等)转换成机器语言。

模块式 PLC 把 CPU 作为一种模块，备有不同型号供用户选择。

2. 存储器

PLC 的存储器分为系统程序存储器和用户程序存储器。系统程序相当于个人计算机的操作系统，它使 PLC 具有基本的智能，能够完成 PLC 设计者规定的各种动作。系统程序由 PLC 生产厂家设定并固化在 ROM 内，用户不能直接读取。PLC 的用户程序由用户设定，它决定了 PLC 输入信号之间的具体关系。用户程序存储量一般以字(每个字由 16 位二进制数组成)为单位，三菱的 FX 系列 PLC 的用户程序存储器的单位为步(STEP，即字)。小型 PLC 的用户程序存储器容量在 1K 字左右，大型 PLC 的用户程序存储器容量可达数 M(兆)字。PLC 常用以下几种存储器。

1)随机存取存储器(RAM)

用户可以用编程器读出 RAM 中的内容，也可以将用户程序写入 RAM，因此 RAM 又叫读/写存储器。它是易失性的存储器，将它的电源断开后，存储的信息将丢失。

RAM 的工作速度快，价格低，改写方便。为了在关断 PLC 外部电源后，保存 RAM 中的用户程序和数据(如计数器的计数值)，为 RAM 配备了一个后备电池。现在有的 PLC 仍用 RAM 来存储程序。

锂电池可用 2～5 年，需要更换锂电池时，PLC 面板上的“电池电压过低”发光二极管亮，同时有一个内部标志变为 1 状态，可以用它的常开触点来接通控制面板上的指示灯或声光报警器，通知用户更换电池。

2)只读存储器(ROM)

ROM 的内容只能读出，不能写入，它是非易失的，其电源消失后，仍能保存储存的内容。ROM 一般用来存放 PLC 的系统程序。

3)可电擦除 EPROM(EEPROM 或 E^2PROM)

它是非易失性的，可以用编程器对它编程。它兼有 ROM 的非易失性和 RAM 的随机性存取优点，但是写入信息所需时间比 RAM 长得多。EEPROM 用来存放用户程序，有的 PLC 将 EEPROM 作为基本配置，有的 PLC 将 EEPROM 作为可选件。

3. 输入/输出接口电路

实际生产中信号电平是多样的，外部执行机构所需要的电平也是不同的，而可编程序控制器的 CPU 所处理的信号只能是标准电平。因此，需要通过输入/输出单元实现这些信号电平的转换。可编程序控制器的输入/输出单元实际上是 PLC 与被控制对象之间传送信号的接口部件。

输入/输出单元具有良好的电隔离和滤波作用。连接到 PLC 输入端的输入器件是各种开关、操作开关，传感器等。通过接口电路将这些开关信号转换成为 CPU 能够识别和处理的信号，并送入输入映像寄存器。运行时 CPU 从输入映像寄存器中读取输入信息并进行处理，将处理结果存放到输出映像寄存器。输入/输出映像寄存器由相应的输入/输出触发器组成，输出接口将其弱电控制转换为现场所需要的强电信号输出，驱动显示灯、电磁阀、继电器、接触器等各种被控设备的执行器件。

1)输入接口电路

为了防止各种干扰信号和高电压信号进入PLC,输入接口电路一般由RC滤波器消除输入端的抖动和外部噪声干扰,由光电耦合电路进行隔离。光电耦合电路由发光二极管和光电三极管组成。

各种PLC输入电路的结构大体相同,其输入方式有两种类型:一种是直流输入(直流12V或24V)如图3-7(a)所示,另一种是交流输入(交流100~120V或200~240V)如图3-7(b)所示。它们都是由装在PLC面板上的发光二极管来显示某一输入点是否有信号输入。

外部器件可以是无源触点,如按钮、行程开关等,也可以是有源器件,如传感器、接近开关、光电开关等。在PLC内部电源容量允许的情况下,有源器件可以采用PLC内部电源,否则必须外设电源。当输入信号为模拟量时,信号必须经过专用的模拟量输入模块进行AD转换后才能送入PLC内部。输入信号通过输入端子经RC滤波、光电隔离进入内部电路。

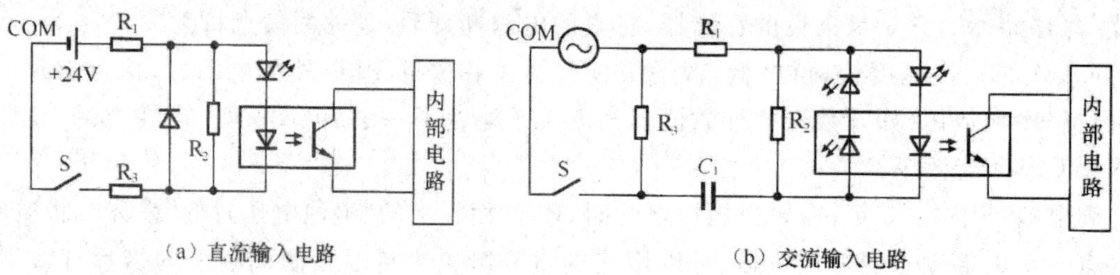

图 3-7 输入接口电路

2)输出接口电路

PLC的输出有3种形式,继电器输出、晶体管输出和晶闸管输出。如图3-8所示为PLC的3种输出电路图。每种输出都采用了电气隔离技术,电源由外部供给,输出电流一般为0.5~2A,输出电流的额定值与负载性质有关。

继电器输出方式最常用,适用于交、直流负载,其特点是带负载能力强,但动作频率与响应速度慢。

晶体管输出适用于直流负载,其特点是动作频率高,响应速度快,但带负载能力小。

晶闸管输出适用于交流负载,响应速度快,带负载能力不大。

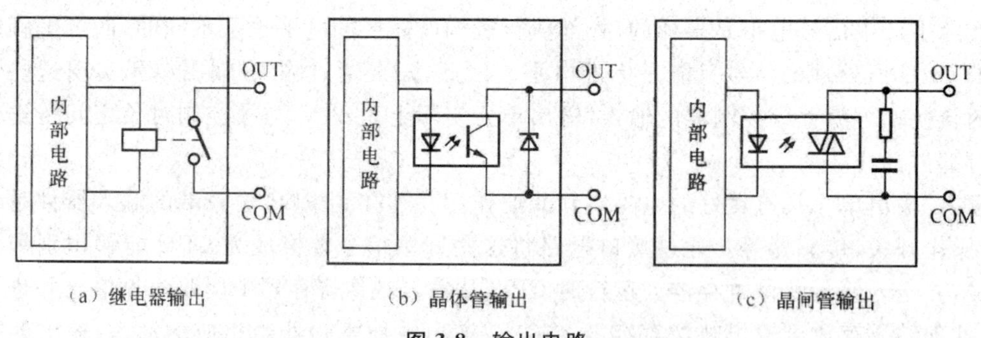

图 3-8 输出电路

输出接口电路规格见表3-2。

表3-2 输出接口电路规格

项目		继电器输出	晶体管输出	晶闸管输出
负载电源		AC 250V以下、DC 30V以下	DC 5～30V	AC 85～242V
电路绝缘		机械绝缘	光电耦合绝缘	光电耦合绝缘
负载电流		2A/1点 8A/4点公用	0.5A/1点 0.8A/4点	0.3A/1点 0.8A/4点
响应时间	断→通	约10ms	0.2ms以下	1ms以下
	通→断	约10ms	0.2ms以下	10ms以下

4. 电源

PLC的电源分为外部电源、内部电源和后备电源3类。在现场控制中，干扰侵入PLC的主要途径之一是通过电源，因此，合理地设计电源是PLC可靠运行的必要条件。

1)外部电源

外部电源用于驱动PLC的负载和传递现场信号，又称为用户电源。同一台PLC的外部电源可以是一个规格，也可以是多个规格。外部电源的容量与性能，由输出负载和输入电路决定。常见的外部电源有交流220V、110V，直流100V、48V、24V、12V、5V等。

2)内部电源

内部电源是PLC的工作电源，有时也作为现场输入信号的电源。它的性能好坏直接影响PLC的可靠性，为了保证PLC可靠工作，对它提出了较高的要求，一般可从以下4个方面考虑：

(1)内部电源与外电源隔离，减小供电线路对内部电源的影响。

(2)有较强的抗干扰能力(主要是高频干扰)。

(3)电源本身能耗尽可能低，在供电电压波动范围较大时，能保证正常稳定的输出。

(4)有良好的保护功能。

开关式稳压电源和一次侧带低通滤波器的稳压电源能较好地满足上述要求。

3)后备电源

在停机或突然失电时，后备电源可保证RAM中的信息不丢失。一般PLC采用锂电池作为RAM的后备电池，锂电池的寿命为2～5年。若电池电压降低，在PLC的工作电源为ON时，面板上相关的指示灯会点亮或闪烁，应根据各PLC操作手册的说明，在规定时间内按要求更换电池。

5. 编程器

编程器是PLC最重要的外部设备。利用编程器可将用户程序输入到PLC存储器，可以利用编程器检查、修改、调试程序，还可以用编程器监控程序的运行及PLC的工作状态。小型PLC常用简易型便携式或手持式编程器。计算机添加适当的硬件接口电缆和编程软件，也可以对PLC进行编程。计算机编程可以直接显示梯形图、读出程序、写入程序、监控程序运行等。

3.2.2 可编程序控制器的工作原理

PLC是一种工业控制计算机，所以它的工作原理与计算机的工作原理基本上一致。PLC的工作方式是采用周期循环扫描，集中输入与集中输出。PLC投入运行后，都是以重复的方式执行的，执行用户程序不是只执行一遍，而是一遍一遍不停地循环执行，这里每执行一遍称为扫描一次，扫描一次用户程序的时间称为扫描周期。每个扫描周期，PLC内部要进行一系列操作，大致分为5个阶段：故障诊断、通信处理、输入采样、程序执行和输出刷新。下面重点说明输入采样、程序执行和输出刷新操作。图3-9所示为这3个阶段的流程图。

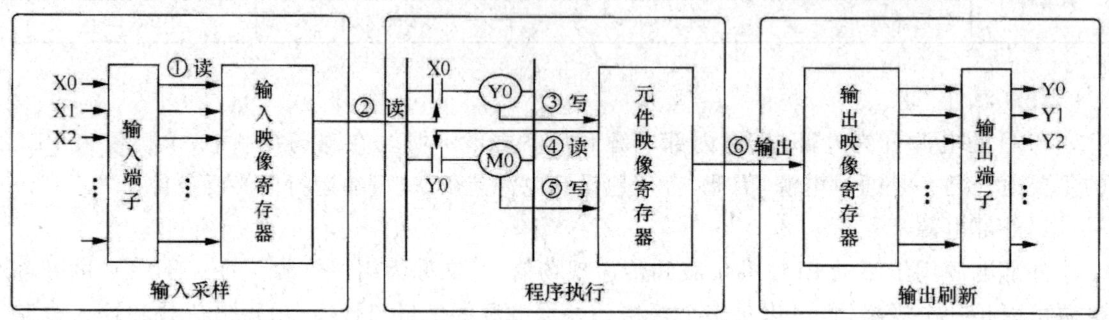

图3-9 PLC的扫描过程

1. 输入采样阶段

当PLC投入运行时，PLC以扫描方式依次读入所有输入端子的状态和数据，并把这些数据存入映像区的相应单元内。输入采样结束后，转入用户程序执行和输出刷新阶段。在这两个阶段中，即使输入状态和数据发生变化，映像区中相应单元的状态和数据也不会改变。因此，如果输入是脉冲信号，则该脉冲信号的宽度必须大于一个扫描周期，才能保证该输入信号不被丢失。

2. 程序执行阶段

PLC在用户程序执行阶段，CPU总是按由上而下的顺序依次扫描用户的梯形图程序。扫描每一条梯形图支路时，又是由左到右、先上后下的顺序对由触点和线圈构成的控制线路进行逻辑运算，并根据逻辑运算的结果，刷新该逻辑线圈在系统RAM存储器中对应位的状态，或者确定是否要执行该梯形图所规定的特殊功能指令。

要指出的是，在执行用户程序阶段，只有输入点在I/O映像区内的状态和数据不会发生变化，而其他输出点和软器件在I/O映像区或系统ROM存储区的状态和数据都可能发生变化。排在上面的梯形图，其被刷新的逻辑线圈或输出线圈的状态或数据对排在下面的凡是用到这些线圈的触点或数据的梯形图起作用；相反，排在下面的梯形图，其被刷新的逻辑线圈或输出线圈的状态或数据只能到下一个扫描周期才能对排在其上面用到这些线圈的触点或数据的梯形图起作用。

3. 输出刷新阶段

PLC的CPU扫描用户程序结束后，PLC就进入输出刷新阶段。在此期间，CPU按照I/O映像区内对应的状态和数据刷新所有的输出锁存电路，再经输出电路驱动相应的被控负载，这才是 PLC 的真正输出。

用户程序执行扫描方式既可按上述固定顺序方式，也可以按程序指定的可变顺序进行。

循环扫描的工作方式是 PLC 的一大特点，针对工业控制采用这种工作方式使 PLC 具有一些优于其他各种控制器的特点。例如，可靠性、抗干扰能力明显提高；串行工作方式避免触点（逻辑）竞争；简化程序设计；通过扫描时间定时监控 CPU 内部故障，避免程序异常运行的不良影响等。

循环扫描工作方式的主要缺点是 I/O 响应滞后性。影响 I/O 响应滞后的主要因素有输入电路、输出电路的响应时间，PLC 中 CPU 的运算速度，程序设计结构等。

一般工业设备是允许 I/O 响应滞后的，但对某些需要 I/O 快速响应的设备则应采取相应措施，尽可能提高响应速度，如硬件设计上采用快速响应模块、高速计数模块等，在软件设计上采用不同中断处理措施，优化设计程序等，这些都是减少响应时间的重要措施。

3.2.3　可编程序控制器的软件系统

PLC 是一种工业控制计算机，不光有硬件，软件也是必不可少。PLC 的软件又分为系统软件和用户软件。

系统软件包括系统的管理程序，用户指令的解释程序，另外还包括一些供系统调用的专用标准程序块等。系统软件在 PLC 生产时由制造商装入机内，永久保存，用户不需要更改。

用户软件是用户为达到某种控制目的，采用 PLC 厂商提供的编程语言自主编制的应用程序。

用户程序的编制需要使用 PLC 生产制造厂商提供的编程语言。PLC 使用的编程语言共有 5 种，即梯形图、指令语句表、步进顺控图、逻辑符号图和高级编程语言。

1. 梯形图

梯形图是最直观、最简单的一种编程语言，它类似继电接触器控制电路的形式，逻辑关系明显，在继电接触器控制逻辑基础上使用简化的符号演变而来，具有形象、直观、实用等优点，电气技术人员容易接受，是目前使用较多的一种 PLC 编程语言。

继电接触器控制线路图和 PLC 梯形图如图 3-10 所示。

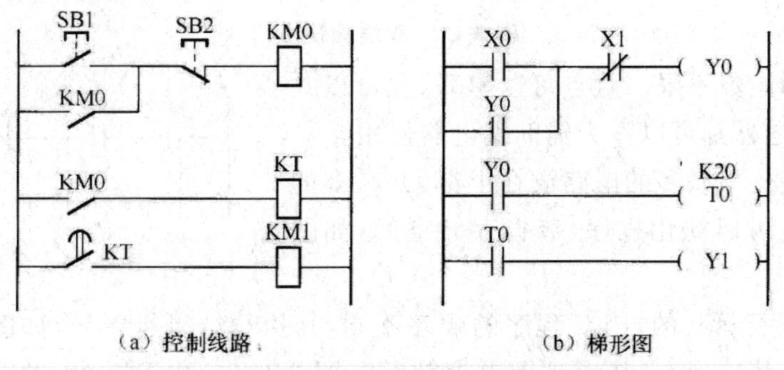

（a）控制线路　　（b）梯形图

图 3-10　继电接触器控制线路和 PLC 梯形图

由图 3-10 可见，两种控制图的逻辑含义是一样的，但具体表示方法有本质区别。梯形图中的继电器、定时器、计数器不是实物的继电器、定时器、计数器，这些元件实际是 PLC 存储器中的存储位，因此称为软元件，相应的位为“1”状态，表示该继电器线圈通电、常开触点闭合、常闭触点断开。

梯形图左右两端的母线是不接任何电源的。梯形图中并不流过真实的电流，而是概念电流(假想电流)。假想电流只能从左到右、从上到下流动。假想电流是执行用户程序时满足输出条件而进行的假设。

梯形图由多个梯级组成，每个梯级由一个或多个支路和输出元件构成。同一个梯形图中的编程元件，不同的厂家会有所不同，但它们表示的逻辑控制功能是一致的。

利用梯形图或基本指令编程，要符合以下编程规则。

(1)从左至右。梯形图的各类继电器触点要以左母线为起点，各类继电器线圈以右母线为终点(可允许省略右母线)。从左至右分行画出，每一逻辑行构成一个梯级，每行开始的触点组构成输入组合逻辑(逻辑控制条件)，最右边的线圈表示输出函数(逻辑控制的结果)。

(2)从上到下。各梯级从上到下依次排列。

(3)水平放置编程元件。触点画在水平线上(主控触点除外)，不能画在垂直线上。

(4)线圈右边无触点。线圈不能直接接左母线，线圈右边不能有触点，否则将发生逻辑错误。

(5)双线圈输出应慎用。如果在同一个程序中，同一个元件的线圈被使用两次或多次，则称为双线圈输出。这时前面的输出无效，只有最后一次有效。双线圈输出在程序方面并不违反输入，但输出动作复杂，因此应谨慎使用。如图3-11(a)所示为双线圈输出，可以通过变换梯形图避免双线圈输出，如图3-11(b)所示。

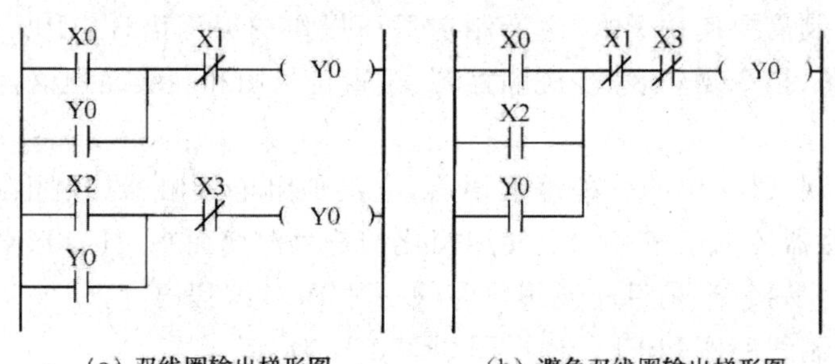

(a) 双线圈输出梯形图　　(b) 避免双线圈输出梯形图

图3-11　双线圈输出

(6)触点使用次数不限。触点可以串联，也可以并联。所有输出继电器都可以作为辅助继电器使用。

(7)合理布置。串联多的电路放在上部，并联多的电路移近左母线，可以简化程序，节省存储空间，如图3-12所示。

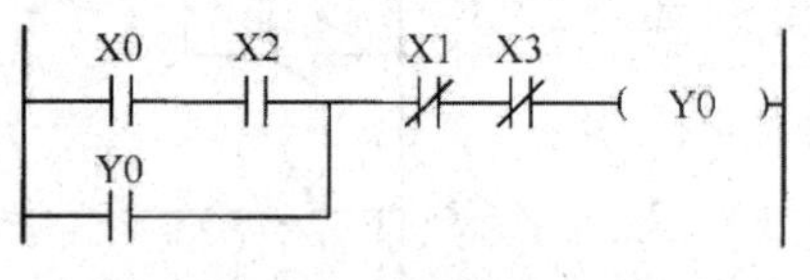

图3-12　合理布局

(8)PLC是串行运行的，PLC程序的顺序不同，其执行结果有差异，如图3-13所示。程序从第一行开始，从左到右、从上到下顺序执行。图3-13(a)中，X0为ON，Y0、Y1为ON，Y2为OFF；图3-13(b)中，X0为ON，Y0、Y2为ON，Y1为OFF。而继电接触控制是并行的，待能源接通，各并联支路同时具有电压，同时动作。

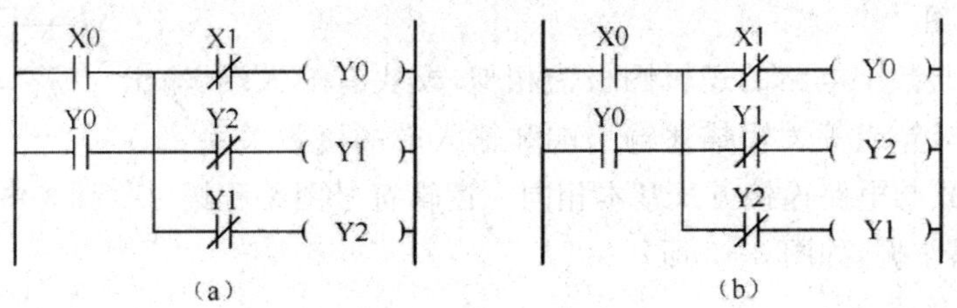

图 3-13　串行运行差异

2. 指令语句表

指令语句表是一种与计算机汇编语言相类似的助记符编程语言，简称语句表，它用一系列操作指令组成的语句描述控制过程，并通过编程器传输到 PLC 中。不同厂家的指令语句表使用的助记符可能不同，因此一个功能相同的梯形图，书写的指令语句表可能并不相同。表 3-3 为三菱 FX 系列 PLC 指令语句表示例。

表 3-3　FX 系列 PLC 指令语句表

步序	指令操作码(助记符)	操作数(参数)
0	LD	X0
1	OR	Y0
2	ANI	X1
3	OUT	Y0
4	ANI	X2
5	LD	Y0
6	OUT	T0
7,8		K20
9	LD	T0
10	OUT	Y1

指令语句表编程语言是由若干条语句组成的程序，语句是程序的最小独立单元。每个操作功能由一条语句来表示。PLC 的语句由指令操作码和操作数两部分组成。操作码由助记符表示，用来说明操作的功能，告诉 CPU 做什么，比如逻辑运算的与、或、非等和算术运算的加、减、乘、除等。操作数一般由标志符和参数组成。标志符表示操作数类别，如输入继电器、定时器、计数器等。参数表示操作数地址或预定值。

3. 步进顺控图

步进顺控图，简称步进图，又叫状态流程图或状态转移图，是使用状态来描述空盒子任务或过程的流程图，是一种专门用于工业顺序控制的程序设计语言。它能完整地描述控制系统的工作过程、功能和特性，是分析、设计电气控制系统控制程序的重要工具。步进顺控图如图 3-14 所示。

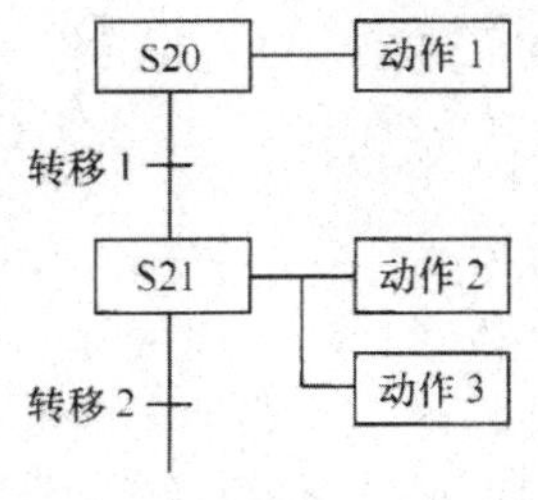

图 3-14　步进顺序图

4. 逻辑符号图

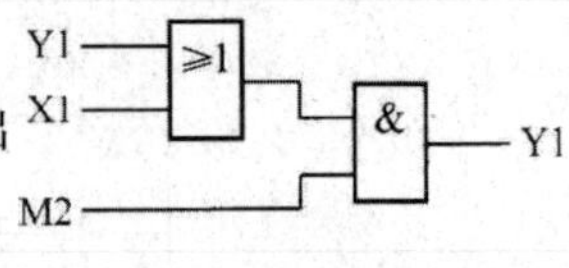

图 3-15 逻辑符号图

逻辑符号图与数字电路的逻辑图极为相似，模块有输入端、输出端，使用与、或、非、异或等逻辑描述输出端和输入端的函数关系，模块间的连接方式与电路连接方式基本相同。逻辑符号图编程语言直观易懂，容易掌握，如图 3-15 所示。

5. 高级编程语言

在大型 PLC 中，为了完成具有数据处理、PID 调节、定位控制、图形操作等较为复杂的控制，往往使用高级计算机编程语言，如 C 语言、BASIC 语言等，使 PLC 具有更强的功能。

本章小结

各种可编程序控制器的具体结构虽然多种多样，但其组成的一般原理基本相同，都是以微处理器为核心的电子电气系统。可编程序控制器各种功能的实现，不仅基于其硬件的作用，而且要靠其软件的支持，因此，可编程序控制器实际上是一种工业控制计算机。

可编程序控制器主要由中央处理单元(CPU)、存储器(RAM、ROM)、输入/输出部件(I/O)单元、电源和编程器几大部分组成。

可编程序控制器采用周期循环扫描工作方式，每一循环包括故障诊断、通信处理、输入扫描、程序执行和输出刷新 5 个阶段。可编程序控制器以“串行”方式工作，它是循环地、连续地、顺序地逐条执行程序，在任何时刻只能执行一条指令，这也是可编程序控制器与传统的“并行”方式工作的继电接触器控制系统的重要区别之一。

常见的可编程序控制器编程语言有梯形图、指令语句表(助记符)、步进顺控图、逻辑符号图和高级编程语言，其中梯形图和指令语句表应用最广。可编程序控制器的梯形图编程中应用了“软元件”和“假想电流”两个基本概念。同时，梯形图编程也有其基本的设计规则。

习　题

1. 什么是可编程序控制器？
2. 工业控制中，可编程序控制器主要有哪些应用？
3. 可编程序控制器由哪几部分组成？各有什么作用？
4. 可编程序控制器的输出形式有几种？哪种带负载能力最强？
5. 可编程序控制器有哪几种编程语言？
6. 什么是可编程序控制器扫描周期？
7. 可编程序控制器的工作方式是什么？与普通计算机有何不同？
8. 可编程序控制器的“软继电器”代表什么？
9. 可编程序控制器梯形图的“假想电流”表示什么基本概念？
10. 影响可编程序控制器 I/O 响应滞后的主要因素有哪些？

第 4 章 三菱 FX 系列 PLC 及基本编程指令

1. 熟悉三菱 PLC 的基本编程指令和相互联系。
2. 了解三菱 PLC 内部继电器的作用。
3. 学会使用基本指令设计设备电气控制的程序。

4.1 三菱 PLC 的型号及特点

4.1.1 可编程序控制器的型号

1. FX 系列 PLC 型号介绍

三菱电机公司是日本 PLC 的主要生产厂家之一。FX 系列 PLC 是三菱电机的小型 PLC，FX_{1N}型 PLC 主机单元有 14 点、24 点、40 点和 60 点 4 种，最大可配置到 128 点。FX_{1S}属于超小型 PLC，主机控制点数有 10 点、14 点、20 点、30 点 4 种。FX_{2N}是三菱具有代表性的小型 PLC，FX_{2N}的体积只有 FX_2 的 50%，而运行速度比 FX_2 快 6 倍，达到 0.08μs/步。2005 年，三菱电机公司推出的小型机 FX_{3U}是 FX 系列第三代产品，其基本指令的运行速度为 0.065μs/步，内存容量为 64K 字。图 4-1 所示为 FX 系列部分型号 PLC 的基本单元。

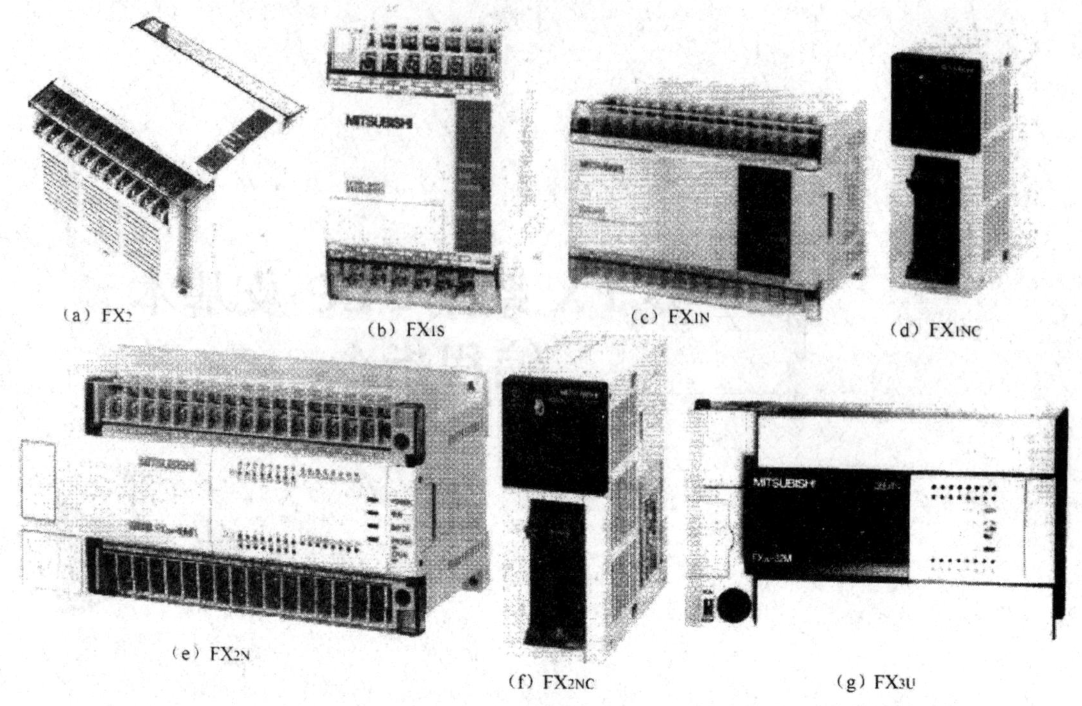

(a) FX_2 (b) FX_{1S} (c) FX_{1N} (d) FX_{1NC} (e) FX_{2N} (f) FX_{2NC} (g) FX_{3U}

图 4-1 三菱 FX 系列 PLC

因为 FX_{2N} 可编程序控制器的使用比较普遍，所以本书着重介绍 FX_{2N}PLC。FX_{2N} 的基本性能指标见表 4-1。

表 4-1 FX_{2N} 的基本性能指标

项目		规格	备注
运转控制方法		通过存储的程序周期运转	
I/O 控制方法		批次处理方法(当执行 END 指令时)	I/O 指令可以刷新
运转处理时间		基本指令:0.08μs/步 应用指令:1.52μs/步至几百 μs/步	
编程语言		逻辑梯形图和指令清单	使用步进梯形图能生成 SFC 类型程序
程序容量		8000 步内置	使用附加寄存器盒可扩展到 16000 步
指令数目		基本顺序指令:27 条 步进梯形指令:2 条 应用指令:128 条	最大可用 298 条应用指令
I/O 配置		最大硬体 I/O 配置点 256,依赖于用户的选择(最大软件可设定地址输入、输出各 256)	
辅助继电器(M 线圈)	一般	500 点	M0～M499
	锁定	2572 点	M500～M3071
	特殊	256 点	M8000～M8255

续表

项目		规格	备注
状态继电器(S线圈)	一般	490点	S10～S499
	锁定	400点	S500～S899
	初始	10点	S0～S9
	信号报警	100点	S900～S999
定时器(T)	100ms	范围:0～3276.7s 200点	T0～T199
	10ms	范围:0～327367s 46点	T200～T245
	1ms保持	范围:0～32.767s 4点	T246～T249
	100ms保持	范围:0～3276.7s 6点	T250～T255
计数器(C)	一般16位	范围:0～32767 200点	C0～C199 类型:16位加计数器
	锁定16位	100点	C100～C199 类型:16位加计数器
	一般32位	范围:－2147483648～＋2147483647 20点	C200～C219 类型:32位加/减计数器
	锁定32位	15点	C220～C234 类型:32位加/减计数器
高速计数器(C)	单相	范围:－2147483648～＋2147483647 一般规则:选择组合计数频率不大于20kHz的计数器组合注意所有的计数器锁定	C235～C240 6点
	单相c/w起始停止输入		C241～C245 5点
	双相		C246～C250 5点
	A/B相		C251～C255 5点
数据寄存器(D)	一般	200点	D0～D199 类型:32位元件的16位数据存储器对
	锁定	7800点	D200～D7999 类型:32位元件的16位数据存储器对
	文件寄存器	7000点	D1000～D7999 通过14块500程序步的参数设置类型:16位数据存储器
	特殊	256点	D8000～D8255 类型:16位数据存储器
	变址	16点	V0～V7以及Z0～Z7 类型:16位数据存储器
指针(P)	用于CALL	128点	P0～P127
	用于中断	6输入点、3定时器、6计数器	
嵌套层数		用于MC和MCR	N0～N7
常数	十进制(K)	16位:37268～＋32767 32位:－2147483648～＋2147483647	
	十六进制(H)	16位:0000～FFFF 32位:00000000～FFFFFFF	
	浮点		

2. FX 系列 PLC 的型号命名方式

FX 系列 PLC 的型号命名方式如下：

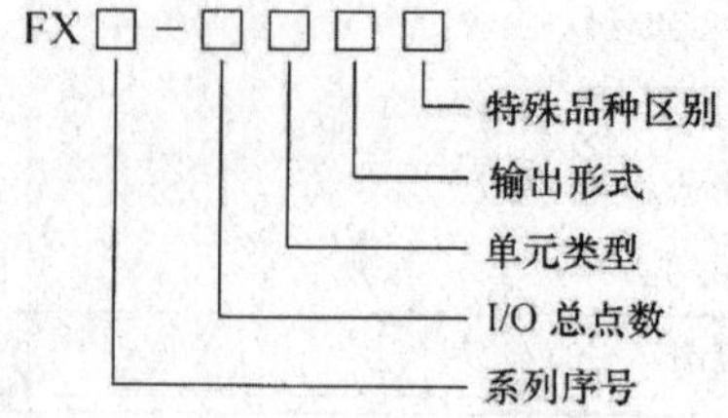

(1)系列序号：0、0N、2、2C、1S、1N、1NC、2N、2NC、3U。

(2)I/O 总点数：10～256。

(3)单元类型：

M——基本单元；

E——扩展单元(输入输出混合)；

EX——扩展输入单元(模块)；

EY——扩展输出单元(模块)。

(4)输出形式：

R——继电器输出；

T——晶体管输出；

S——晶闸管输出。

(5)特殊品种区别：

D——DC 电源，DC 输入；

A——AC 电源，AC 输入；

H——大电流输出扩展模块；

V——立式端子排的扩展模块；

C——接插口输入输出方式；

F——输入滤波器 1ms 的扩展单元；

L——TTL 输入型扩展单元；

S——独立端子(无公共端)扩展单元。

4.1.2 FX 系列可编程序控制器的特点

1. 体积小，使用灵活

FX_{1S}、FX_{0N} 和 FX_{2N} 系列微型可编程序控制器的直流电源型单元比交流电源型单元的体积又减少了许多，很适合于在机电一体化产品中使用，其内装的 DC24V 电源可作为传感器的辅助电源，增加了使用的灵活性。

2. 先进美观的外部结构

FX 系列可编程序控制器吸收了整体式和模块式可编程序控制器的优点，它的基本单元、扩展单元和扩展模块的高度与宽度相同，但是长度不同，它们仅用扁平电缆连接，可以紧密拼装后组成一个整齐的长方体。

3. 提供了多种子系列供用户选用

FX_{1S}、FX_{0N}和 FX_{2N}的结构差不多，但是性能和功能却有很大的差异，见表 4-2。

表 4-2 FX 系列性能和功能比较

型号	I/O 点数	用户程序步数	功能指令 (PCS)	通信功能	基本指令执行时间 (μs)	模拟量模块
FX_{1S}	10～30	800 步 E^2PROM	50	无	1.6～3.6	无
FX_{0N}	24～128	2K 步 E^2PROM	55	较强	1.6～3.6	有
FX_{2N}	16～256	内附 8K 步 RAM	298	强	0.08	有

FX_{1S}的功能简单实用，价格便宜，可用于小型开关量控制系统；FX_{0N}可用于要求较高的中小型系统；FX_{2N}的功能强大，可用于要求很高的系统。由于不同的系统可以选用不同系列，避免了功能的浪费，特别是避免了需要用硬件来实现功能的浪费，使用户能用最少的投资满足系统的要求。

4. 系统配置灵活多变

FX 系列可编程序控制器的系统配置灵活，用户除了可以选用不同的子系列外，还可以选用多种基本单位、扩展单元和扩展模块，组成不同 I/O 点和不同功能的控制系统，各种不同的配置都可以得到很高的性能价格比。FX 系列的硬件配置就像模块式可编程序控制器那样灵活，因为它的基本单元采用整体式结构，又具有比模块式可编程序控制器更高的性能价格比。

每台 FX_{2N}可将一块功能扩展板安装在基本单元内，不需要外部的安装空间，这种功能扩展板的价格非常便宜，功能扩展板包括 8 点模拟量设定单元、RS-232C 通信板、RS-485 通信板和适配器连接板。

FX_{2N}系列有多种特殊模块，如模拟量输入/输出模块，热电阻、热电偶温度传感器用模拟量输入模块，高速计数模块，1 轴、2 轴位置控制单元和位置控制模块，脉冲输出模块，MELSECNET/MINI 接口模块和 ID 接口模块。

FX 系列可编程序控制器还有多种规格的数据存取单元，可用来修改定时器、计数器的设定值和数据寄存器的数据，也可以用作监控装置，有的显示字符，有的可以显示画面。

FX 还有输出电流分别为 1A 和 2A 的 DC24V 电源组件，输入电压为 AC220V，可装在 DIN 导轨上，作为晶体管输出模块的外部电源，或接近开关、光电开关等传感器的电源。

5. 功能强，使用方便

FX 系列的体积虽小，却具有很强的功能。它可以捕捉脉宽大于 75μs 的窄脉冲，内置高速计算器，有输入/输出刷新、中断、输入滤波时间调整、恒定扫描时间等功能，有高速计数器的专用比较指令。使用脉冲列输出功能，可直接控制步进电动机或伺服电动机。脉冲宽度调制功能可用于温度控制或照明灯的调光控制。关键字登录功能可以用来对存储器设置 3 级保护，以防止别人对用户程序的误改写或盗用，保护设计者的知识产权。用三菱公司 A 系列可编程序控制器图形编程器的编程软件，FX 系列还可以直接使用顺序功能图编程语言。

FX_{1S}和FX_{0N}系列可编程序控制器使用E^2PROM,不需要定期更换锂电池,成为几乎不需要维护的电子控制装置;FX_{2N}系列使用带后备电池的RAM。若采用可选的存储器扩充卡盒,FX_{2N}的用户存储器容量可扩充到16KB,可选用RAM/EPROM和E^2PROM。

FX_{1S}和FX_{0N}系列可编程序控制器内部分别带有1点和2点模拟定时器,FX_{2N}系列可选用有8点模拟设定功能的功能扩展板,可以用螺丝刀来调节设定值。

4.2 三菱PLC的编程元件

继电接触器控制系统运用各种具体的电器元件,通过它们的连线来实现逻辑控制功能,而可编程序控制器是通过运行用户程序来实现各种控制功能。相仿继电接触器控制系统,可编程序控制器的程序设计中有许多逻辑器件和运算器件,实质是由内存储器各编程单元中的程序组成。从编程的角度出发,人们可以不管它们具体的物理实现,仅仅关心它们的功能,称之为编程元件。按功能不同给每一种元件起个名称,如输入(出)继电器、辅助继电器、计数器、定时器等。同类元件不同部分在内存储器中有具体的编号位置,以便区分。下面以FX_{2N}系列可编程序控制器为例,介绍编程元件的名称、用途及使用方法。

4.2.1 输入继电器(X)与输出继电器(Y)

1. 输入继电器(X)

输入继电器(X)是PLC接收外部输入开关信号的窗口。PLC将外部信号的状态通过对应的输入端子读入并存储在输入映像寄存器内,即输入继电器中,外部输入电路接通时对应的映像寄存器为ON("1"状态),表示该继电器的常开触点闭合,同时提供无数的常开和常闭软触点用于编程。

输入继电器的状态唯一地取决于外部开关输入信号,不可能受PLC的用户程序控制,因此,在可编程序控制器的编程中不能出现输入继电器的线圈(也是唯一不设线圈的继电器)。

FX_{2N}系列可编程序控制器的输入继电器采用八进制编码,基本单元输入继电器最大范围为X0～X77共64点,扩展后系统可达X0～X267共184点。

2. 输出继电器(Y)

输出继电器的作用是PLC向外部负载发送信号的窗口。输出继电器用来将可编程序控制器的输出信号传送给输出模块,每一输出继电器具有一个常开硬触点与PLC的一个输出点相连直接驱动负载,同时也提供了无数常开和常闭软触点用于编程。

FX_{2N}系列可编程序控制器的输出继电器也采用八进制编码,基本单元输出继电器最大范围为Y0～Y77共64点,扩展后系统可达Y0～Y267共184点。表4-3所示为FX_{2N}系列PLC的输入/输出继电器的元件号。

表 4-3　FX_{2N}系列 PLC 的输入/输出继电器元件号

型号	FX_{2N}—16M	FX_{2N}—16M	FX_{2N}—48M	FX_{2N}—64M	FX_{2N}—80M	FX_{2N}—138M	扩展时
输入	X0～X7 共 8 点	X0～X17 共 16 点	X0～X27 共 24 点	X0～X37 共 32 点	X0～X47 共 40 点	X0～X77 共 64 点	X0～X267 共 184 点
输出	Y0～Y7 共 8 点	Y0～Y17 共 16 点	Y0～Y27 共 24 点	Y0～Y37 共 32 点	Y0～Y47 共 40 点	Y0～Y77 共 64 点	Y0～Y267 共 184 点

输出继电器在梯形图编程中有以下特点：因为它的“0/1”状态（相当于继电器中的“通电/断电”）只能由用户程序决定，而不能受外部信号控制，同时它也能够影响其他编程元件的状态，所以在编程中既能出现其触点也能出现线圈。

4.2.2　辅助继电器(M)

PLC 内部有很多辅助继电器，辅助继电器和 PLC 外部无任何直接联系，它的线圈只能由 PLC 内部程序控制，它的常开和常闭两种触点只能在 PLC 内部编程时使用，且可以无限次自由使用，但不能直接驱动外部负载。

辅助继电器 M 是用软件来实现的，用于状态暂存、移位辅助运算及赋予特殊功能的一类编程元件。FX_{2N}系列可编程序控制器的辅助继电器有通用辅助继电器、断电保持辅助继电器和特殊辅助继电器。

在 FX_{2N}系列可编程序控制器中，除了输入继电器和输出继电器的元件号采用八进制以外，其他编程元件的元件号均采用十进制。

1. 通用辅助继电器

FX_{2N}的辅助继电器的元件编号为 M0～M499，共 500 点。如果 PLC 运行时电源突然中断，输出继电器和 M0～M499 将全部变为 OFF。若电源再次接通，除了因外部输入信号而变为 ON 的以外，其余的仍保持 OFF 状态。

2. 断电保持辅助继电器 M500～M3071

FX_{2N}系列 PLC 在运行中若发生断电，输出继电器和通用辅助继电器全部成为断开状态，通电后，这些状态不能恢复。某些控制系统要求记忆电源中断瞬时的状态，重新通电后再现状态，M500～M3071 辅助继电器可以用于这种场合。

3. 特殊辅助继电器

FX_{2N}内有 256 个特殊辅助继电器，地址编号为 M8000～M8255，它们用来表示 PLC 的某些状态，提供时钟脉冲和标志（如进位、借位标志等），设定 PLC 的运行方式，或者用于步进顺控、禁止中断、设定计数器的计数方式等。特殊辅助继电器通常分为以下两大类。

1）触点利用型特殊辅助继电器

此类辅助继电器的线圈由 PLC 的系统程序来驱动。在用户程序中可直接使用其触点，最常用的有以下几个：

M8000：运行监视用特殊辅助继电器，可编程序控制器处于 RUN 状态时，M8000 为 ON；停止运行时，M8000 为 OFF。

M8002：初始化脉冲特殊辅助继电器，仅在可编程序控制器运行开始的第一周期瞬间产生一个脉宽为扫描周期的脉冲，可以用于某些元件的复位和清零，也可作为启动条件。

M8005：锂电池电压降低警示特殊辅助继电器，当锂电池下降至规定值时，它的触点接通可编程序控制器面板上的指示灯，提示工程技术人员更换电池。

M8011～M8014 特殊辅助继电器分别提供 10ms、100ms、1s 和 1min 的时钟脉冲，可用于延时的扩展等。

2)线圈驱动型特殊辅助继电器

这类辅助继电器由用户程序驱动其线圈，使 PLC 执行特定的操作。

M8030：其线圈驱动时，使锂电池欠电压指示灯熄灭。

M8033：其线圈驱动时，PLC 由 RUN 进入 STOP 状态后，映像寄存器与数据寄存器中的内容保持不变。

M8034：其线圈驱动时，全部输出被禁止。

M8039：其线圈驱动时，可使可编程序控制器以 D8039 中指定的扫描时间工作。

其余的特殊辅助继电器的功能在这里就不一一列举，读者可查询 FX_{2N} 的用户手册。

4.2.3 状态继电器(S)

状态继电器 S 是用于编制顺序控制程序的一种编程元件，它与步进指令配合使用。当不对状态继电器 S 使用步进指令时，其作用相当于普通辅助继电器 M。通常状态继电器有 5 种类型：

(1)初始状态继电器 S0～S9 共 10 点。

(2)回零状态继电器 S10～S19 共 10 点，供返回原点用。

(3)通用状态继电器 S20～S409，没有断电保持功能，但是用程序可以将它们设定为有断电保持功能状态。

(4)断电保持状态继电器 S500～S899 共 400 点。

(5)报警用状态继电器 S900～S999 共 100 点，可用于外部故障诊断的输出。

4.2.4 定时器(T)

可编程序控制器中的定时器 T 相当于继电接触器控制系统中的通电延时型时间继电器。

定时器 T 有一个设定值寄存器、一个当前值寄存器和一个用来存储“0/1”状态的元件映像寄存器，这 3 个存储单元使用同一个元件号。可编程序控制器内部定时器是根据时钟脉冲累计计时的，不同类型的定时器有不同脉宽的时钟脉冲，反映了定时器的定时精度。计时时钟脉冲有 0.001s、0.01s 和 0.1s 3 种。定时器可以用用户程序存储器的常数 K 作为设定值，也可以用数据寄存器(D)的内容作为设定值，它们都存放在设定值寄存器中。应该注意的是，它们实质上设置的是定时器所应计的时钟脉冲的个数，所以定时器所定时间应为设定值与此定时器计时时钟脉冲的周期之积。计时条件满足后，当前值计数器从零开始，对时钟脉冲进行累加计数，在当前值等于设定值时，对应的元件映像寄存器为“1”，对应的常开触点闭合，常闭触点断开。

1. 常规定时器 T0～T245

T0～T199 为 100ms 定时器，共 200 点，定时时间范围为 0.1～3276.7s。其中 T192～T199 为子程序中断服务程序专用的定时器；T200～T245 为 10ms 定时器，共 46 点，定时范围为 0.01～327.67s。

常规定时器如果没有保持功能，在输入电路断开或停电时复位(清零)。

2. 积算定时器 T246～T255

积算定时器有两种：一种是 T246～T249(共 4 点)为 1ms 积算定时器，定时范围为 0.001～32.767s；另一种是 T250～T255(共 6 点)为 100ms 积算定时器，每点设定值范围为 0.1～3276.7s。

积算定时器的特点是设定时间，以计时条件满足时间的累加为定时时间。也就是说，在计时过程中，如果计时条件由满足变为不满足，则当前值并不恢复为零，而是保持原当前值不变，下一次计时条件满足时，当前值在原有值的基础上继续累计增加，直到与设定值相等，当前值只有在复位指令有效时才变为零，且复位信号优先。

4.2.5 计数器(C)

计数器是可编程序控制器内部不可缺少的重要软元件，主要用来记录脉冲的个数。按所计脉冲的来源可将计数器分为内部信号计数器和高速计数器。

1. 内部信号计数器

可编程序控制器在执行扫描操作时，对内部编程器件的通断状态进行计数的计数器称为内部信号计数器。为避免漏计数的发生，被计信号的接通和断开时间应该大于可编程序控制器的扫描时间。内部信号计数器根据当前值和设定值所存放的数据寄存器位数以及计数器的方向又分为以下两种类型。

1)16 位加计数器

C0～C99 共 100 点为无断电保持计数器，C100～C199 共 100 点为断电保持计数器。它们的计数器设定值可用常数 K 设定，范围为 1～32767，也可以通过数据寄存器 D 设定。图 4-2 所示为 16 位加计数器的工作过程。

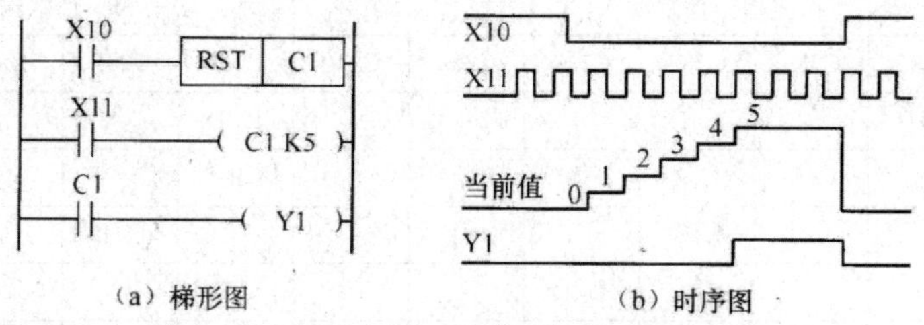

(a) 梯形图　　(b) 时序图

图 4-2　16 位加计数器的工作过程

2)32 位双向计数器

C200～C219 共 20 点为无断电保持计数器；C220～C234 共 15 点为断电保持计数器(可累计计数)。它们的计数设定值可用常数 K 设定，范围为－2147483648～＋21474836417，也可以通过数据寄存器 D 设定，32 位设定值存放在元件号相连的两个数据寄存器中。比如指定 D0，那么设定值存放在 D1 和 D0 中。计数方向由特殊辅助继电器 M8200～M8234 设定。

32 位双向计数器编程及执行波形图如图 4-3 所示。X10 为计数器方向设定信号，X11 为计数器复位信号，X12 为计数器输入信号。C210 的设定值为 5，在加计数时，如果计数器的当前值由 4→5 时，计数器 C210 的常开触点接通，Y1 有输出；当前值大于 5 时，C210 常开触点仍接通。在减计数时，如果计数器的当前值由 5→4 时，计数器 C210 的常开触点断开，Y1 停止输出；当前值小于 4 时，C210 的常开触点仍断开。X11 常开触点接通时，C210 被复位，当前值被置为 0。如果双向计数器从＋2147483647 起再进行加计数，当前值就变为－2147483647；同理，从－2147483647 再减，当前值就变成＋2147483647：这称为循环计数。

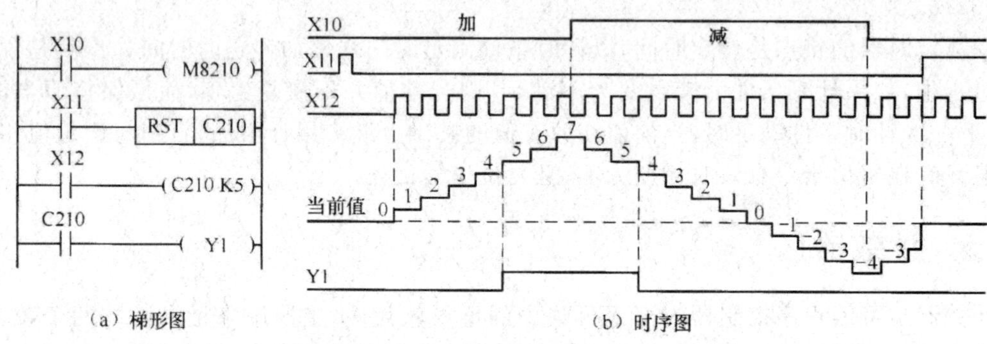

（a）梯形图　　（b）时序图

图 4-3　32 位双向计数器的工作过程

2. 高速计数器

高速计数器又叫中断计数器，它的计数不受扫描周期的影响，但最高计数频率受输入响应速度和全部高速计数器处理速度这两个因素限制，后者影响更大，因此，高速计数器用得越少，计数频率就越高。计数信号来自可编程序控制器的外部。

各种高速计数器均为 32 位双向计数器，表 4-4 所示为各种高速计数器对应的输入端子的元件号，表中 U 为加输入，D 为减输入，R 为复位输入，S 为启动输入，A、B 分别为 A、B 相输入。高速计数器共 21 点分为如下 4 种类型。

表 4-4　高速计数器

中断输入	一相一计数输入（无 S/R）						一相一计数输入（有 S/R）				
	C235	C236	C237	C238	C239	C240	C241	C242	C243	C244	C245
X000	U/D						U/D			U/D	
X001		U/D					R			R	
X002			U/D					U/D			U/D
X003				U/D				R			R
X004					U/D				U/D		
X005						U/D			R		
X006										S	
X007											S

续表

中断输入	一相双计数输入					两相双计数输入					
	C246	C247	C248	C249	C250	C251	C252	C253	C254	C255	
X000	U	U		U		A	A		A		
X001	D	D		D		B	B		B		
X002		R		R			R		R		
X003			U		U			A		A	
X004			D		D			B		B	
X005			R		R			R		R	
X006				S					S		
X007					S					S	
最高频率（kHz）	60	10	10	10	10	30	5	5	5	5	

(1)C235～C240 为无启动/复位输入端的一相一计数高速计数器。它对一相脉冲计数，故只有一个脉冲输入端，计数方向由程序决定。如图 4-4 所示，M8235 为 ON 时，减计数；M8235 为 OFF 时，加计数；X11 接通时，C235 当前值立即复位至 0；当 X12 接通后，C235 开始对 X000 端子输入的信号上升沿计数。

(2)C241～C245 为有启动/复位输入端的一相一计数高速计数器。如图 4-5 所示，利用 M8245 可设置 C245 为加计数或减计数；X11 接通时，C245 立即复位至 0，因为 C245 带有复位输入端，故也可以通过外部输入端 X003 复位；又因为 C245 带有启动输入端 X007，所以需不仅 X12 为 ON，并且 X007 也为 ON 的情况下才开始计数，计数输入端为 X002，设定值由数据寄存器 D0 和 D1 的内容来指定。

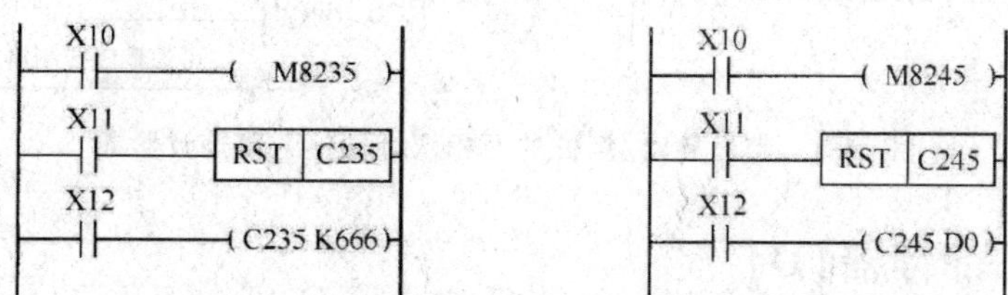

图 4-4　一相一计无 S/R 高速计数器　　图 4-5　一相一计有 S/R 高速计数器

(3)C246～C250 为一相双计数的高速计数器。这种计数器固定可编程序控制器的一个输入端用于加计数，固定可编程序控制器的另一个输入端用于减计数，其中几个计数器还有启动端和复位端。在图 4-6(a)中，X10 接通后 C246 像一般 32 位计数器一样复位，在 X10 断开、X11 接通情况下，如果输入脉冲信号从 X000 输入端输入，当 X000 从 OFF→ON 时，C246 当前值加 1；反之，如果输入脉冲信号从 X001 输入端输入，当 X001 从 OFF→ON 时，C246 当前值减 1。在图 4-6(b)中，X005 接通计数器复位；在 X005 断开情况下，X007、X11 全接通后，C250 对 X003 输入端输入的上升沿加计数，对 X004 输入端输入的上升沿减计数。

(4)C251～C255为两相(A－B相型)双计数输入高速计数器。这种计数器的计数方向由A相脉冲信号与B相脉冲信号的相位关系决定。在A相输入接通期间,如果B相输入由断开变为接通,则计数器为加计数;反之,A相输入接通期间,如果B相输入由接通变为断开,则计数器为减计数(见图4-7)。

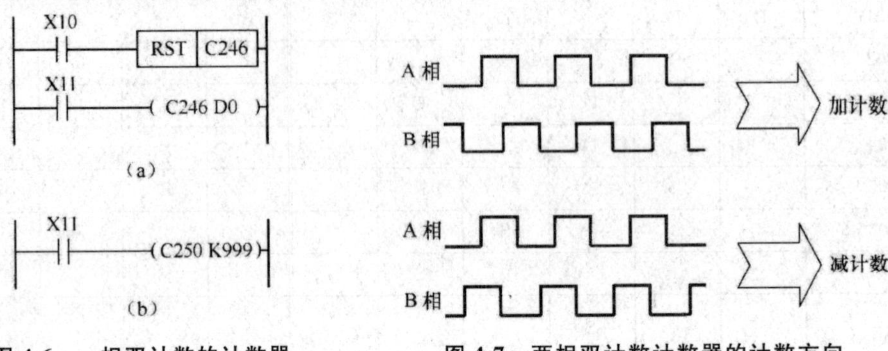

图4-6　一相双计数的计数器　　图4-7　两相双计数计数器的计数方向

图4-8中X013为ON且X007也为ON,C255通过中断对X003输入的A相信号和X004输入的B相信号的上升沿计数。X012或X005为ON时C255被复位。当前值大于等于设定值时,Y005接通。Y004为ON时,减计数;Y005为OFF时,加计数。我们可以在电动机的选择轴上安装A—B相型的旋转编码器,程序中使用C251～C255两相双计数输入计数器,从而实现旋转轴正向转动时自动加计数,反向转动时自动减计数。

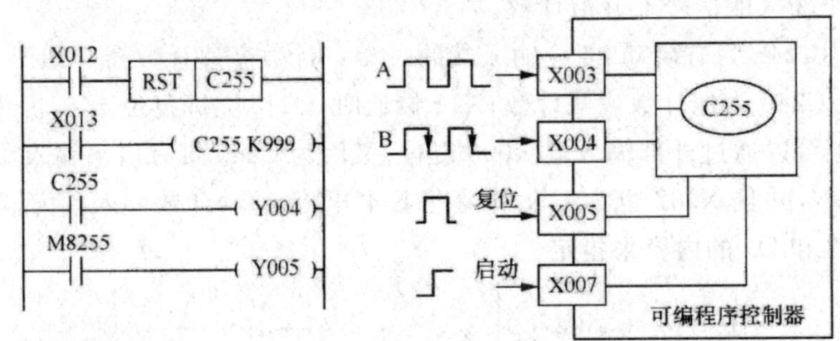

图4-8　带外启动/复位的两相双计数输入高速计数器

4.2.6　数据寄存器(D)

可编程控制器在模拟量检测与控制以及位置控制等许多场合都需要数据寄存器来存储数据和参数。每个数据寄存器都为16位,最高位为符号位,两个数据寄存器串联起来可存放32位数据,最高位仍为符号位。FX_{2N}系列可编程控制器的数据寄存器有以下几种。

1)通用数据寄存器D0～D199(共200点)

可编程控制器状态由运行转到停止时,这类数据寄存器全部清零。但当特殊辅助继电器M8033为ON情况下,状态由RUN→STOP时,这类数据寄存器中的内容可以保持。

2)断电保持数据寄存器D200～D7999(共7800点)

数据寄存器D200～D511(共312点)中的数据在可编程序控制器停止状态或断电情况

都可以保持。通过改变外部设备的参数设定,可以改变通用数据寄存器与此类数据寄存器的分配。其中 D490～D509 用于两台可编程控制器之间的点对点通信。D512～D7999 的断电保持功能不能用软件改变,可以用 RST、ZRST 或 FMOV 将断电保持数据寄存器复位。

以 500 点为单位,可将 D1000～D7999 设为文件寄存器,用于存储大量的数据,如多组控制参数、统计计算数据等。文件寄存器占用用户程序存储器的某一存储区间,参数设置时,可以用编程软件来设定或修改,然后传送到可编程控制器中。

3)特殊数据寄存器 D8000～D8255(共 256 点)

它用来监控可编程控制器的运行状态,如电池电压、扫描时间、正在动作状态的编号等,其在电源接通时被清零,随后被系统程序写入初始值。例如,D8000 用来存放监视时钟的时间,此时间是由系统设定的,也可以使用传送指令 MOV 将目的时间送给 D8000 对其内容加以改变。可编程控制器转入停止状态时,此值不会改变。未经定义的特殊数据寄存器,用户不能使用。

4)变址寄存器 V0～V7 和 Z0～Z7

在传送指令、比较指令中,变址寄存器 V、Z 中的内容用来修改操作对象的元件号,在循环程序中经常使用变址寄存器。

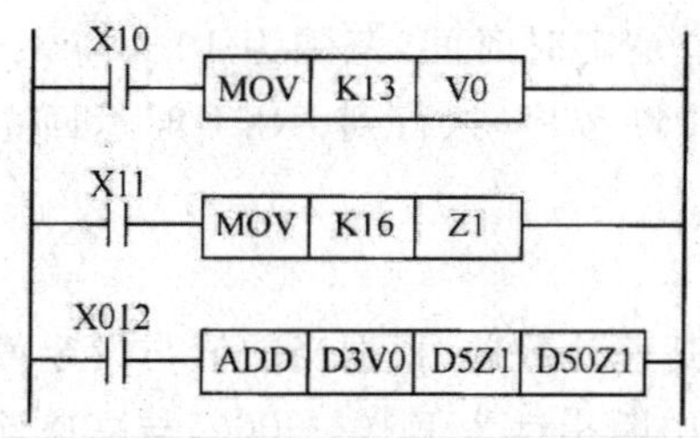

图 4-9　编址寄存器的使用

V 和 Z 都是 16 位的数据寄存器,在 32 位操作时,可以将 V、Z 串联使用并且规定 Z 为低位,V 为高位。32 位指令中使用变址指令仅需指定 Z,Z 就代表了 V 和 Z,因为 32 位指令中 V、Z 自动配对使用。

图 4-9 中常开触点接通时,K13→V0,K16→Z1,从而 D3V0＝D16,D5Z1＝D21,D50Z1＝D66,因此 ADD 指令完成的运算为(D16)＋(D21)→(D66)。

4.2.7　指针

指针包括分支用指针 P 和中断用指针 I 两种。

1.分支指令用指针 P(共 128 点)

P0～P127 用来指示跳转指令 CJ 的跳转目标和子程序调用指令 CALL 调用的子程序入口地址。

当图 4-10(a)中 X10 为 ON 时,程序跳到标号 P6 处,不执行被跳过的那部分指令,从而减少了扫描时间。一个标号只能出现一次,否则会出错。根据需要,标号也可以出现在跳转指令之前,但反复跳转的时间不能超过监控定时器设定的时间,否则也会出错。

当图 4-10(b)中 X16 为 ON 时,程序跳转到标号 P9 处,执行从 P9 开始的子程序,执行到子程序返回指令

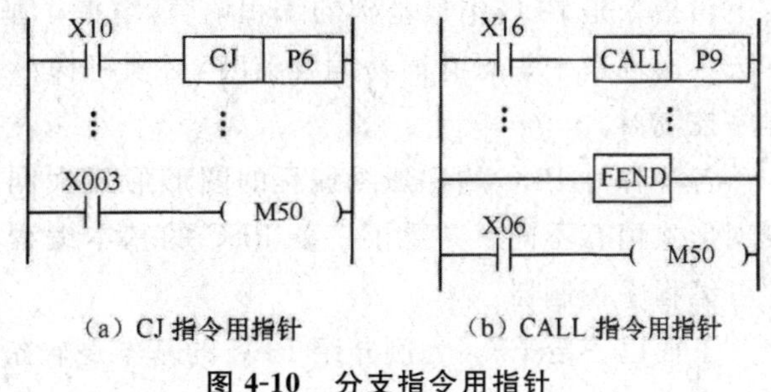

(a) CJ 指令用指针　(b) CALL 指令用指针

图 4-10　分支指令用指针

SRET 时返回到主程序中 CALL P9 下面一条指令。标号应写在主程序结束指令 FEND 之后，同一标号只能出现一次。跳转指令用过的标号不能再用。不同位置的子程序调用指令可以调用同一标号的子程序。

2. 中断用指针 I(共 15 点)

可编程控制器在执行程序过程中，任何时刻只要符合中断条件，就停止正在进行的程序转而去执行中断程序，执行到中断返回指令 IRET 时返回到原来的中断点。这个过程和计算机中用到的中断是一致的。中断用指针用来指明某一中断源的中断程序入口标号。FX_{2N} 系列有以下 3 种中断方式。

1)输入中断

FX_{2N} 系列具有 6 个与 X0～X5 对应的中断输入点，用来接收特定的输入地址号的输入信号，马上执行对应的中断服务程序，因为不受扫描工作方式的影响，因此能够使可编程控制器迅速响应特定的外部输入信号。

2)定时器中断

FX_{2N} 系列具有 3 点定时器中断，能够使可编程控制器以指定的周期定时执行中断程序，定时处理某些任务，时间不受扫描周期的限制。

3 点定时器中断指针为 I6□□、I7□□、I8□□，低两位是定时时间，范围为 10～99ms。例如，I866 即为每隔 66ms 就执行该指针作为标号后面的中断程序，执行到 IRET 时返回主程序。

3)计数器中断

FX_{2N} 系列具有 6 点计数器中断，用于可编程控制器的高速计数器，根据当前值与设定值的关系确定是否执行相应的中断服务子程序。6 点计数器中断指针为 I010～I060，与高速计数器比较置位指令 HSCS 成对使用。

4.3 三菱 PLC 的基本指令

PLC 是在工程控制中最简单的计算机，所以能够迅速推广的优点之一就是编程简单。梯形图的编程虽然比较直观，但是指挥 PLC 运行的机器语言的中间过程便是基本指令。基本逻辑指令是 PLC 中最基础的编程语言，掌握了基本逻辑指令也就初步掌握了 PLC 的使用方法。而且在手头只有简易编程器时，必须将梯形图转换成助记符指令表后，才能写入可编程序控制器。

各种牌号 PLC 的梯形图编程的图形形式大同小异，其指令系统的内容也大致一样，但表现形式稍有不同。熟悉了三菱 PLC 的基本编程指令，举一反三，便有助于学习其他牌号的可编程序控制器。

下面以三菱 FX_{2N} 为例介绍 PLC 的基本逻辑指令。三菱 FX_{2N} 系列 PLC 共有 27 条基本逻辑指令，运用这些指令便能编制可编程序控制器控制系统的任何用户程序。

4.3.1　输入/输出指令和结束指令

1. LD(Load)取指令

常开触点与左母线连接的指令,也可在分支开始处使用,与后述的块操作指令 ANB 或 ORB 配合使用。其操作的目标元件(操作数)为 X、Y、M、T、C、S。

2. OUT(Out)输出指令

线圈驱动指令,用逻辑运算的结果去驱动一个指定的线圈,线圈必须与右母线相连(程序中右母线可以省略不画)。本指令可驱动输出继电器、辅助继电器、定时器、计数器、状态继电器和功能指令,但不能驱动输入继电器。其目标元件为 Y、M、T、C、S 和功能指令线圈 F,可并行输出,在梯形图中相当于线圈并联。注意输出线圈不能串联使用。对定时器、计数器的输出,除使用 OUT 指令外,还必须设置时间常数 K,或指定数据寄存器的地址,时间常数 K 要占用一步。

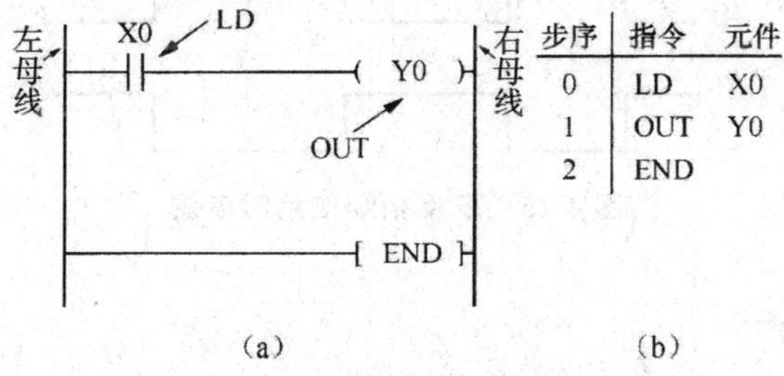

图 4-11　梯形图和指令表程序举例

3. END(End)结束指令

程序结束并返回程序开始处。END 不针对任何元件;END 指令设置所在步序之前的程序 PLC 运行,后面的程序不执行,因此,END 指令还可以用来调试 PLC 程序。

【例 4-1】 把如图 4-11 所示的点动控制梯形图用指令表形式列出,并输入 PLC 进行运行。

注意:按照梯形图转换成指令表程序的方法,按自上而下、自左至右依次进行编程。

例题说明:

当按下按钮时,X0 接通,线圈 Y0 得电吸合,电机转动。当松开按钮时,按钮 X0 断开,线圈 Y0 断电复位,电机停转。程序的执行过程是程序从第 0 步指令开始执行,扫描 PLC 的输入点的状态并存储到 PLC 的输入映像寄存器中,然后进行逻辑运算(执行程序),将运算的结果存到输出映像寄存器中,最后统一输出,到最后一步指令 END 结束后,又返回到第 0 步程序处。执行过程可参考控制示意图(见图 4-12)和时序图(见图 4-13)。

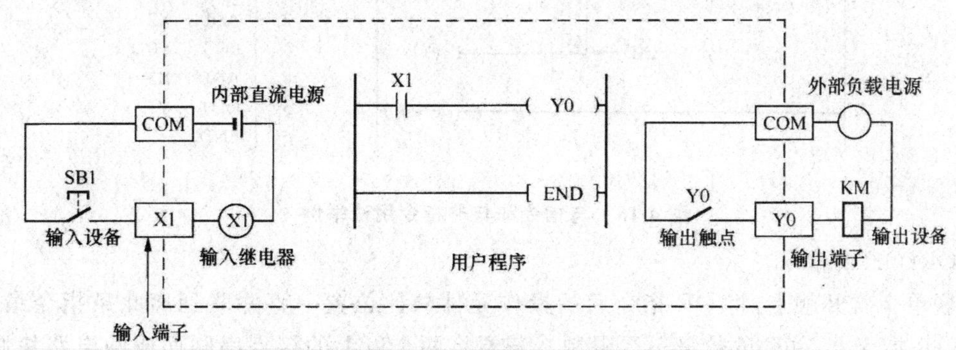

图 4-12　程序执行原理

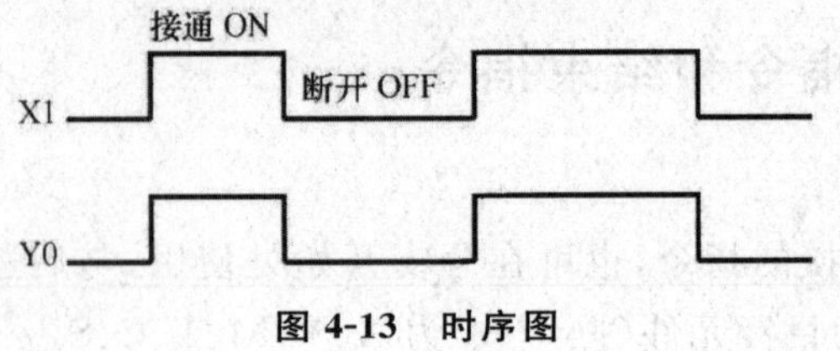

图 4-13 时序图

4. LDI(Load Inverse)取反指令

常闭触点与左母线连接指令,也可在分支开始处使用,与后述的块操作指令 ANB 或 ORB 配合使用。其操作的目标元件为 X、Y、M、T、C、S。指令用法参考程序(见图 4-14)和时序图(见图 4-15)。

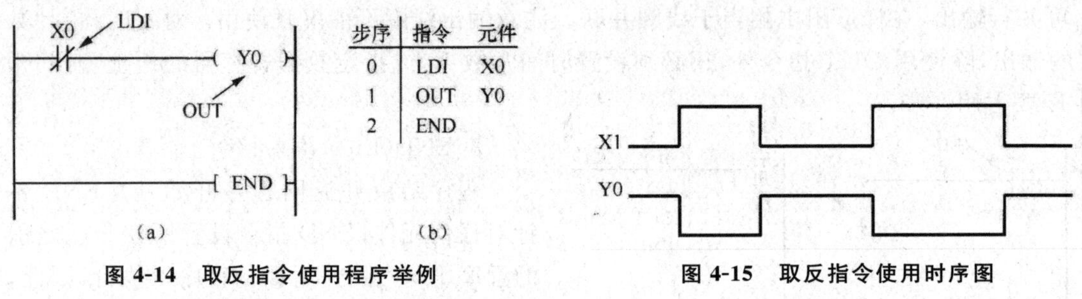

步序	指令	元件
0	LDI	X0
1	OUT	Y0
2	END	

图 4-14 取反指令使用程序举例　　　图 4-15 取反指令使用时序图

4.3.2 触点串联指令和触点并联指令

1. AND(And)与指令

使继电器的常开触点与其他继电器的触点串联。串联接点的数量不限,重复使用指令的次数不限。操作的目标元件为 X、Y、M、T、C、S。

2. ANI(And Inverse)与非指令

使继电器的常闭触点与其他继电器的触点串联。它的使用与 AND 指令相同。

AND 和 ANI 指令的用法如图 4-16 所示。

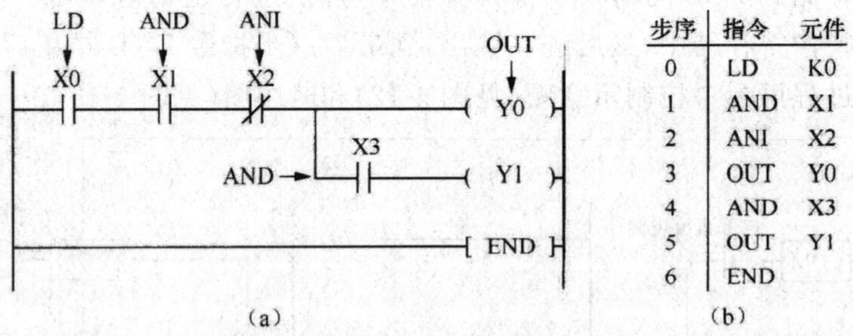

步序	指令	元件
0	LD	K0
1	AND	X1
2	ANI	X2
3	OUT	Y0
4	AND	X3
5	OUT	Y1
6	END	

图 4-16 与指令和与非指令用法举例

3. OR(Or)或指令

并联单个常开触点,将 OR 指令后的操作元件从此位置一直并联到离此条指令最近的 LD 或 LDI 指令上,并联的数量不受限制。若要将两个以上的接点串联而成的电路块并联,要用到后述的 ORB 指令。

4. ORI(Or Inverse)或非指令

并联单个常闭触点，它的使用与 OR 指令相同。

OR 和 ORI 指令的用法如图 4-17 所示。

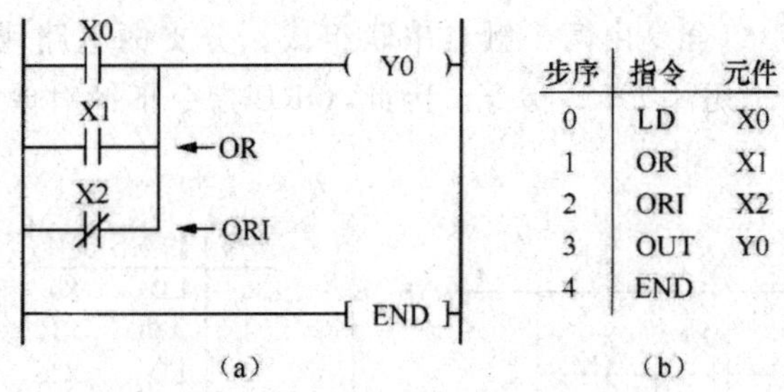

步序	指令	元件
0	LD	X0
1	OR	X1
2	ORI	X2
3	OUT	Y0
4	END	

图 4-17　或指令和或非指令程序举例

【例 4-2】　编程举例。

1. 控制要求

按下按钮 SB1 后，小灯 L1 亮，松开按钮，小灯灭。按下按钮 SB2 后，小灯 L2 长亮，按下按钮 SB3 后，小灯 L2 灭。

2. 方法与步骤

列出 I/O 分配表和 I/O 外部接线图。

(1)I/O 分配表。

输入信号：SB1　　X0

　　　　　SB2　　X1

　　　　　SB3　　X2

输出信号：L1　　Y0

　　　　　L2　　Y1

(2)I/O 外部接线图(见图 4-18)。

3. 分析并编制程序

(1)使 Y0 输出的信号：X0

(2)使 Y1 输出的信号：X1

(3)使 Y1 停止输出的信号：X2

据此编制的梯形图程序和指令表程序如图 4-19 所示。

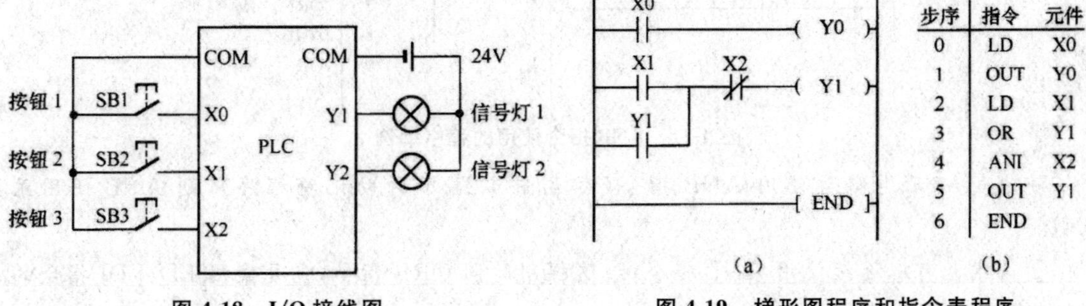

步序	指令	元件
0	LD	X0
1	OUT	Y0
2	LD	X1
3	OR	Y1
4	ANI	X2
5	OUT	Y1
6	END	

图 4-18　I/O 接线图　　　　图 4-19　梯形图程序和指令表程序

4.3.3 电路块并联指令和串联指令

1. ORB(Or Block)电路块并联指令

并联的电路块的最小组合是由两个触点串联组成。分支的电路块开始是由 LD 或 LDI 指令引导,分支电路块的结尾用 ORB 指令。因此,ORB 指令不针对单个元件。ORB 指令的使用如图 4-20 所示。

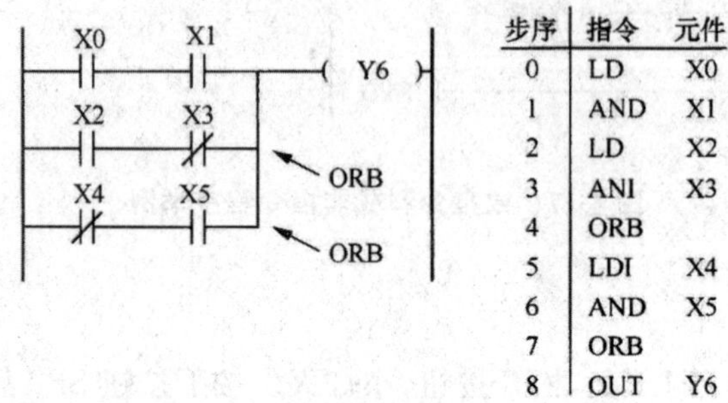

步序	指令	元件
0	LD	X0
1	AND	X1
2	LD	X2
3	ANI	X3
4	ORB	
5	LDI	X4
6	AND	X5
7	ORB	
8	OUT	Y6

图 4-20 ORB 指令使用的程序举例

注意:①对每一电路块使用 ORB 指令(参见图 4-20 中的助记符程序),则并联电路块无限制。

②ORB 指令也可以连续使用,但这样用时,重复使用 LD、LDI 指令的次数限制在 8 次以下。

2. ANB(And Block)电路块串联指令

串联的电路块的最小组合是由两个触点并联组成。分支的电路块开始是由 LD 或 LDI 指令引导,分支电路块的结尾用 ANB 指令。因此,ANB 指令不针对单个元件。ANB 指令的使用如图 4-21 所示。

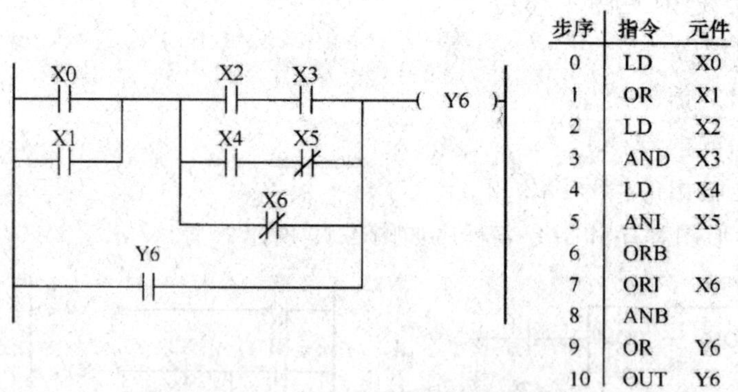

步序	指令	元件
0	LD	X0
1	OR	X1
2	LD	X2
3	AND	X3
4	LD	X4
5	ANI	X5
6	ORB	
7	ORI	X6
8	ANB	
9	OR	Y6
10	OUT	Y6

图 4-21 ANB 指令使用的程序举例

注意:①串联电路块使用 ANB 指令(参见图 4-21 中的助记符程序),则 ANB 使用无限制。

②虽然也可以连续使用 ANB 指令,但这样用时同 ORB 指令,重复使用 LD、LDI 指令的次数限制在 8 次以下。

4.3.4 栈操作指令

这组指令可将连接点先存储，因此可用于连接后面的电路。

PLC 中有 11 个存储运算中间结果的存储器，被称为栈存储器。

1. MPS(Push)进栈指令

使用一次 MPS 指令，该时刻的运算结果就进入栈的第一层。再次使用 MPS 指令时，当时的运算结果就进入栈的第一层，先进入的数据依次向栈的下一层进移。

2. MRD(Read)读栈指令

MRD 是最上层所存的最新数据的读出专用指令。栈内的数据不发生下压或上托。

3. MPP(Pop)出栈指令

使用 MPP 指令，各数据依次向上层托移。最上层的数据在读出后就从栈内消失。

这些指令都是没有操作元件号的指令。

(1)简单一层栈编程如图 4-22 所示。

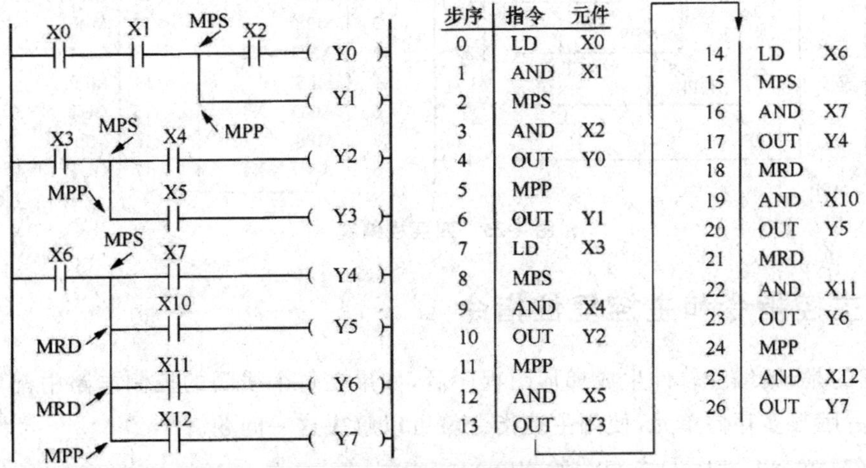

步序	指令	元件
0	LD	X0
1	AND	X1
2	MPS	
3	AND	X2
4	OUT	Y0
5	MPP	
6	OUT	Y1
7	LD	X3
8	MPS	
9	AND	X4
10	OUT	Y2
11	MPP	
12	AND	X5
13	OUT	Y3
14	LD	X6
15	MPS	
16	AND	X7
17	OUT	Y4
18	MRD	
19	AND	X10
20	OUT	Y5
21	MRD	
22	AND	X11
23	OUT	Y6
24	MPP	
25	AND	X12
26	OUT	Y7

图 4-22　简单一层栈编程

(2)一层栈和 ANB、ORB 指令配合编程如图 4-23 所示。

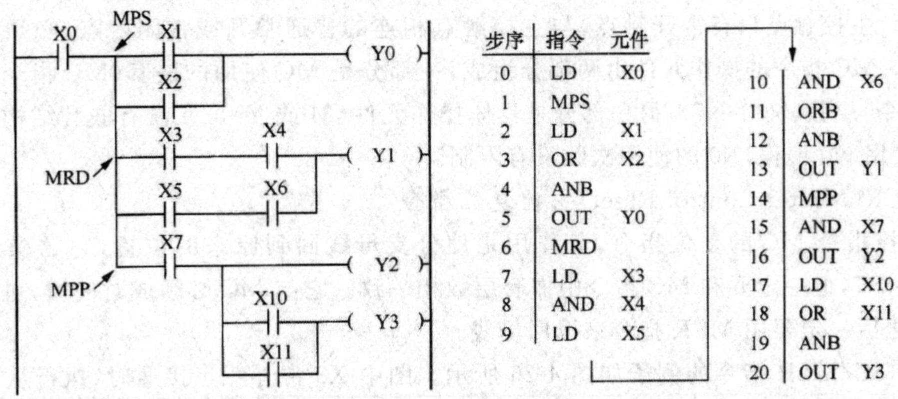

步序	指令	元件
0	LD	X0
1	MPS	
2	LD	X1
3	OR	X2
4	ANB	
5	OUT	Y0
6	MRD	
7	LD	X3
8	AND	X4
9	LD	X5
10	AND	X6
11	ORB	
12	ANB	
13	OUT	Y1
14	MPP	
15	AND	X7
16	OUT	Y2
17	LD	X10
18	OR	X11
19	ANB	
20	OUT	Y3

图 4-23　一层栈和 ANB、ORB 指令配合编程

(3)二层栈编程如图 4-24 所示。

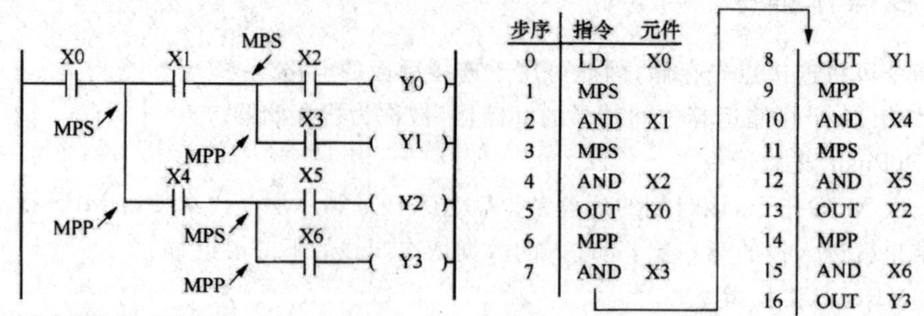

图 4-24 二层栈编程

(4)四层栈编程如图 4-25 所示。

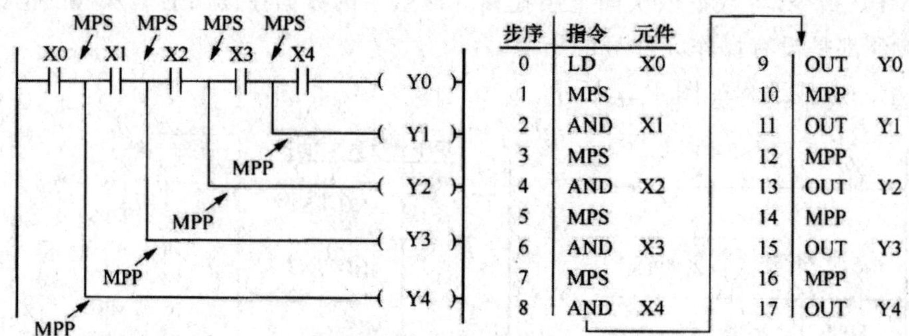

图 4-25 四层栈编程

4.3.5 主控指令和主控复位指令

应注意的是，用编程软件生成梯形图程序后，如果在每个线圈的控制电路中都串入同样的触点，将占用很多存储单元，使用主控指令就可以解决这一问题。

1. MC(Master Control)主控开始指令

MC 指令又称公共触点串联连接指令，用于表示主控区的开始。执行 MC 指令后，相当于将左母线移到主控触点的后面，另外开辟分支母线。主控触点是控制一组电路(子程序)的总开关。主控触点只有常开触点，与主控触点相连的普通常开或常闭触点，必须用 LD/LDI 指令。MC 指令的操作元件由两部分组成，一部分是 MC 使用的嵌套(MC 指令内再使用 MC 指令)层数(N0～N7)，另一部分是具体操作元件(M 或 Y)。在没有嵌套结构的情况下，一般使用 N0 编程，N0 的使用次数没有限制。

2. MCR(Master Control Reset)主控复位指令

是主控指令 MC 的复位指令，其作用是使分支母线回到原来的位置，它的操作元件只有 N0～N7，但一定要和 MC 指令中嵌套层数相一致。它与 MC 必须成对使用，也就是说 MC 指令之后一定要用 MCR 指令来返回母线。

使用 MC/MCR 指令的例子如图 4-26 所示。图中 X3 常开触点接通时，执行从 MC 到 MCR 的指令，所示梯形图中的主控触点及主控复位的表达形式为三菱公司编程软件所提供的画法。

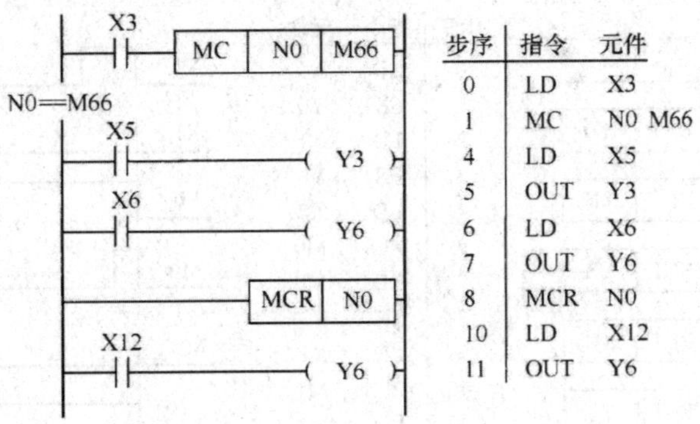

图 4-26　无嵌套时 MC/MCR 指令应用

4.3.6　脉冲输出指令

脉冲输出指令分 PLS(Pulse)上升沿微分脉冲输出指令和 PLF(Pulse Fal)下降沿微分脉冲输出指令两种。

PLS/PLF 指令的操作元件为 Y 或 M,特殊辅助继电器除外。当检测到输入信号的上升沿(对应于 PLS)或下降沿(对应于 PLF)时,被操作的元件产生一个脉宽为一个扫描周期的脉冲输出信号。PLS/PLF 指令只有在检测到触点的状态发生变化时才有效,如果触点一直是闭合或者断开,PLS 和 PLF 指令是无效的,即指令只对触发信号的上升沿和下降沿有效。PLS 和 PLF 指令无使用次数的限制。

PLS/PLF 指令使用举例如图 4-27 所示。M0 仅在 X3 的常开触点由断开变为接通(即 X3 的上升沿)时的一个扫描周期内为 ON;M1 仅在 X3 的常开触点由接通变为断开(即 X3 的下降沿)时的一个扫描周期内为 ON。

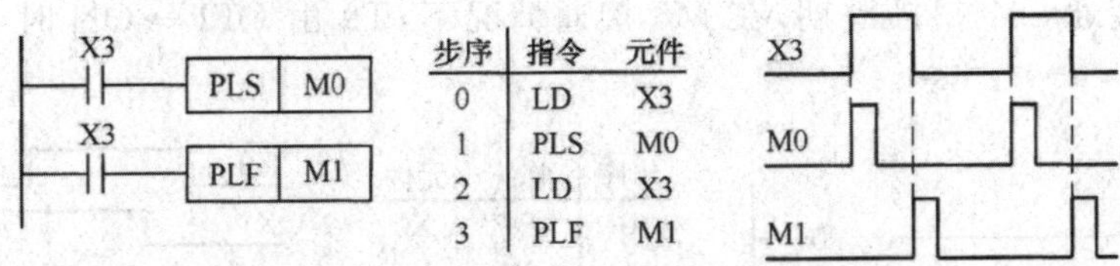

图 4-27　PLS 和 PLF 指令的使用举例

4.3.7　置位与复位指令

1. SET(Set)置位指令

SET 指令能够操作的元件为 Y、M、S,使元件的状态为 ON 并保持。

2. RST(Reset)复位指令

RST 指令能够操作的元件为 Y、M、S、T、C,使位元件的状态为 OFF,使字元件数据接触器 D、变址寄存器 V 和 Z 的内容清零,还可以用来复位积算定时器和计数器。

对同一元件可多次使用 SET 和 RST 指令,前后顺序根据用户需要可随意放置,但最后执行的一条指令才有效，SET 和 RST 指令的使用如图 4-28 所示。

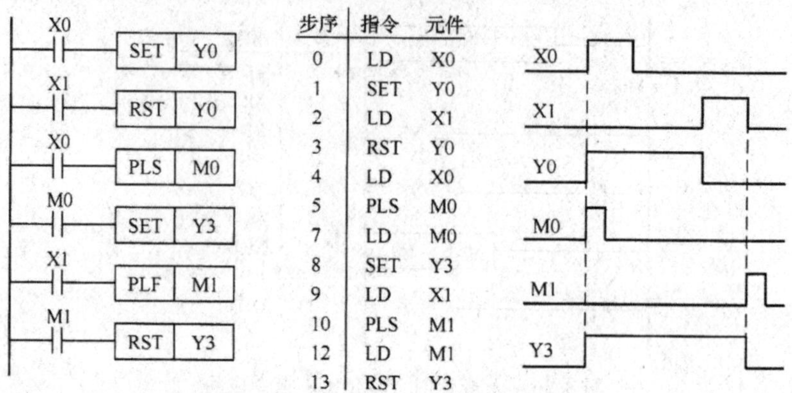

图 4-28　SET 和 RST 指令使用举例

4.3.8　脉冲沿应用指令

脉冲上升沿应用指令包括 LDP(取)脉冲上升沿应用指令、ANP(与)脉冲上升沿应用指令和 ORP(或)脉冲上升沿应用指令。

被检测触点的中间有一个向上的箭头，对应的输出触点仅在指定位元件的上升沿(即由 OFF 变为 ON)时接通一个扫描周期。

脉冲下降沿应用指令包括 LDF(取)脉冲下降沿应用指令、ANF(与)脉冲下降沿应用指令和 ORF(或)脉冲下降沿应用指令。

被检测触点的中间有一个向下的箭头，对应的输出触点仅在指定位元件的下降沿(即由 ON 变为 OFF)时接通一个扫描周期。

上述指令的操作元件为 X、Y、M、S、T、C。指令的使用如图 4-29 所示，在 X0 上升沿或 X1 下降沿，Y0 接通一个扫描周期，在 M6 接通情况下，T9 由 OFF→ON 时 M0 接通一个周期。

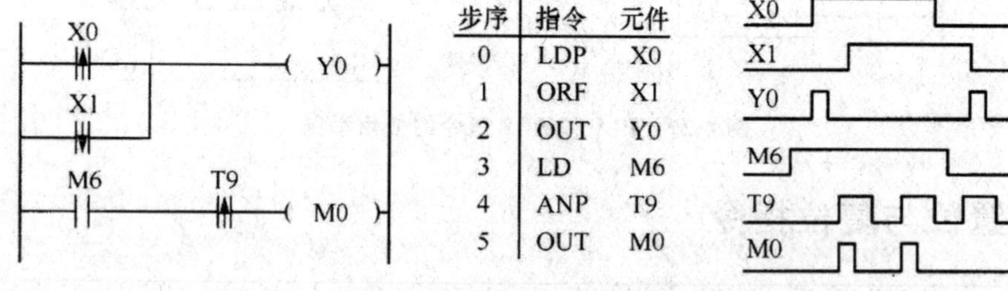

图 4-29　脉冲沿应用指令举例

4.3.9　取反指令和空操作指令

1. INV(Inyerse)取反指令

INV 指令的功能是将该指令处的逻辑运算结果取反。表现形式是在梯形图的横档线中用一条 45°的短斜线表示 INV 指令。它将执行该指令之前的逻辑运算结果取反，即运算结果如为逻辑 0 将它变为逻辑 1，运算结果如为逻辑 1 将它变为逻辑 0。

X0　X1　Y0

步序	指令	元件
0	LD	X0
1	AND	X1
2	INV	
3	OUT	Y0

图 4-30　INV 指令使用举例

INV 指令使用举例如图 4-30 所示，如果 X0 和 X1 同时为 ON，INV 指令之前的逻辑运算结果为 ON，INV 指令对 ON 取反，则 Y0 为 OFF；如果 X0 和 X1 不同时为 ON，INV 指令之前的逻辑运算结果为 OFF，INV 指令对 OFF 取反，则 Y0 为 ON。

需要注意一点，编写 INV 取反指令，需前面有输入量，INV 不能直接与母线相连，也不能像 OR、ORI、ORP、ORF 指令单独并联使用。在含有较复杂电路编程时，如有块“与”(ANB)、块“或”(ORB)电路中，INV 取反指令功能是仅对以 LD、LDI、LDP、LDF 开始到其本身(INV)之前的运算结果取“反”。如图 4-31 所示，在用 ORB、ANB 指令编写程序时，INV 取反指令是把各自的 INY 指令位置前所遇到的 LD(或 LDI、LDP、LDF)开始的程序作为 INV 取“反”的对象。

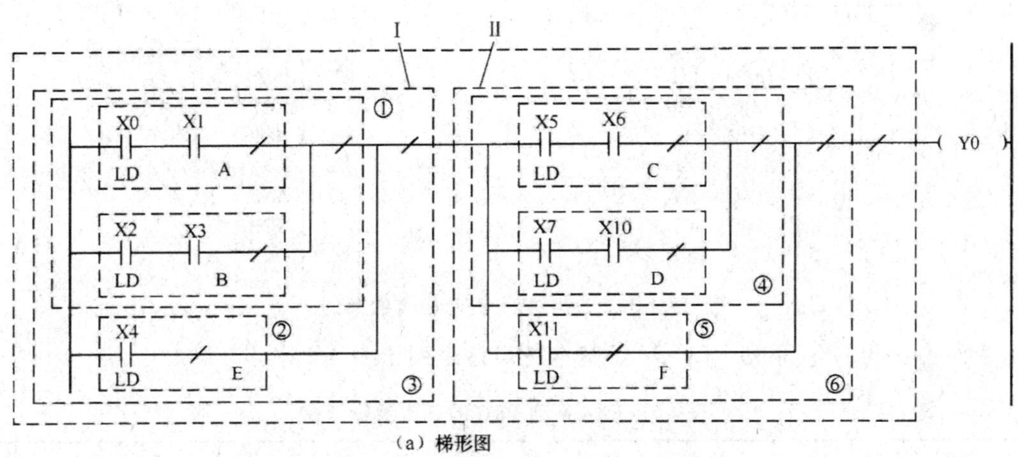

(a) 梯形图

步序	指令	元件	
0	LD	X0	A 块
1	AND	X1	
2	INV A 块取反		
3	LD	X2	B 块
4	AND	X3	
5	INV B 块取反		
6	ORB $\overline{A}+\overline{B}$		
7	INV		
8	LDI	X4 E 块	
9	INV		
10	ORB ①和②相或		
11	INV		
12	LD	X5	C 块
13	ANI	X6	

步序	指令	元件	
14	INV C 块取反		
15	LDI	X7	D 块
16	AND	X10	
17	INV D 块取反		
18	ORB $\overline{C}+\overline{D}$		
19	INV		
20	LD	X11 F 块	
21	INV		
22	ORB ④+⑤		
23	ANB		
24	INV Ⅰ、Ⅱ块相与再取反		
25	OUT	Y0	

(b) 指令表

图 4-31　INV 指令编程范围

2. NOP(Non Processing)空操作指令

NOP 指令的作用是指定某步序的内容为空。灵活运用 NOP 指令可以起到短接触点和删除触点的作用，具体用法如图 4-32 和图 4-33 所示。

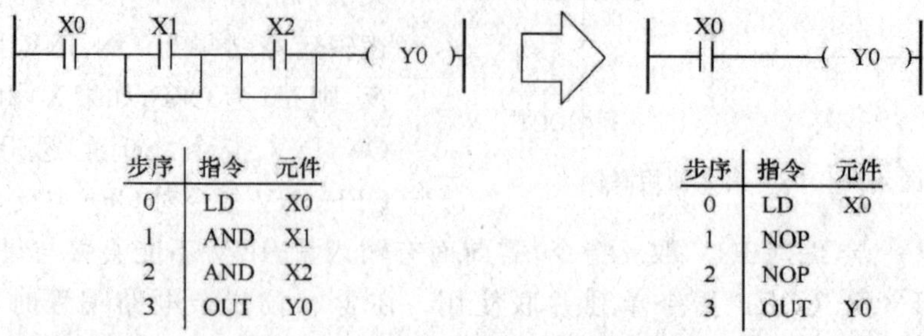

步序	指令	元件
0	LD	X0
1	AND	X1
2	AND	X2
3	OUT	Y0

步序	指令	元件
0	LD	X0
1	NOP	
2	NOP	
3	OUT	Y0

图 4-32　NOP 指令短接触点的举例

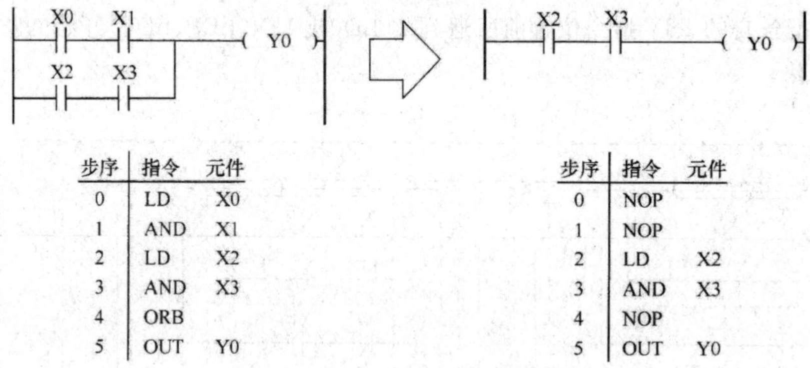

步序	指令	元件
0	LD	X0
1	AND	X1
2	LD	X2
3	AND	X3
4	ORB	
5	OUT	Y0

步序	指令	元件
0	NOP	
1	NOP	
2	LD	X2
3	AND	X3
4	NOP	
5	OUT	Y0

图 4-33　NOP 指令删除触点的举例

下面将三菱 FX_{2N} 系列 PLC 27 条基本逻辑指令列于表 4-5 中。

表 4-5　FX_{2N} 系列 PLC 的基本逻辑指令

助记符及名称	功能	梯形图表示和可用软元件	程序步数
LD 取指令	以常开触点逻辑运算开始	Y0 操作元件：X,Y,M,T,C,S	1
LDI 取反指令	以常开触点逻辑运算开始	Y0 操作元件：X,Y,M,T,C,S	1
OUT 驱动指令	驱动线圈	Y0 操作元件：X,Y,M,T,C,S	Y、M 为 1，特 M 为 2，T 为 3，C 为 3～5
AND 与指令	串联常开触点	Y0 操作元件：　Y,M,T,C,S	1

续表

助记符及名称	功能	梯形图表示和可用软元件	程序步数
ANI 非指令	串联常闭触点	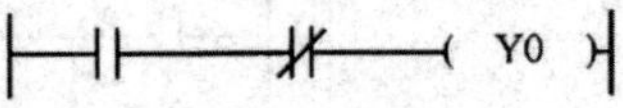 Y0 操作元件：X,Y,M,S,T,C,S	1
OR 或指令	并联常开触点	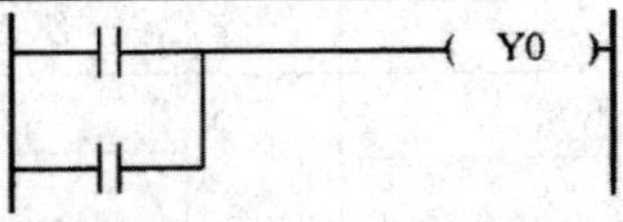 Y0 操作元件：X,Y,M,S,T,C,S	1
ORI 或非指令	并联常闭触点	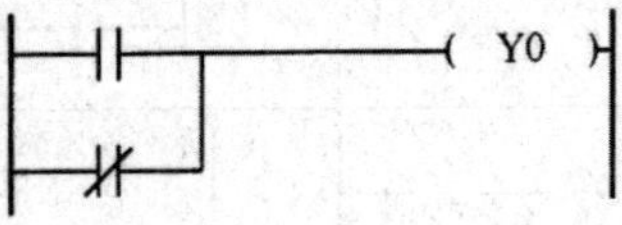 Y0 操作元件：X,Y,M,S,T,C,S	1
ORB 电路块并联指令	并联电路块	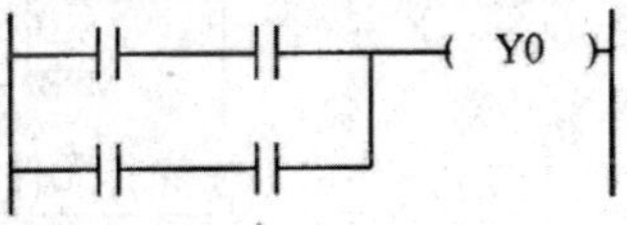 Y0 无操作元件	1
ANB 电路块串联指令	串联电路块	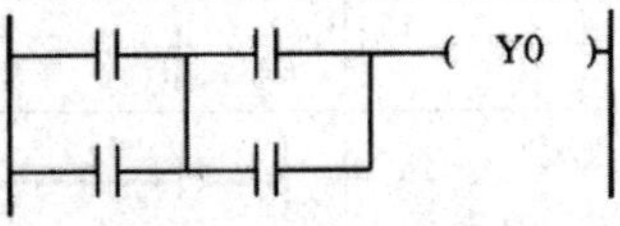 Y0 无操作元件	1
LDP（取）脉冲上升沿指令	上升沿脉冲逻辑运算开始	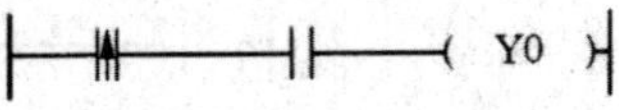 Y0 操作元件：X,Y,M,S,T,C,S	2
LDF（取）脉冲下降沿指令	下降沿脉冲逻辑运算开始	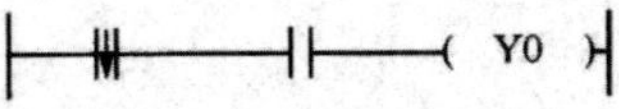 Y0 操作元件：X,Y,M,S,T,C,S	2
ANP（与）脉冲上升沿指令	串联脉冲上升沿	 Y0 操作元件：X,Y,M,S,T,C,S	2
ANF（与）脉冲下降沿指令	串联脉冲下降沿	 Y0 操作元件：X,Y,M,S,T,C,S	2
ORP（或）脉冲上升沿指令	并联脉冲上升沿	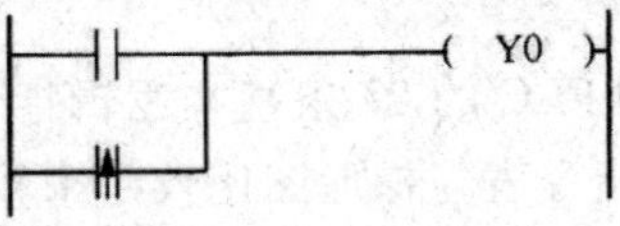 Y0 操作元件：X,Y,M,S,T,C,S	2

续表

助记符及名称	功能	梯形图表示和可用软元件	程序步数
ORF（或）脉冲下降沿指令	并联脉冲下降沿	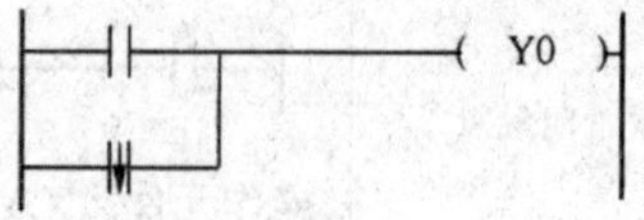 (Y0) 操作元件：X,Y,M,S,T,C,S	2
MC 主控开始指令	主控开始	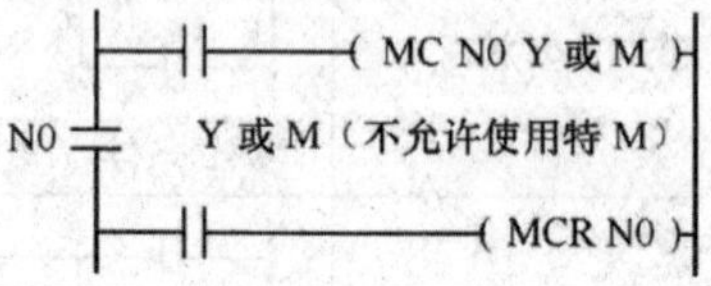 (MC N0 Y 或 M) N0 Y 或 M（不允许使用特 M） (MCR N0)	3
MCR 主控复位指令	主控结束		2
MPS 进栈指令	进栈	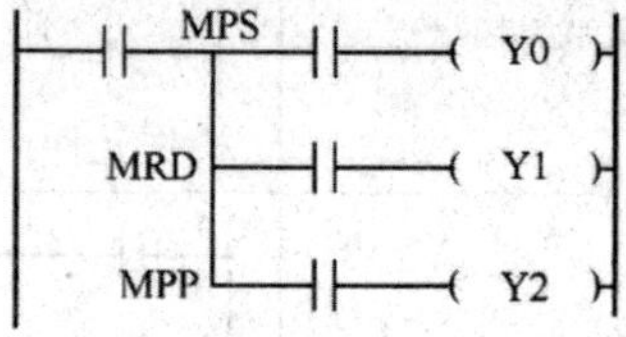 MPS (Y0) MRD (Y1) MPP (Y2) 无操作元件	1
MRD 读栈指令	读栈		1
MPP 出栈指令	出栈		1
SET 置位指令	令元件自保持 ON	 (SET M0) 操作元件：Y，M，S	Y、M 为 1 S、特 M 为 2
RST 复位指令	令元件复位或清除数据寄存器的内容	 (RST M0) 操作元件：Y,M,S,C,D,V,Z,特 T,	Y、M 为 1； S、特 M、C、积 T 为 2；D、V、Z 为 3
PLS 上升沿微分指令	上升沿微分输出	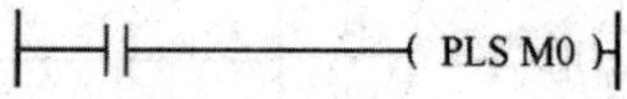 (PLS M0) 操作元件：Y，M	2
PLF 下降沿微分指令	下降沿微分输出	 (PLF M0) 操作元件：Y，M	2
INV 取反指令	逻辑运算结果取反	 (Y10) 无操作元件	1
NOP 空操作指令	指定某步序内容为空	无	1
END 结束指令	执行 END 前的程序	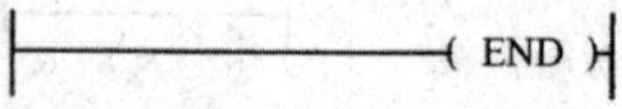 (END) 无操作元件	1

上面介绍了 FX_{2N} 系列 PLC 的 27 条基本逻辑指令，利用这些指令可以编写出对应的梯形图的助记符指令表。由于指令表与梯形图比较起来较难阅读，其中的逻辑关系很难一眼看出，因此用计算机图形编程时一般使用梯形图语言，如果有必要再将其转换成指令表。总之，助记符指令表程序的编写其实就是对梯形图程序的一种转换，编程软件能够自动进行上述转换。

4.4 三菱PLC的指令应用

熟悉了PLC的基本编程指令之后，还需要知道常用的编程技巧，下面将介绍常用的PLC编程技巧。

4.4.1 常用的PLC编程技巧

1. 对一些常用电路的处理

PLC的特点之一是编程方便，易学易懂。对原来从事继电器控制技术的工程技术人员来说，很快就能掌握。PLC的梯形图设计类似于继电逻辑设计，但又有着它本身的规则和技巧，在梯形图设计和程序编制中应注意以下两点。

1)较复杂电路

对一些较复杂的串并联电路，为了简化程序，减少编程指令，有效地节省用户程序区域，一般来说有两个基本原则。

在并联触点的电路中，串联触点多的支路排在上面，这样可以减少指令条数，如图4-34(a)所示。

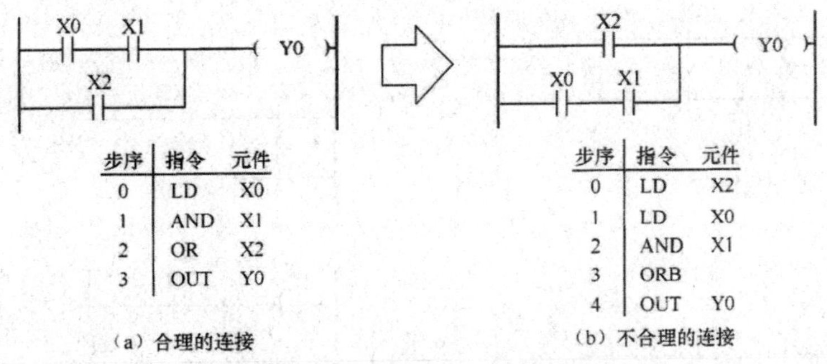

步序	指令	元件
0	LD	X0
1	AND	X1
2	OR	X2
3	OUT	Y0

(a) 合理的连接

步序	指令	元件
0	LD	X2
1	LD	X0
2	AND	X1
3	ORB	
4	OUT	Y0

(b) 不合理的连接

图4-34 串联触点多的支路排列

在串联触点的电路中，并联触点多的电路排在左边，这样也可以减少指令条数，如图4-35(a)所示。

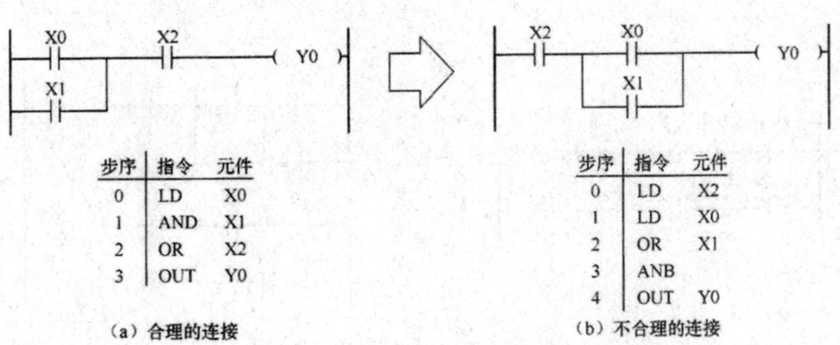

步序	指令	元件
0	LD	X0
1	AND	X1
2	OR	X2
3	OUT	Y0

(a) 合理的连接

步序	指令	元件
0	LD	X2
1	LD	X0
2	OR	X1
3	ANB	
4	OUT	Y0

(b) 不合理的连接

图4-35 并联触点多的电路排列

根据上述两条原则,综合举例如图 4-36 所示。

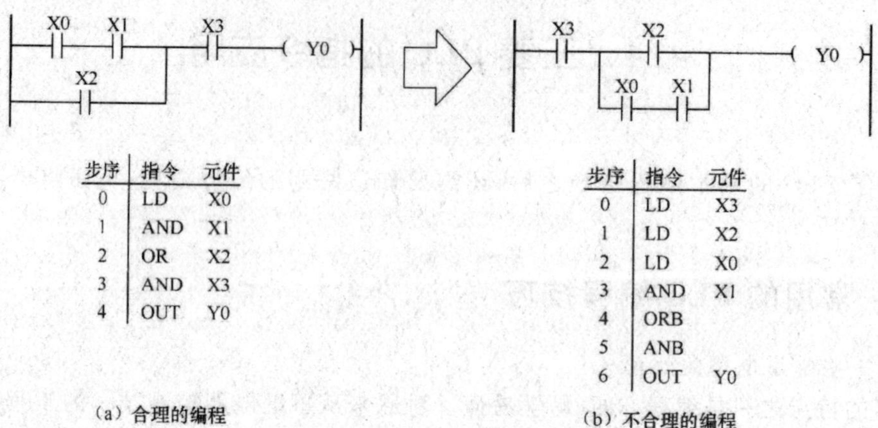

步序	指令	元件
0	LD	X0
1	AND	X1
2	OR	X2
3	AND	X3
4	OUT	Y0

(a) 合理的编程

步序	指令	元件
0	LD	X3
1	LD	X2
2	LD	X0
3	AND	X1
4	ORB	
5	ANB	
6	OUT	Y0

(b) 不合理的编程

图 4-36 复杂串并联电路的编程

2)需改动指令的

在继电接触器控制线路中,有些连接是可以实现的,如图 4-37(a)、图 4-37(c)、图 4-37(e)所示,但在 PLC 中用现有指令对其直接编程,是不可能或者是比较麻烦的,需要做一些改动,将其变换成图 4-37(b)、图 4-37(d)、图 4-37(f)所示等效电路,才能进行编程。

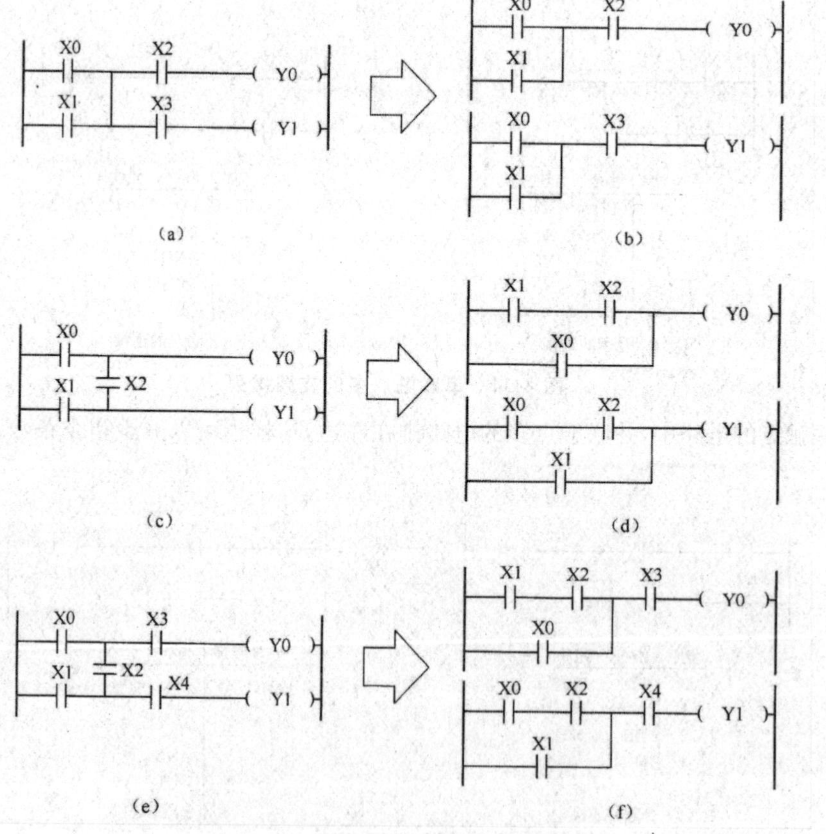

图 4-37 需改动后才能编程的电路

2. 移位寄存器的使用

1)移位寄存器的串联

移位寄存器以 8 位为一组，当 8 位不够用时，可以将两组或两组以上串联起来，组成 16 位或更多的移位寄存器。图 4-38 所示是将 100 和 110 两组串联组成 16 位移位寄存器。

串联连接的规则如下：

(1)画梯形图时，基本移位寄存器画在下面，需要串联的往上加；整理语句表编写的顺序必须按自上而下、从左向右的原则编写，否则不能正常工作。

(2)将第一组末位的输出(见图 4-38 中的 M107)接到第二组的输入。

(3)两组的移位信号是共同的。

2)移位寄存器作顺序控制器用

当需要顺序控制时，常从移位寄存器的相位上顺序输出控制信号，去控制相应的执行部件，如图 4-39 所示。移位脉冲信号可以由定时控制，也可以由工步结束信号等控制。

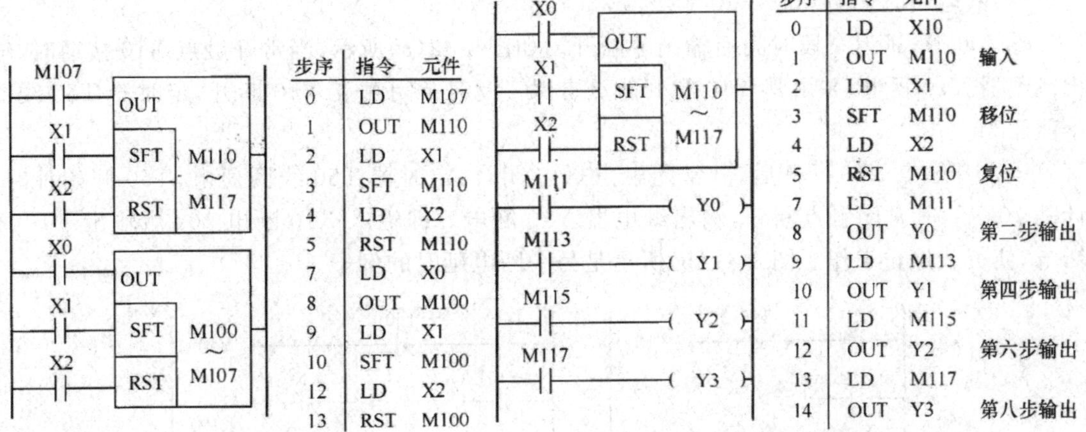

步序	指令	元件
0	LD	M107
1	OUT	M110
2	LD	X1
3	SFT	M110
4	LD	X2
5	RST	M110
7	LD	X0
8	OUT	M100
9	LD	X1
10	SFT	M100
12	LD	X2
13	RST	M100

图 4-38　移位寄存器的串联应用

步序	指令	元件	
0	LD	X10	
1	OUT	M110	输入
2	LD	X1	
3	SFT	M110	移位
4	LD	X2	
5	RST	M110	复位
7	LD	M111	
8	OUT	Y0	第二步输出
9	LD	M113	
10	OUT	Y1	第四步输出
11	LD	M115	
12	OUT	Y2	第六步输出
13	LD	M117	
14	OUT	Y3	第八步输出

图 4-39　移位寄存器作顺序控制器使用

3)环形移位寄存器

将移位寄存器末位的输出信号作为本移位寄存器的输入信号，就构成了环形移位寄存器。移位寄存器最初的状态可以由 X0 设置，如图 4-40 所示。

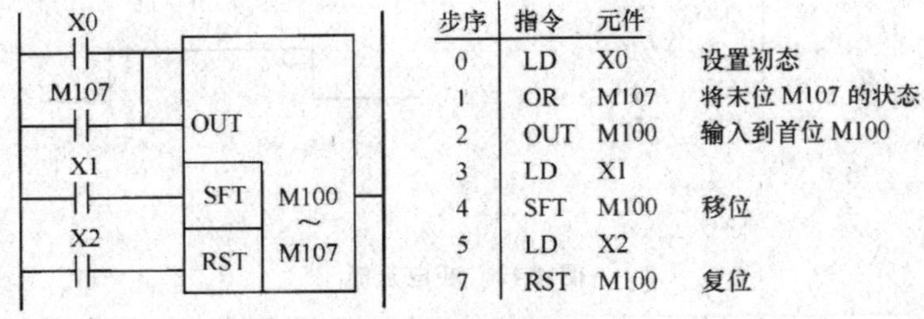

步序	指令	元件	
0	LD	X0	设置初态
1	OR	M107	将末位 M107 的状态
2	OUT	M100	输入到首位 M100
3	LD	X1	
4	SFT	M100	移位
5	LD	X2	
7	RST	M100	复位

图 4-40　环形移位寄存器

3. 定时器及计数器的应用实例

1)定时器用作时间继电器

PLC 提供的定时器是通电延时的，但采用不同的连接电路，则既可以起通电延时的作用，也可以起断电延时的作用。

(1)通电延时。

输入接通，延迟一段时间后输出才接通。如图 4-41 所示。图中，当输入继电器 X10 闭合时，启动定时器 T50，K200 表示定时器预置的延迟时间为 20s，定时器启动后，即以 0.1s 为单位开始递减，到预置的延时时间值减到 0，其动合触点 T50 闭合，输出继电器 Y1 得电。即输入 X10 接通 20s 后输出 Y1 才通电，使负载工作。

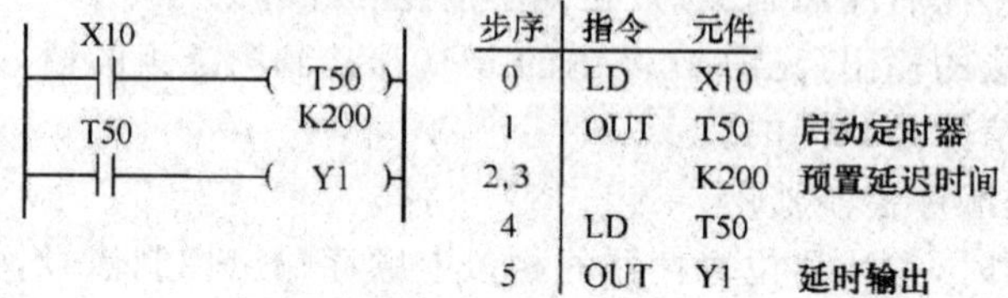

步序	指令	元件	
0	LD	X10	
1	OUT	T50	启动定时器
2,3		K200	预置延迟时间
4	LD	T50	
5	OUT	Y1	延时输出

图 4-41　通电延时

(2)断电延时。

输入断开，延迟一段时间后输出才断开。如图 4-42(a)所示，当常开触点 X10 接通时，输出继电器 Y10 得电，并由其 Y10 常开触点自保。此时常闭触点 Y10 断开，定时器 T50 线圈不能驱动。

当常开触点 X10 断开后，其常闭触点 X10 闭合，定时器 T50 线圈通电，T50 开始计时，计满 10s 后，其常闭触点断开，输出继电器 Y10 断电。即输入 X10 断电 10s 后输出 Y10 才断电，使负载停止工作。图 4-42(b)所示是另一断电延时的例子。

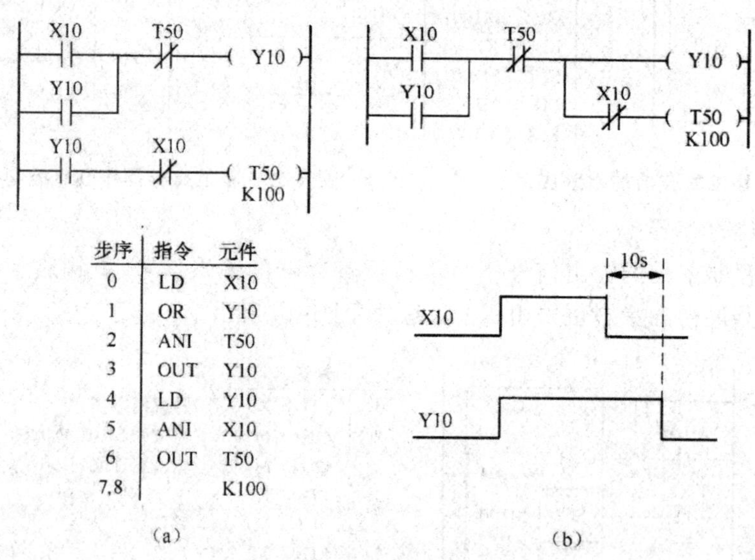

步序	指令	元件
0	LD	X10
1	OR	Y10
2	ANI	T50
3	OUT	Y10
4	LD	Y10
5	ANI	X10
6	OUT	T50
7,8		K100

图 4-42　断电延时

2)用定时器产生周期脉冲信号

采用特殊辅助继电器 M8012 可以产生 0.1s 的周期脉冲信号。在工业控制中，常需要一些不同脉宽、不同周期的周期脉冲信号。图 4-43 所示为两个时间继电器组成脉冲发生器的电路。

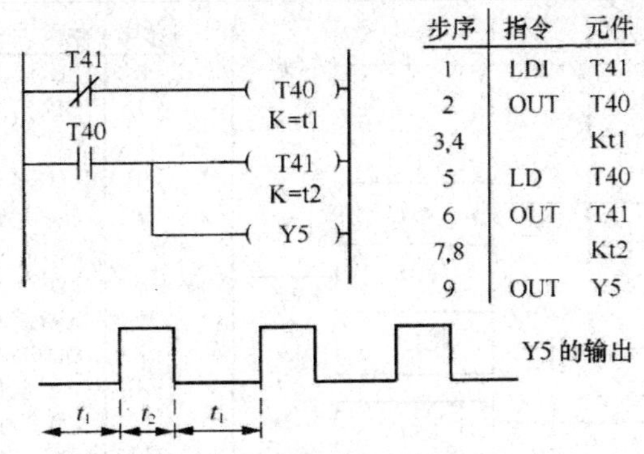

步序	指令	元件
1	LDI	T41
2	OUT	T40
3,4		Kt1
5	LD	T40
6	OUT	T41
7,8		Kt2
9	OUT	Y5

图 4-43　周期脉冲信号发生器

PLC 开始工作时，T40 得电，延时 t_1 后，其常开触点闭合，T41 得电，输出继电器 Y5 得电动作，输出高电平。延时 t_2 后，其常闭触点 T41 断开，定时器 T40 失电，其常开触点 T40 闭合断开，定时器 T41、输出继电器 Y5 失电，输出低水平。同时，常闭触点 T41 闭合，T40 又得电，延时 t_1 后 T41 和 Y5 又得电，又输出高电平。如此周而复始，从输出继电器 Y5 可获得周期脉冲信号输出。调整预置时间 t_1、t_2 可获得不同脉宽、不同频率的周期脉冲信号。

3)计数器用作时间继电器

计数器能够记录脉冲的次数，利用这一特点，可以将 PLC 内部的特殊继电器 MS012 作为计数器的输入信号。由于 M8012 输出脉冲的周期为 0.1s，因此，C0 计数器满 20 个脉冲共需时间为 2s，于是，方便地把计数器变成了时间继电器，如图 4-44 所示。

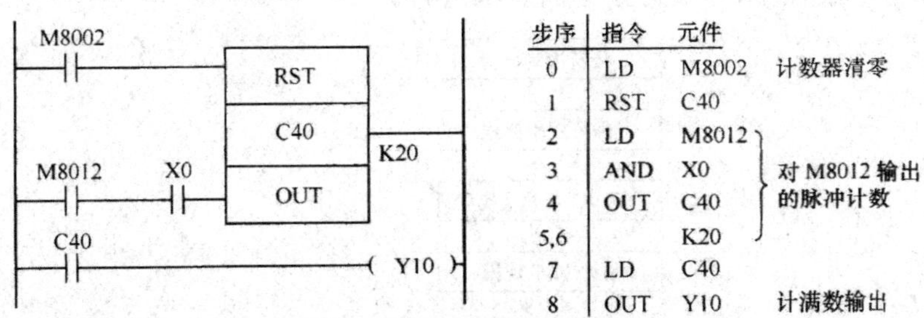

步序	指令	元件	
0	LD	M8002	计数器清零
1	RST	C40	
2	LD	M8012	对 M8012 输出的脉冲计数
3	AND	X0	
4	OUT	C40	
5,6		K20	
7	LD	C40	
8	OUT	Y10	计满数输出

图 4-44　计数器用作时间继电器

因为 FX_{2N} 型 PLC 每位计数器的计数范围是 1～999，M8012 的脉冲周期是 0.1s，所以，利用此法，每位计数器可以实现 0.1～99.9s 的延时。

4)实现长时间延时的方法

图 4-45 所示为一种能实现长时间延时的梯形图。

当输入继电器的动合触点 X0 闭合时，M0 线圈得电并自锁，它的另两组动合触点 Y0 闭合，启动计数器 C40 和 C41 开始计数。计数器 C40 接成循环计数形式，即每隔 99.9s 计数满后，C40 自己给自己复位一次，然后开始下一轮计数。同时，C40 的触点闭合信号又作为计数器 C41 的输入信号。C41 要计满 999 个数，Y0 有输出，从 X0 输入到 Y0 输出所需的时间，即为两级计数器串起来的总延迟时间。

按照上述方法，增加计数器的级数，实现一月、一年甚至更长的延时，都是轻而易举的事。它的这种功能和延时的精度，是任何其他时间继电器不可比拟的。

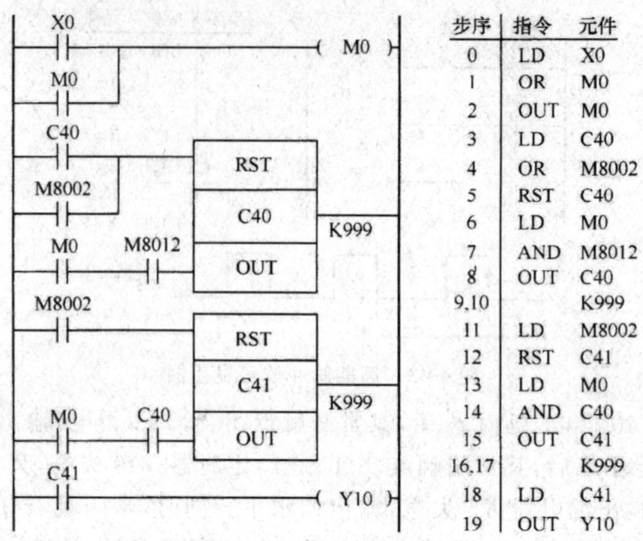

步序	指令	元件
0	LD	X0
1	OR	M0
2	OUT	M0
3	LD	C40
4	OR	M8002
5	RST	C40
6	LD	M0
7	AND	M8012
8	OUT	C40
9,10		K999
11	LD	M8002
12	RST	C41
13	LD	M0
14	AND	C40
15	OUT	C41
16,17		K999
18	LD	C41
19	OUT	Y10

图 4-45　长时间延时的实现

4.4.2　PLC 的编程方法与步骤

用 PLC 完成对生产过程的自动控制，可以采用图 4-46 所示的设计步骤进行。从图 4-46 看出，应用 PLC 的设计任务分为硬件设计和软件设计两部分。用中小型 PLC 编程时，通常采用梯形图和指令表程序，一般可按下面步骤进行。

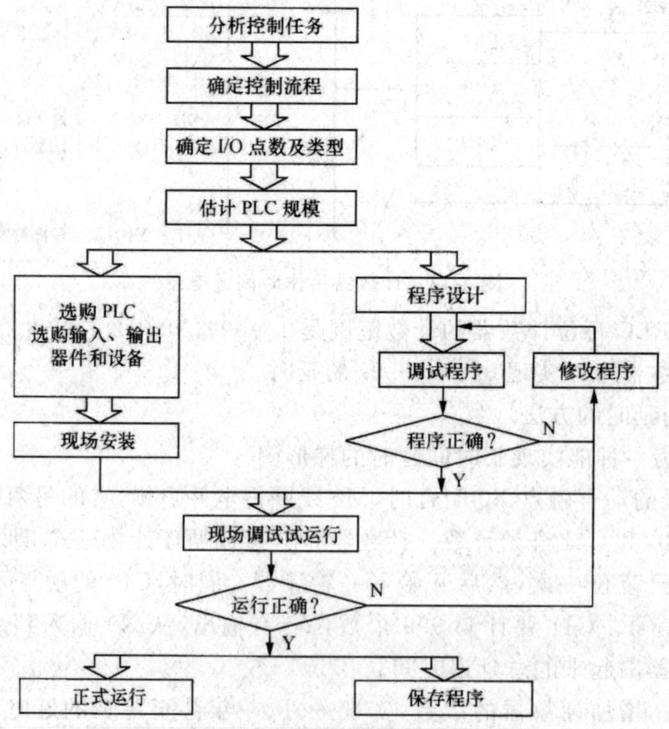

图 4-46　应用可编程序控制器的设计步骤

1. 绘出工艺流程图和动作顺序表

设计一个PLC控制系统时，首先必须详细分析控制过程与要求，全面、清楚地掌握具体的控制任务，确定被控系统必须完成的动作及完成这些动作的顺序，绘出工艺流程图和动作顺序表。对PLC而言，必须了解哪些是输入量，用什么开关或传感器来传送输入信号；必须了解哪些是输出量(被控量)，用什么执行元件或设备接收PLC送出的信号。常见的输入、输出类型举例见表4-6。

表4-6　常见的输入、输出类型

类　型		举　例
输入	开关量	操作开关，行程开关，光电开关，继电器触点，按钮
	模拟量	流量、压力、温度等传感器信号
	中断	限位开关，事故信号，停电信号，紧急停止信号等
	脉冲量	串行信号，各种脉冲源
	字输入	计算机接口，键盘，其他数字设备
输出	开关量	继电器，指示灯，接触器，电磁阀，制动器，离合器
	模拟量	晶闸管触发信号、流量、压力、温度等记录仪表，比例调节阀
	字输出	数字显示管，计算机接口，CRT接口，打印机接口

2. 选择PLC

首先应估计需要的PLC规模，选择功能和容量满足要求的PLC。

1)PLC规模的估算

为完成预定的控制任务所需要的PLC的规模，主要取决于设备对输入、输出点的需求量和控制过程的难易程度。估算PLC需要的各种类型的输入、输出点数，并据此估算用户的存储容量，是系统设计中的重要环节。

(1)输入、输出点的估算。

为了准确地统计被控设备对输入、输出点的总需求量，可以把被控设备的信号源一一列出，并认真分析输入、输出点的信号类型。

在一般情况下，PLC对开关量的处理要比对模拟量的处理简单方便得多，也更加可靠。因此，在工艺允许的情况下，常常把相应的模拟量与一个或多个门槛值进行比较，使模拟量变为一个或多个开关量，再进行处理、控制。例如，温度的高低是一个连续的变化量，而在实际工作中，常常把它变成几个开关量进行控制。假设一个空调机，其控温范围是20℃～25℃，一般可以在20℃设置一个开关S1，在25℃时设置一个开关S2，当室温降低到20℃时S1接通，S2断开，启动加热设备，使室温升高；当室温升高到25℃时，S2接通，S1断开，停止升温。这样，对PLC来说，只需提供两个开关量输入点就够了，不必再用模拟量输入。

除了大量的开关量输入、输出点外，其他类型输入、输出点也要分别进行统计，PLC与计算机、打字机、CRT显示器等设备连接，需要用专用接口，也应一并列出来。

考虑到在实际安装、调试和应用中，还可能会发现一些估算中未预见到的因素，要根据实际情况增加一些输入、输出信号。因此，要按估算数再增加15%～20%的输入、输出点数，以备将来调整、扩充使用。

(2)存储容量的估算。

小型PLC的用户存储器是固定的,不能随意扩充选择。因此,选购PLC时,要注意它的用户存储器容量是否够用。

用户程序占用内存的多少与多种因素有关。例如,输入、输出点的数量和类型,输入、输出量之间关系的复杂程度,需要进行运算的次数,处理量的多少,程序结构的优劣等,都与内存容量有关。因此,在用户程序编写、调试好以前,很难估算出PLC所应配置的内存容量。一般只能根据输入、输出的点数及其类型、控制的繁简程度加以估算。一般粗略的估计方法为:

(输入点数+输出点数)×(10~12)=指令语句数

在按上述数据估算后,通常再增加15%~20%的备用量,作为选择PLC内存容量的依据。

2)PLC的选择

PLC产品的种类、型号很多,它们的功能、价格、使用条件各不相同。选用时,除输入、输出点数外,一般应考虑以下几方面的问题。

(1)PLC的功能。

PLC的功能要与所完成的任务相适应,这是最基本的。如果所选的功能不强,满足不了控制任务的要求,也无法顺利地组成合适的控制系统。

一般机械设备的单机自动控制多属简单的顺序控制,只要选用具有逻辑运算、定时器、计数器等基本功能的小型PLC就可以了。

如果控制任务比较复杂,包含了数值计算、模拟信号处理等内容,就必须选用具有数值计算功能、模数和数模转换功能的中型PLC。

对过程控制来说,还必须考虑PLC的速度。PLC采用顺序扫描方式工作,它不可能可靠地接收持续时间小于扫描周期的信号。

例如,要检测传送带上产品的数量,如图4-47所示。若产品的有效检测宽度为2.5cm,传送速度为50m/min,则产品通过检测点的时间间隔为

$$T=\frac{2.5\text{cm}}{50\text{m/min}}=\frac{0.025\text{m}}{50\text{m}/60\text{s}}=30\text{ms}$$

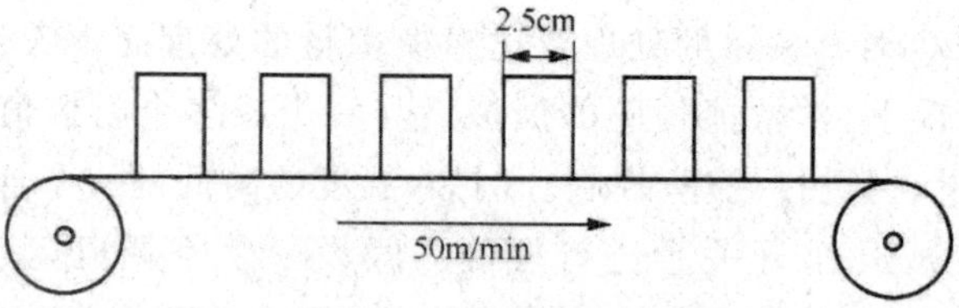

2.5cm

50m/min

图4-47 产品检测示意图

为了确保不漏检传送带上的产品,PLC的扫描周期必须小于30ms,但不是所有PLC都能满足这一要求。在某些要求高速响应的场合,可以考虑扩充高速计数模块和中断处理模块等。

(2)输入接口模块。

PLC的输入直接与被控设备的一些输出量相连。因此,除按前述估算结果考虑输入点

数外，还要选好传感器等。考虑输入点的参数，主要是它们的工作电压和工作电流。

输入点的工作电压、工作电流的范围应与被控设备的输出值（包括传感器等的输出）相适应，最好不经过转换就能直接相连。

如果 PLC 的安装位置距被控设备较远，现场的电磁干扰又较强，就应尽量选择工作电压较高，上、下门槛值差值较大的输入接口模块，以减少长线传输的影响，提高抗干扰能力。

(3)输出接口模块。

输出模块接口的任务，是将 PLC 的内部输出信号变换成可以驱动执行机构的控制信号。除考虑输出点数外，在选择时通常还要注意下面两个问题。

①输出离开模块允许的工作电压、电流应大于负载的额定工作电压、电流。对于灯丝负载、电容性负载、电动机负载等，要注意启动冲击电流的影响，留有较大的余量。

②对于感性负载，则应注意在断开瞬间，可能产生很高的反向感性电动势。为避免这种感应电动势击穿元器件或干扰 PLC 主机的正常工作，应采取必要的抑制措施。

另外，还要考虑其可靠性、价格、可扩充性、软件开发的难易、是否便于维修等问题。

3. 编制 I/O 分配对照表

一般在工业现场，各输入接口和输出设备都有各自的代号，PLC 内的 I/O 继电器也有编号。为使程序设计、现场调试和查找故障方便，要编制一个已确定下来的现场 I/O 信号的代号和分配到 PLC 内与其相连的 I/O 继电器号或器件号的对照表，简称 I/O 分配表。还要确定定时器和计数器等的数量。这些都是硬件设计和绘制梯形图的主要依据。

在上述两步完成之后，软、硬件设计工作就完成平行进行了。因为可编程序控制器所配备的硬件是标准化和序列化的，它不需要根据控制要求重新搞结构设计，在选购好 PLC 和 I/O 接口模块等硬件后，要熟悉和掌握它们的性能和使用方法，然后就可直接进行系统安装。硬件系统安装后，还要用试验程序检查其功能，以备调试软件。

4. 绘出 PLC 与现场器件的实际连接图（安装图）

绘出实际连接图是必要的，因为不同的输入信号经输入接口连接到 PLC 的输入端，这些输入信号使输入等效继电器通电还是断电呢？知道它们的关系对设计梯形图而言是至关重要的。否则，有可能把逻辑关系搞反，导致控制系统出错。这时需借助实际连接图来厘清关系。另外，对照实际连接图来设计梯形图时，思路会更清晰，不仅可加快设计速度，而且不易出错。注意，绘制 PLC 的实际连接图时，还要绘出控制系统的主电路。

5. 绘出梯形图

根据工艺流程，结合输入、输出编号对照表和实际连接图，绘出梯形图。此时，除应遵守梯形图的编程规则和方法外，这里再着重强调两点：

(1)设计梯形图与设计继电器－接触器控制线路图的方法相类似。若控制系统比较复杂，则可以采用“化整为零”的方法，待一个个控制功能的梯形图设计出来后，再“积零为整”，完善相互关系。对旧设备的改造，还可参照原有的继电器－接触器控制电路图。

(2)PLC 的运行是以扫描的工作方式进行的，它与继电器－接触器控制线路的工作不同，一定要遵照自上而下的顺序来编制梯形图，否则就会出错。程序顺序不同，其结果是不一样的。如图 4-48(a)和图 4-48(b)的梯形图对于继电器控制线路来说，运行结果是一样的,但对PLC而言,运行结果截然不同。这一点从它们的波形图上可以清楚地看出来。

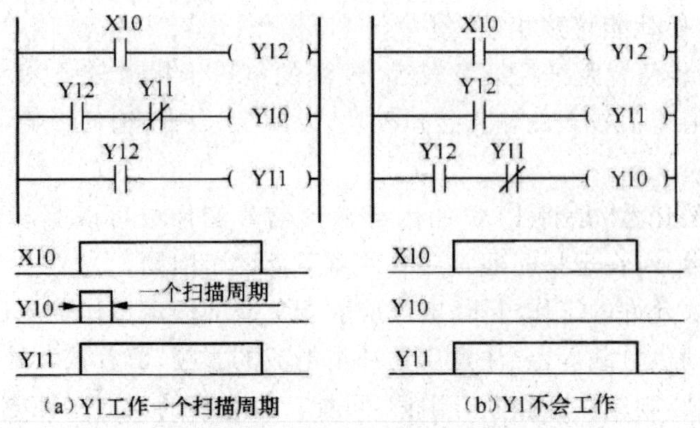

(a)Y1工作一个扫描周期　　(b)Y1不会工作

图4-48　程序的排列顺序问题

6.按照梯形图编写指令程序

依据所选用的PLC所规定的指令系统,将梯形图的图形符号编写成可用编程器送入PLC的代码。通常采用助记符指令表形式编写。

7.将指令程序通过编程器送入PLC

通过编程器将上列用户程序的指令表语句逐句写入PLC的RAM中。注意,不同型号的PLC要选用与其相对应的专用程序。

8.进行系统模拟调试和完善程序

在现场调试之前,先进行模拟调试,以检查程序设计和程序输入是否正确。模拟调试就是用开关组成的模拟输入器模拟现场输入信号来进行调试,输出动作情况通过指示灯来观察。模拟调试主要是让程序运行起来,按照工艺和控制系统要求,人为地给出输入信号,观察程序的执行情况和相应的输出动作是否正确,如有问题可及时进行修改,然后再进行调试,修改程序,直到完全正确为止。

9.进行硬件系统的安装

在模拟调试程序的同时,进行硬件系统的安装连线。

10.对整个系统进行现场调试和试运行

若在现场调试中又发现程序有问题,则还要返回到步骤8,对程序进行修改,直至完全满足控制要求。

11.正式投入使用

硬件和软件系统均满足要求后,即可正式投入使用。

12.保存程序

将调试通过的用户程序保存起来,通常将内容通过打印机打出,作为技术文件使用或存档备用。如果此用户程序是反复使用的,则将调试过的程序写入EPROM或者EEPROM组件中存放起来。

4.4.3　三相异步电动机正、反转控制电路的PLC改造

传统的继电器控制系统中分主电路和控制电路两部分,主电路是直接带大功率负载的通

断，而可编程序控制器的输出继电器触点容量有限，需要通过交流接触器来通断大功率负载。因此，可编程序控制器只能替换控制电路，可以对传统继电控制线路学习运用 PLC 来替代。

三相异步电动机正、反转控制，是通过正、反向接触器改变定子绕组的相序。其中有一个很重要的问题就是必须保证任何时候、任何条件下，正、反向接触器都不能同时接通，否则将造成三相电源相间瞬时短路。为此，在图 4-49 中采用正、反转按钮互锁，将两个接触器 KM1 和 KM2 的常闭触点也组成互锁。这样双重互锁就能够保证接触器 KM1 和 KM2 不会同时接通。

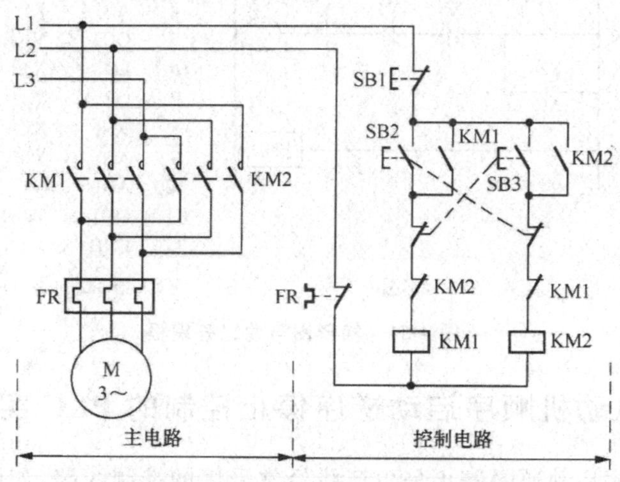

图 4-49　三相异步电动机正反转控制电路

运用可编程序控制器改造传统继电器线路的步骤如下：

(1)设置输入/输出端口分配表(为了选择合适的 PLC 容量)，见表 4-7。

表 4-7　输入/输出端口分配表

输入端口(I)	输出端口(O)
X1——SB1(停止按钮)	Y1——KM1(正转接触器)
X2——SB2(正转按钮)	Y2——KM2(反转接触器)
X3——SB3(反转按钮)	
X4——FR(过载保护)	
X5，X6——备用	Y3，Y4——备用

(2)绘制 PLC 的输入/输出(I/O)接线图(见图 4-50)。

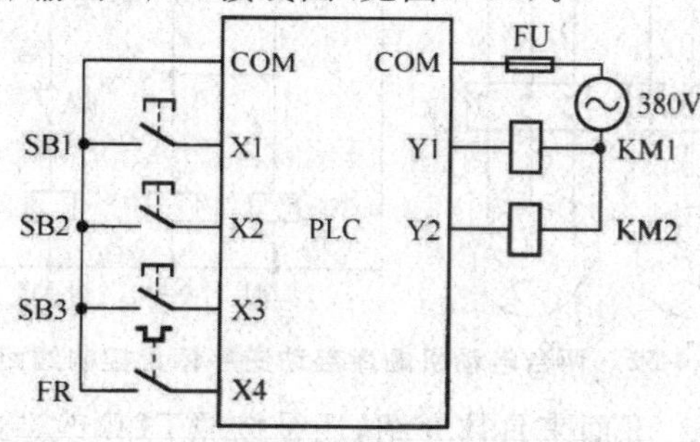

图 4-50　PLC 的输入/输出(I/O)接线图

(3)编制梯形图程序(见图 4-51(a))。

(4)编写指令表助记符程序(见图 4-51(b))。

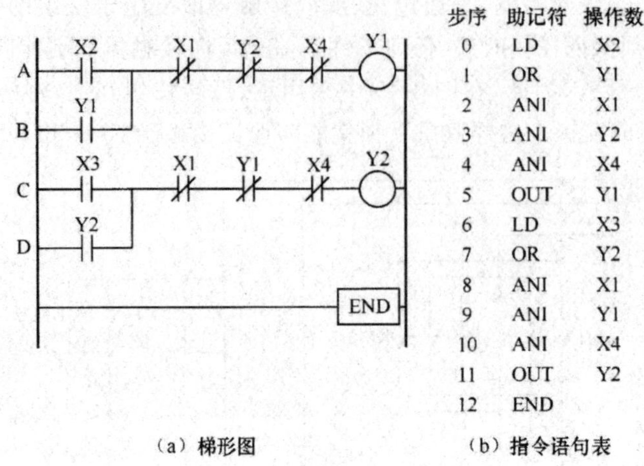

步序	助记符	操作数
0	LD	X2
1	OR	Y1
2	ANI	X1
3	ANI	Y2
4	ANI	X4
5	OUT	Y1
6	LD	X3
7	OR	Y2
8	ANI	X1
9	ANI	Y1
10	ANI	X4
11	OUT	Y2
12	END	

(a) 梯形图　　(b) 指令语句表

图 4-51　梯形图与助记符编程

4.4.4　两台电动机顺序启动逆序停止控制的 PLC 实现

两台电动机顺序启动逆序停止是生产线经常采用的控制线路,如图 4-52 所示,电动机 M1 启动后,由时间继电器 KT1 设定的延长时间到了,才能启动电动机 M2 工作。停止时必须先按下停止按钮 SB3 将电动机 M2 停止后,由时间继电器 KT2 设定的延长时间来控制电动机 M1 的停止。

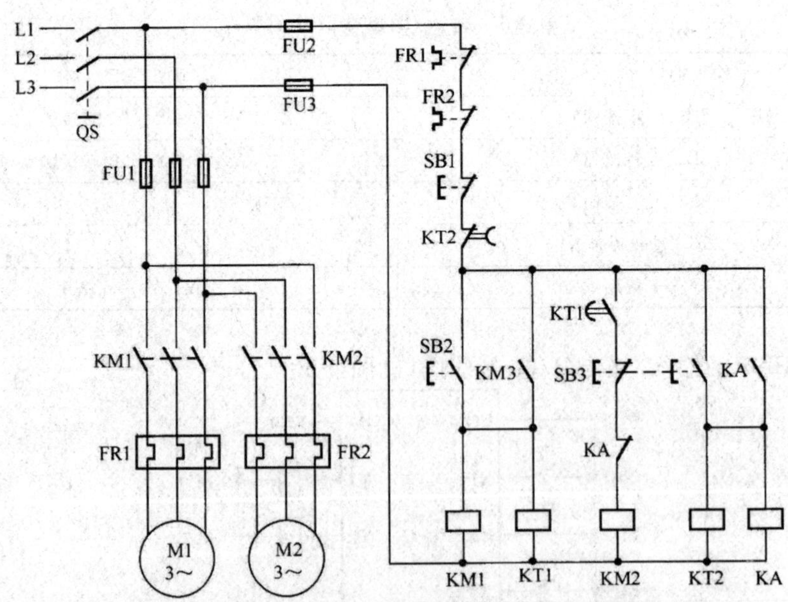

图 4-52　两台电动机顺序启动逆序停止控制线路

怎样用 PLC 来实现呢?下面来具体介绍,还是按照 PLC 改造的步骤进行。

(1)设置输/入输出端口分配表,见表 4-8。

表 4-8　输入,输出端口分配表

输入端口(I)	输出端口(O)
X1——SB1(紧急停止按钮)	Y1——KM1(电动机 M1 接触器)
X2——SB2(正转按钮)	Y2——KM2(电动机 M2 接触器)
X3——SB3(停止按钮)	
X4,X5——备用	Y3,Y4——备用

(2)绘制 PLC 的输入/输出(I/O)接线图(见图 4-53)。

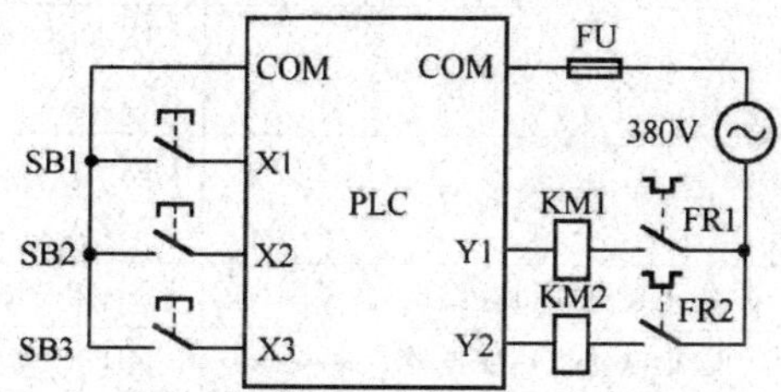

图 4-53　PLC 的输入/输出(I/O)接线图

(3)编制梯形图程序(见图 4-54(a))。

(4)编写指令表助记符程序(见图 4-54(b))。

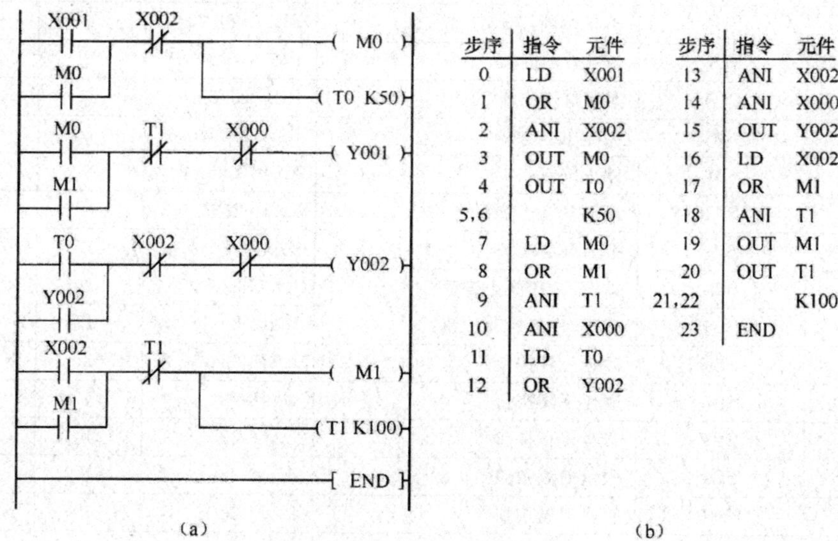

步序	指令	元件	步序	指令	元件
0	LD	X001	13	ANI	X002
1	OR	M0	14	ANI	X000
2	ANI	X002	15	OUT	Y002
3	OUT	M0	16	LD	X002
4	OUT	T0	17	OR	M1
5,6		K50	18	ANI	T1
7	LD	M0	19	OUT	M1
8	OR	M1	20	OUT	T1
9	ANI	T1	21,22		K100
10	ANI	X000	23	END	
11	LD	T0			
12	OR	Y002			

(b)

图 4-54　梯形图与助记符编程

4.4.5　磨床的 PLC 改造

对 M7120 平面磨床电气控制线路进行分析,PLC 改造后需要完成开门断电功能,主轴电动机的正、反转控制功能,刀架的快速移动功能,冷却泵电动机的控制功能。然后根据 M7120 平面磨床的控制电路设置输入、输出端口,绘制 PLC 的 I/O 接线图,编制梯形图和助记符(指令表),编译通过后,利用 PLC 软件进行实验仿真。由于 PLC 极高的可靠性及丰富的指令集，易于掌握，便捷的操作，丰富的内置集成功能，能够使 M7120 平面磨床在完成原有的功能外，还具有安装简便、稳定性好、易于维修、扩展能力强等特点。

M7120 平面磨床电气控制线路所需要的元件清单见表 4-9。

表 4-9　元件清单

序号	符号	名称	规格型号	数量	备注
1	KM1	液压泵电动机交流接触器	CJX-10 10A，220V	1	
2	KM2	砂轮电动机交流接触器	CJX1-20 20A，220V	1	
3	KM3	冷却电动机交流接触器	CJX-5 5A，220V	1	
4	KM4	电动机交流接触器	CJX-5 5A，220V	1	
5	FR1	液压泵电动机热继电器	FR16-5/3D	1	
6	FR2	砂轮电动机热继电器	FR16-16/3D	1	
7	FR3	冷却电动机热继电器	FR16-0.72/3D	1	
8	FR4	砂轮升降电动机热继电器	FR16-3.5/3D	1	
9	FU1	主电源熔断器	RC1A-60/35	3	
10	FU2	电磁吸盘熔断器	RC1A-5/2	2	
11	FU3	PLC 熔断器	RC1A-30/20	1	
12	FU4	指示灯熔断器	RC1A-5/2	1	
13	FU5	照明灯熔断器	RC1A-5/2	1	
14	KV	欠电压继电器	DDY-220V	1	
15	SB1	停止按钮	LA18-22	1	红色
16	SB2	液压泵停止按钮	LA18-22	1	红色
17	SB3	液压泵启动按钮	LA18-22	1	绿色
18	SB4	砂轮、冷却停止按钮	LA18-22	1	红色
19	SB5	砂轮、冷却启动按钮	LA18-22	1	绿色
20	SB6	砂轮上升按钮	LA18-22	1	黑色
21	SB7	砂轮下降按钮	LA18-22	1	黑色
22	SB8	吸盘停止按钮	LA18-22	1	黑色
23	SB9	吸盘通磁按钮	LA18-22	1	绿色
24	SB10	吸盘退磁按钮	LA18-22	1	黑色
25	EL	LED 指示灯	6VB/AC9mA	5	绿色
26	HL	LED 照明灯	24VAC/350mA	1	
27	YH	电磁吸盘	HDXP/127V 1.45A	1	
28	C	电容	5mf	1	
29	R	电阻	220 欧姆 1kW	1	
30	VC	整流器	2CZH11C	1	

(1)根据 M7120 平面磨床电气控制线路设置输入/输出端口分配表,见表 4-10。

表 4-10　输入/输出端口分配表

输入(INPUT)			输出(OUTPUT)		
功能	电路元件	PLC 地址	功能	电路元件	PLC 地址
砂轮启动按钮	SB1	X1	砂轮电动机 M1 控制	KM1	Y0
砂轮停止按钮	SB2	X2	液压泵电动机 M3 控制	KM2	Y1
液压泵启动按钮	SB3	X3	冷却泵电动机 M2 控制	KM3	Y2
液压泵停止按钮	SB4	X4	电磁吸盘充磁控制	KM4	Y3
冷却泵启动按钮	SB5	X5	电磁吸盘退磁控制	KM5	Y4
冷却泵停止按钮	SB6	X6	照明灯	EL	Y5
电磁吸盘充磁按钮	SB7	X7			
电磁吸盘退磁按钮	SB8	X10			
照明灯控制	SA	X11			
欠电流继电器 KA 输入 KA	X0				

(2)设计 PLC 的外部接线图(见图 4-55)。

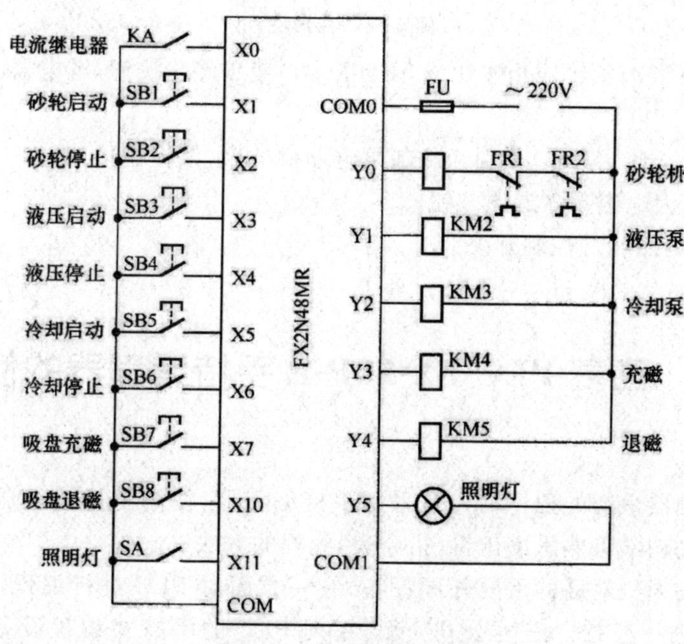

图 4-55　PLC 外部接线图

(3)编制梯形图(见图 4-56)。

从梯形图中我们可以看出,在总开关闭合的情况下(KA 得电常开闭合):

①按下 SB7(X007)时,Y003 得电自锁并充磁;

②M0 得电,电磁吸盘充磁且工件吸牢,M0 常开闭合;

③此时按下 SB1(X001)砂轮启动按钮或 SB3(X003)液压启动按钮,继电器 Y000、Y001

得电开始工作；

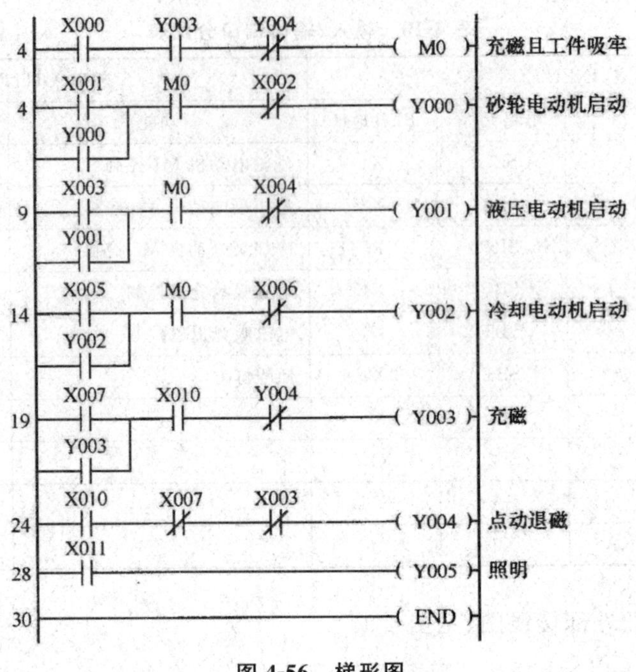

图 4-56　梯形图

④按下 SB2(X002)砂轮停止按钮或 SB4(X004)液压停止按钮，继电器 Y000、Y001 失电停止工作；

⑤SB5(X005)、SB6(X006)分别为冷却泵电动机的启、停控制按钮；

⑥SB8(X010)为电磁吸盘退磁按钮；

⑦SA(X011)为照明灯控制开关。

4.5　三菱 PLC FX-20P-E 手持编程器的使用

可编程序控制器最初的程序输入是采用手持编程器，使用手持编程器输入 PLC 程序，也能够更好地帮助初学者熟悉助记符(指令表)编程的方法。

手持编程器是人机对话的重要外围设备，它一方面对 PLC 进行编程，另一方面又能对 PLC 的工作状态进行监控。三菱公司 FX_{2N} 系列 PLC 的手持式编程设备有 FX-10P-E 和 FX-20P-E(简称 HPP)。HPP 编程器可以联机使用(在线)编程，也可以脱机(离线)方式编程。下面主要介绍 FX-20P-E 手持编程器。

FX-20P-E 手持编程器是 FX 系列 PLC 的一种通用编程器，适用于早期的 FX_2、FX_{2C}、FX_0、FX_{0N} 以及 FX_{2N}、FX_{2NC}、FX_{1S}、FX_{1N}、FX_{3UC} 等型号 PLC，使用转换器还可以用于早期的 F1 和 F2 系列 PLC。

4.5.1　FX-20P-E 的组成

该编程器由液晶显示器、ROM 写入器接口、存储器卡盒的接口、面板键盘等部分组成，如图 4-57 所示。

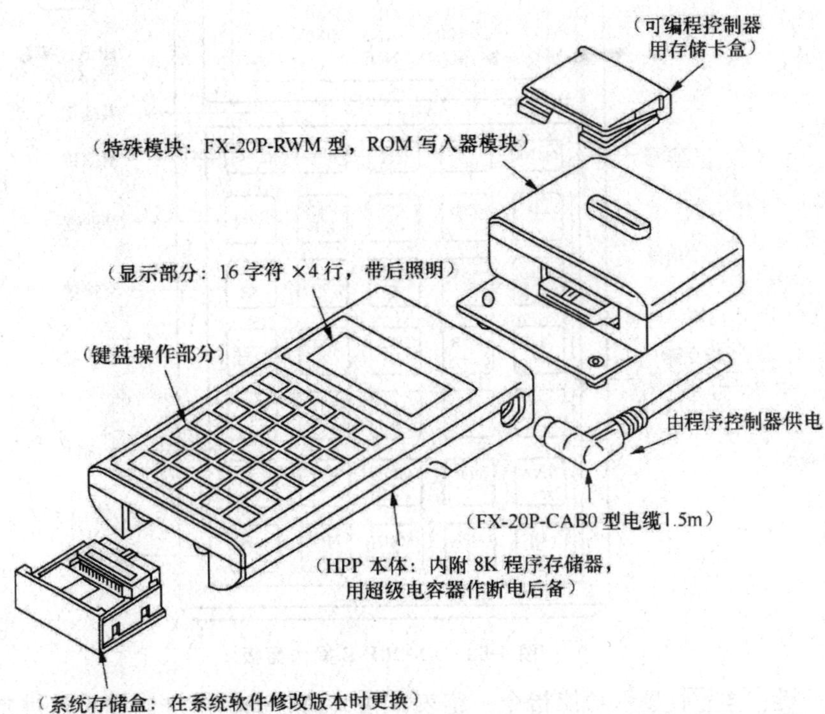

图 4-57　FX_{2N} 简易编程器的组成

根据 PLC 主机的型号选用相应型号的连接电缆。根据不同编程方式需要还可以选用 ROM 写入器、存储卡盒等其他模块。

图 4-58 所示为 FX-20P-E 编程器的操作面板示意图。编程器的面板有 35 个键，各键的作用说明如下。

· 功能键 RD/WR ：读出/写入。

INS/DEL ：插入/删除。

MIN/TEST ：监视/测试。

各功能键都是复用键，交替起作用，按第 1 次选择左边表示的功能，按第 2 次则选择右边表示的功能。

· 执行键 GO ：用于指令的确认、执行、画面显示和检索。

· 清除键 CLEAR ：按执行键之前按此键，则清除键入的数据。该键也可以用于清除显示屏上的错误信息或恢复原来的画面。

· 其他键 OTHER ：在任何情况下按下此键将显示方式项目菜单。安装 ROM 写入模块时，在脱机方式项目菜单上进行项目的选择。

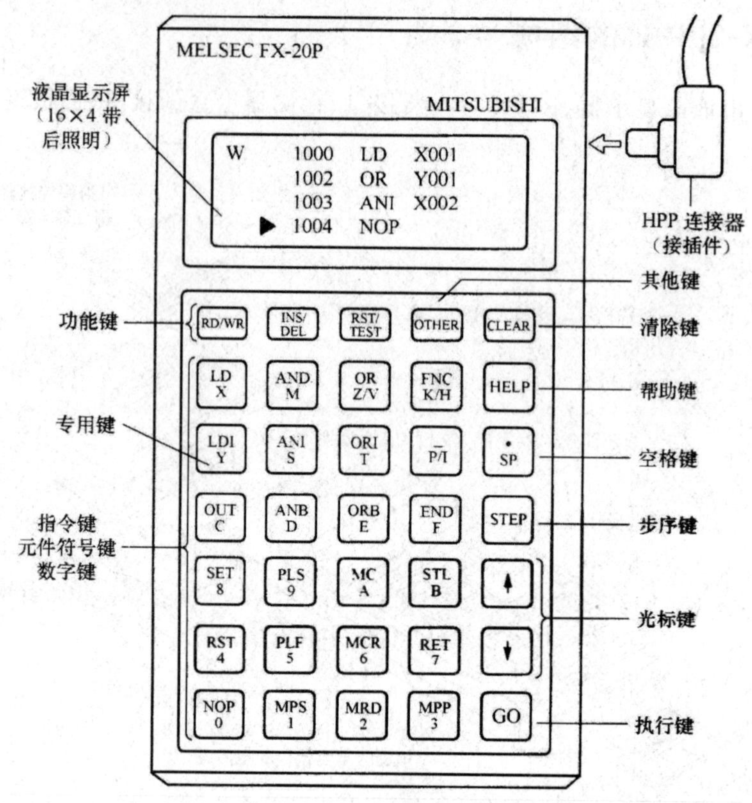

图 4-58　FX-20P-E 操作面板

· 帮助键[HELP]:显示功能指令一览表。在监视时进行十进制和十六进制的转换。

· 空格键[SP]:在输入时,用该键指定元件号和常数。

· 步序键[STEP]:设定步序号。

· 光标键[↑][↓]:用该键移动光标和提示符,指定当前元件的前一个或后一个元件,进行滚动。

· 指令、元件符号及数字键共 24 个,都是双功能复用键,用于程序输入、读出和监视。上、下功能根据当前所执行的操作自动进行切换,其中 Z/V、K/H、P/I 又是交替起作用,反复按键时互相交替切换。

FX-20P-E 编程器的液晶显示屏很小,能同时显示 4 行,每行 16 个字符并带有后照明。在编程操作时,显示屏上的画面如图 4-59 所示。

液晶显示屏左上角的黑三角提示符是功能方式说明,下面分别予以介绍。

· R(Read):读出。

· W(Write):写入。

· I(Insett):插入。

· D(Delete):删除。

· M(Monitor):监视。

· T(Test):测试。

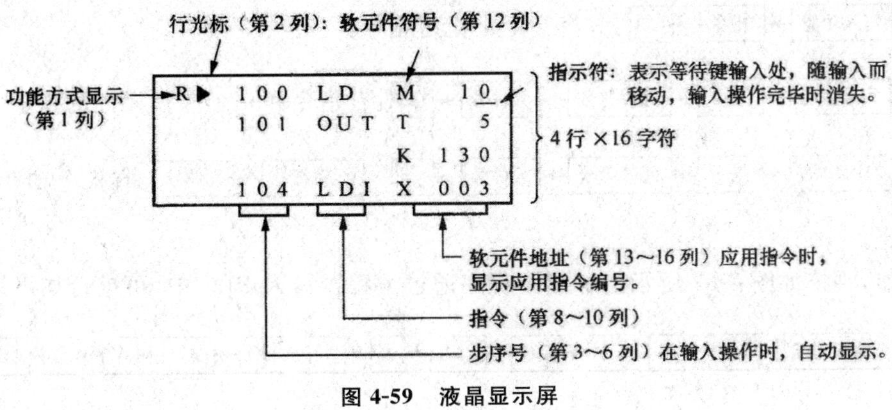

图 4-59　液晶显示屏

4.5.2　FX-20P-E 编程器的联机操作

FX-20P-E 编程器本身不带电源，是由 PLC 主机供电的。所以在编程前用专用电缆将编程器与 PLC 主机进行连接。

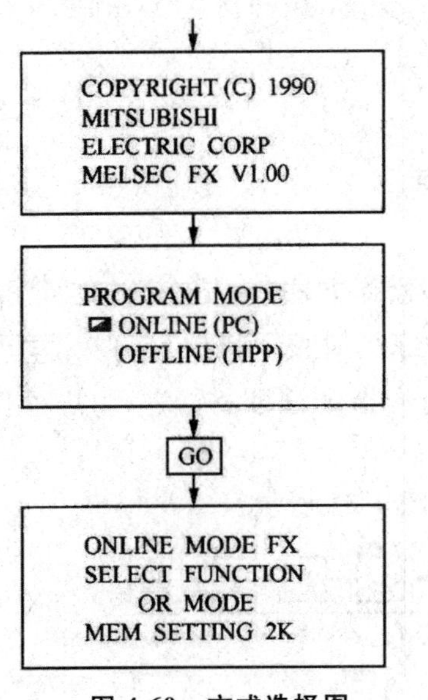

图 4-60　方式选择图

FX-20P-E 编程器和 PLC 直接连接，其编程器对 PLC 用户程序存储器进行直接操作。在写入程序时，如果 PLC 没有装 EEPROM 卡盒时，程序就写入 PLC 内部的 RAM；如果装有 EEPROM 卡盒时，则程序就写入程序卡盒。

1. 编程器的操作过程

当与 PLC 连接好后，接通 PLC 电源，在编程器显示屏上显示如图 4-60 所示的第 1 个画面，2s 后转入第 2 个画面，根据光标的指示选择联机或脱机方式，然后再进行功能选择。

编程：编程前先清零，即将 PLC 内部用户程序全部清除（在指定范围内成批写入 NOP 指令），然后用键盘编程。

监控：监视元件动作和控制状态，对指定元件强制 ON/OFF 及修改常数。

2. 联机编程常用的操作方法

1）程序的写入

在程序写入之前，要将 PLC 内用户存储器的原有程序全部清除，清零操作如图 4-61 所示。清零框图中每一个框表示按一次对应键。清零后即可进行程序写入操作。

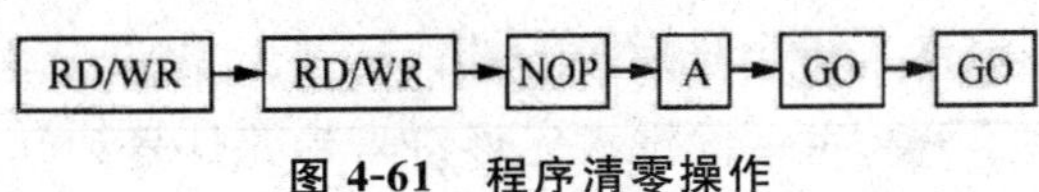

图 4-61　程序清零操作

（1）基本指令的写入。

基本指令（包括步进指令）的写入分 3 种情况，其操作方法如下：

① [写入功能]→[指令]→[GO]：只有指令助记符指令。

② [写入功能]→[指令]→[元件符号]→[元件号]→[GO]：有指令和一个操作元件的指令。

③ [写入功能]→[指令]→[元件符号]→[元件号]→[SP]→[元件符号]→[元件号]：有指令和两个操作元件的指令。

例如，要将如图 4-62 所示的梯形图程序通过编程器写入 PLC 中，可进行如下键操作。

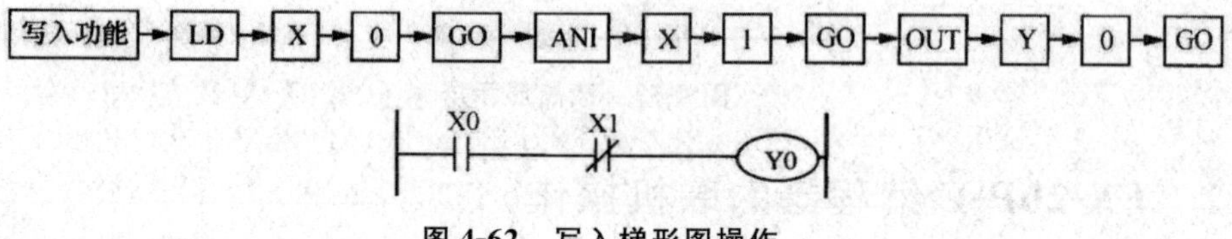

图 4-62　写入梯形图操作

这时，FX-20P-E 显示屏将显示如图 4-63 所示的界面。

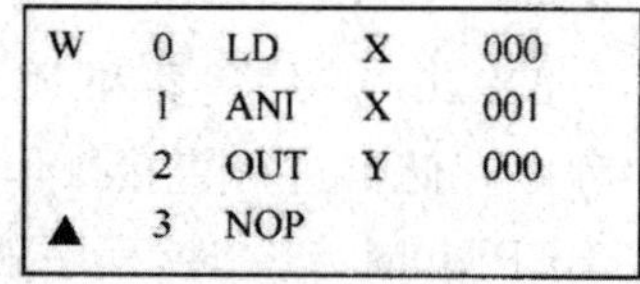

W	0	LD	X	000
	1	ANI	X	001
	2	OUT	Y	000
▲	3	NOP		

图 4-63　FX-20P-E 显示屏显示的界面

(2)功能指令的写入。

写入功能指令时，按[FNC]键后再输入功能指令号。有两种操作方法：一是在已知功能指令编号时，在[FNC]键后直接键入编号；二是在不知道功能指令编号时按[FNC]键后，再按[HELP]键，在界面上显示功能指令的大分类项目，接着显示各项目内的指令符号一览表，用户可据此输入指令。

例如，写入功能指令(D)MOV(P)：D0 D2，其操作方法如图 4-64 所示。

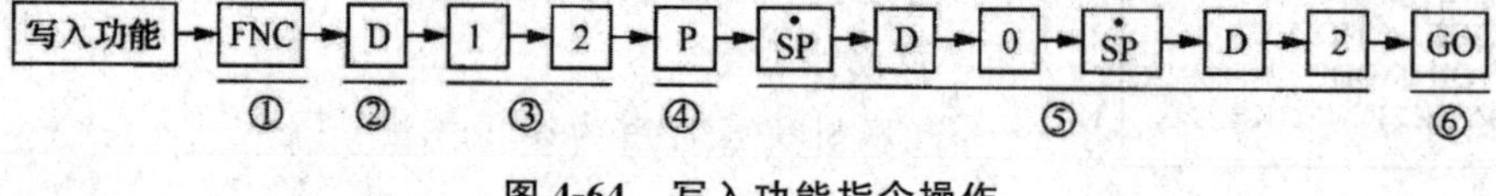

图 4-64　写入功能指令操作

①按[FNC]键；

②指定 32 位指令时，在键入指令后按[D]键；

③键入指令号；

④在制定脉冲指令时，键入指令号后按[P]键；

⑤在写入元件时，按[SP]键，再一次键入元件符号和元件号；

⑥按[GO]键，指令写入完毕。

例如，键入梯形图程序的键操作与显示屏如图 4-65 所示。

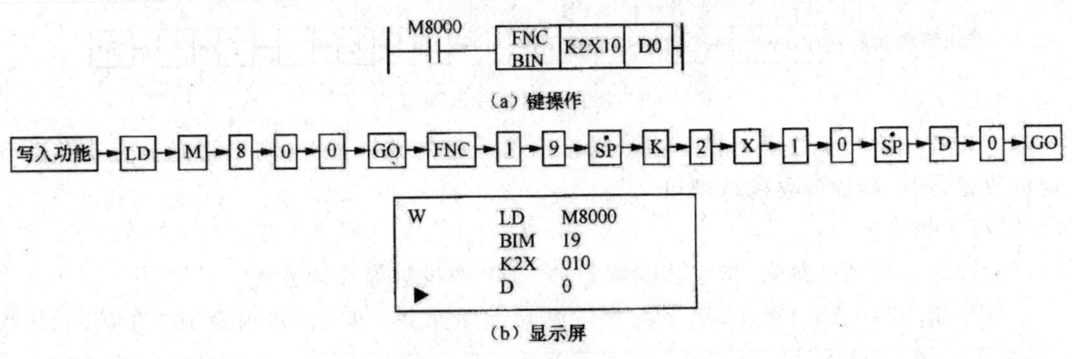

图 4-65　键入程序操作

(3)元件的写入。

在基本指令和功能指令输入中，往往要涉及元件的写入。例如，要写入功能指令 MOV K1X10ZD1，其操作方法如图 4-66 所示。

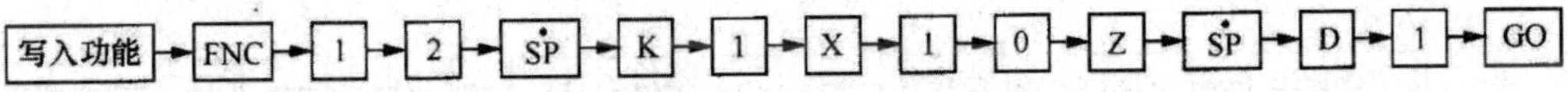

写入功能 → FNC → 1 → 2 → SP → K → 1 → X → 1 → 0 → Z → SP → D → 1 → GO

图 4-66　元件写入操作

(4)标号的输入。

在程序中 P(指针)、I(中断指针)作为标号使用时，其输入方法和指令相同，即按 P 或 I 键后再键入标号编号，最后按 GO 键。

2)程序读出

把已写入到 PLC 的程序读出进行检查是十分必要的，有步序号、指令、元件及指针 4 种方式。在联机方式且 PLC 处于运行状态，只能根据步序号读出。在脱机方式中，无论 PLC 处于何种状态，4 种方式均可采用。

3)程序修改

键入到 PLC 中的程序，有时需要改写，有时需要删除，有时还要插入一些程序。

(1)程序改写。

例如，输入指令 OUT CO K10 确认前(未按 GO 键前)，欲将 K10 改为 D9，其操作如图 4-67所示。

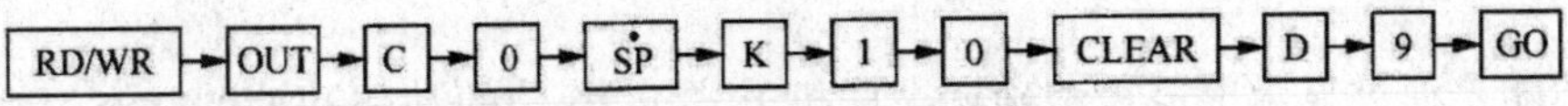

RD/WR → OUT → C → 0 → SP → K → 1 → 0 → CLEAR → D → 9 → GO

图 4-67　将 K10 改为 D9 的操作

若指令输入确认后(GO 键已按)，则应按如图 4-68 所示的方法操作。

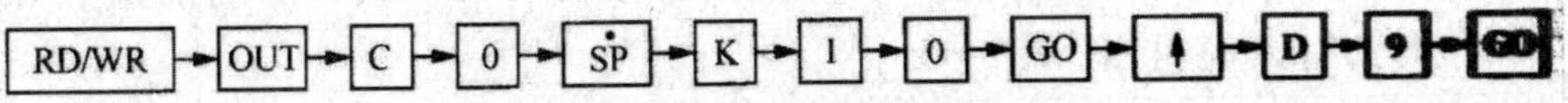

RD/WR → OUT → C → 0 → SP → K → 1 → 0 → GO → ↑ → D → 9 → GO

图 4-68　操作示意图

修改操作中，光标移动到欲修改的 K10 上。

指定步序指令改写是这样操作的，例如，在 100 步上写入指令 OUT C20 K123，其操作如图 4-69 所示。

［读出第 50 步］→ RD/WR → OUT → C → 2 → 0 → SP → K → 1 → 2 → 3 → GO

图 4-69　指定步序指令改写操作

如需要改写读出步数附近指令或只需修改指令中的某一部分，则可将光标直接移动到指定修改处，键入新内容再确认即可。

(2)程序删除。

删除程序分为逐条删除、指定范围删除和 NOP 成批删除 3 种方式。

①逐条删除时先读出程序，用光标指定删除程序部分。例如，要删除 100 步的 ANI 指令，其操作如图 4-70 所示。

［读出第 100 步］→ INS → DEL →［光标指向 100 步］→ GO

图 4-70　逐条删除

②指定范围删除的基本操作如图 4-71 所示。

INS/DEL → STEP → 步序号 → SP → STEP → 步序号 → GO

删除功能（INS/DEL）；起始步序号（STEP → 步序号）；终止步序号（STEP → 步序号）

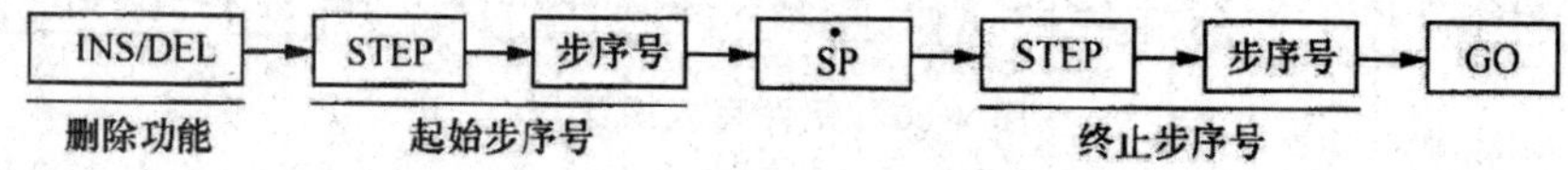

图 4-71　指定范围删除操作

③NOP 成批删除时，键操作如图 4-72 所示。

INS → DEL → NOP → GO

图 4-72　NOP 成批删除键操作

(3)程序插入。

插入程序操作是根据步序号读出程序，在指定的位置上插入指令或指针。例如，在 100 步前插入指令 AND M5 的键操作如图 4-73 所示。插入指令以后的步序号自动下移。

［读出第 100 步程序］→ INS → AND → M → 5 → GO

图 4-73　插入指令操作

4.5.3　监视/测试操作

监视功能是通过显示屏监视和确认在联机方式下 PLC 的动作和控制状态，包括元件的监视、导通检查和动作状态的监视等。测试功能是编程器对 PLC 位元件的触点和线圈进行强制 ON/OFF 以及常数修改，包括强制 ON/OFF，修改 T、C、D、Z、V 的当前值和 T、C 的设定值，文件寄存器的写入等内容。

监视/测试的基本操作步骤如下：

准备→启动系统→设定联机方式→监视/测试操作。

前三步与编程操作相同。各种监视、测试操作的具体步骤如下。

1)元件监视

所谓元件监视是指监视指定元件的 ON/OFF 状态、设定值及当前值。例如，监视 T100

和 C99 的键操作如图 4-74 所示。

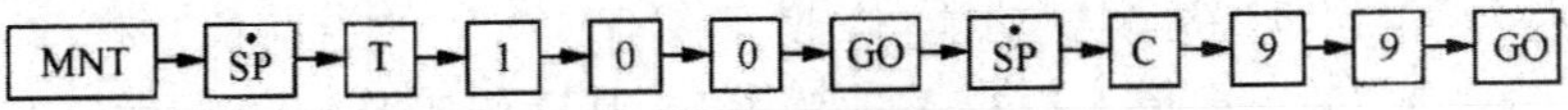

MNT → SP → T → 1 → 0 → 0 → GO → SP → C → 9 → 9 → GO

图 4-74　监视操作

此时,显示屏上的显示如图 4-75 所示。根据有无■标记,监视输出触点和复位线圈的 ON/OFF 状态。

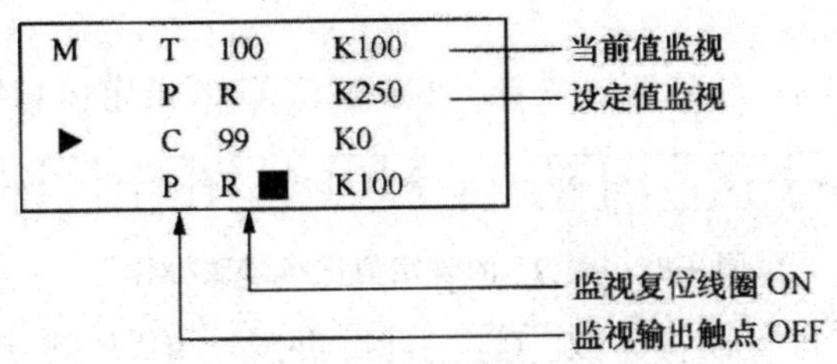

图 4-75　显示屏上将显示的内容

2)导通检查

根据步序号或指令读出程序,监视元件触点的导通及线圈动作。例如,读出第 126 步程序并作导通检查,其操作如图 4-76 所示。

读出以 126 步为首的 4 行指令,由显示在元件左侧的■标记监视触点的导通和线圈的动作状态,并可利用光标键作滚动检查。此时显示屏的显示如图 4-77 所示。

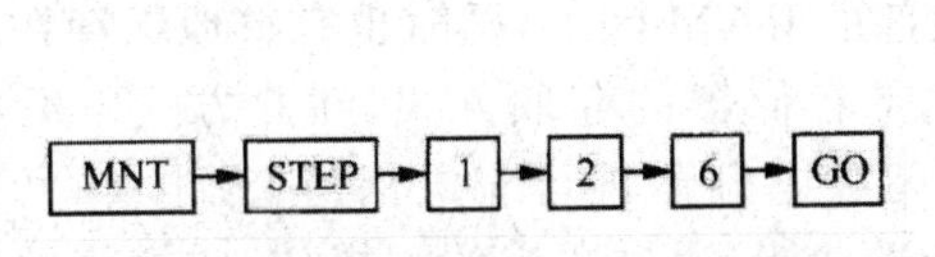

图 4-76　读出第 126 步程序并作导通检查操作

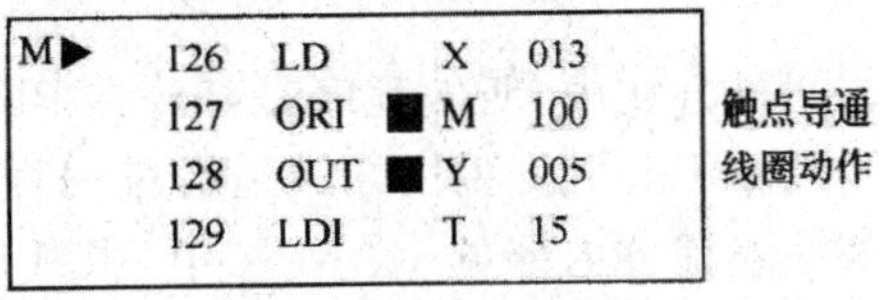

M▶	126	LD		X	013
	127	ORI	■	M	100
	128	OUT	■	Y	005
	129	LDI		T	15

触点导通
线圈动作

图 4-77　显示屏显示内容

3)动作状态监视

利用步进指令监视 S 的动作状态(元件号从小到大,最多为 8 点)。其操作如图 4-78 所示。

可监视 S 状态的范围为 S0～S899。当 M8049 为 ON 时,可监视 S900～S999。若 M8049 为 OFF,状态监视无效。

4)元件强制 ON/OFF

进行元件的强制 ON/OFF 的监视。例如,对 Y100 进行 ON/OFF 强制操作的键操作如图 4-79 所示。

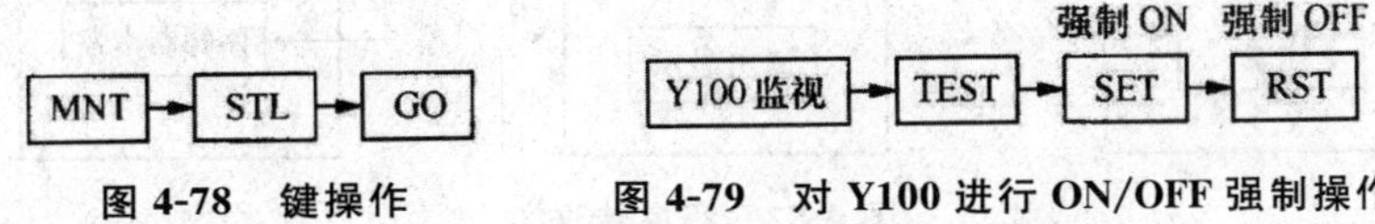

图 4-78　键操作　　图 4-79　对 Y100 进行 ON/OFF 强制操作

利用监视功能,对 Y100 元件进行监视,然后按 TEST(测试)键。若此时被监视元件为 OFF 状态,则按 SET,强制 ON;若此时 Y100 元件为 ON 状态,则按 RST 键,强制 Y100 处于 OFF 状态。

5)修改 T、C、D、V、Z 的当前值

先进行元件监视后，再进入测试功能，修改 T、C、D、Z、V 的当前值。将 32 位计数器的设定值寄存器(D1,D0)的当前值 K1234 修改为 K10，其操作如图 4-80 所示。

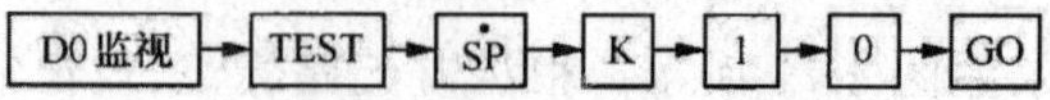

D0监视 → TEST → SP → K → 1 → 0 → GO

图 4-80 修改寄存器当前值

6)修改 T、C 设定值

元件监视或导通检查后，转到测试功能，可修改 T、C 的设定值，其操作如图 4-81 所示。

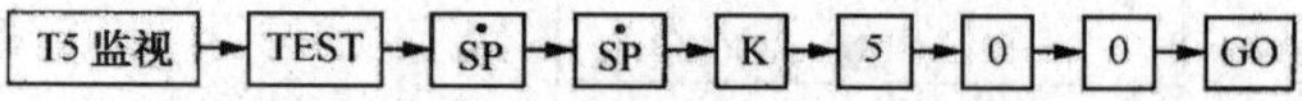

T5 监视 → TEST → SP → SP → K → 5 → 0 → 0 → GO

图 4-81 对 T5 的设定值进行修改操作

利用监视功能对 T5 进行监视。按 TEST 键后再按一下 SP 键，则提示符出现在当前值的显示位置上。再按一下 SP 键，提示符移到设定值的显示位置上。键入新的设定值 K500 后，按回车键设定值修改完毕。

以上是 FX-20P-E 简易编程器监视/测试的几种常用操作方法。其他操作如方式切换、程序出错检查、储蓄卡盒传送、参数设定(缺省值、存储器容量、锁存范围、文件寄存器设定、关键字等级等)、蜂鸣器音量调节等这里不再进一步介绍，使用时可查相关手册。

4.5.4 FX-20P-E 编程器的脱机操作

在联机方式中，所编程序是存放在 PLC 内部的 RAM 区中，同时也完整地保存在编程器内部的 RAM 区中。脱机方式是指对编程器内部存储器的存取方式，在此方式下所编程序仅存放在编程器内部的 RAM 区中，由其内部超级电容器进行充电保持(充电 1h 可保持 3 天以上)。在需要时，可用编程器方式菜单的传送功能，通过适当的键操作，成批将编好的程序和参数传送到 PLC 内部的 RAM 区或装在 PLC 的存储器卡盒，也可以传送至 ROM 写入器。脱机操作方式可以方便地将实验室里生成并经模拟调试的程序传送给安装在生产现场 PLC。脱机编程方式与 PLC 状态无关，但程序和参数的传送与 PLC 状态有关。图 4-82 所示为程序和参数的传送过程。

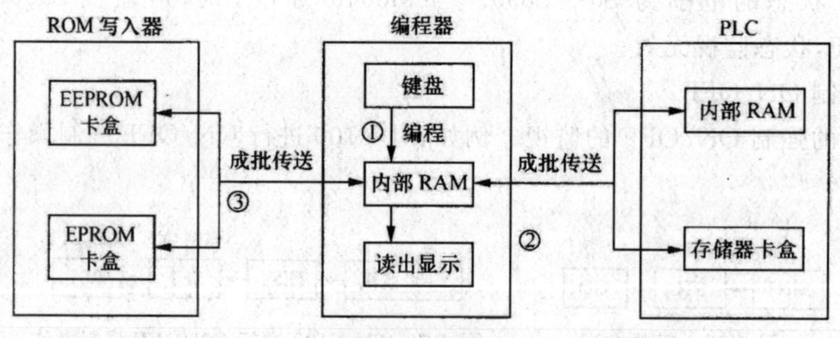

图 4-82 程序传送

图中，①表示脱机编程过程，在其编程器内部 RAM 上进行，与 PLC 侧存储器及 PLC 状态无关；②表示与 PLC 之间的成批传送；③表示与 ROM 写入器之间的成批传送。

脱机方式下的编程操作与联机方式下的操作相同。其他操作步骤也和联机方式类似，即准备→启动系统→设定脱机方式→方式菜单选择→具体操作。其中准备、启动系统的过程与联机方式相同。这里要特别指出的是，脱机方式下工作，最终还要在联机方式下完成。

4.5.5 实训内容与步骤

1. 接线

按图 4-83(a)所示接线，电源端 L 和 N 接交流 220V 电源。

2. 程序准备

(1)将编程器与主机连接。

(2)拨动主机上的 RUN/STOF 开关，使主机处于“STOF”状态。

(3)接通主机电源。

3. 编程操作

(1)程序清零。程序清零后，显示屏上显示全为“NOP”指令，表明内部用户存储器的程序已经被清除。

(2)程序写入。每输入一条指令，必须按确认键输入才有效。显示屏显示步序号、指令和元件号等。

(3)程序读出。将写入的程序按步序号、软元件、指令等几种方法读出。

(4)程序修改。用插入、删除、改写等方法修改程序。

4. 用 FX-20P-E 编程器输入程序，并监视程序运行

(1)输入如图 4-83(b)、图 4-83(c)所示的程序。

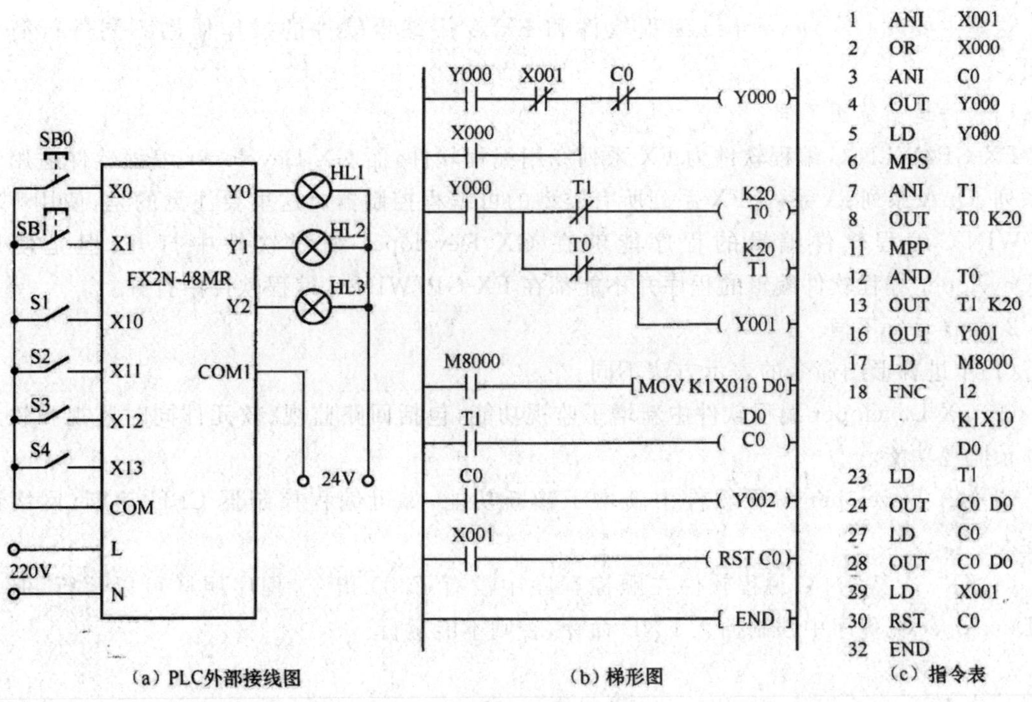

(a) PLC外部接线图　(b) 梯形图　(c) 指令表

图 4-83　程序

(2)接通主机的 RUN 开关,主机面板上 RUN 指示灯亮,表明程序已经运行。如果程序出现错误,主机面板上的"PROG-E"指示灯闪烁。此时应中止运行,并检查和修改错误。

(3)在不同输入状态下观察和记录运行中的输入/输出点指示灯状态的变化。

(4)进行元件监视、导通检查和强制 ON/OFF 操作。

(5)修改 T、C、D 的当前值和设定值。

4.6 GX DeveIoper 编程软件及在线仿真

随着可编程控制器应用的广泛深入,组成的系统越来越大,其编程也越来越复杂。需要借助计算机(笔记本电脑)编程,并且能够进行仿真调试。

4.6.1 可编程控制器编程软件简介

GX Developer 是三菱通用性较强的编程软件,它能够完成 Q 系列、QnA 系列、A 系列和 FX 系列 PLC 梯形图、指令表、SFC 等的编辑。该编程软件能够将编辑的程序转换成 OPPQ、GPPA 格式的文档,当选择 FX 系列时,还能将程序存储为 FXGP(DOS)、FXGP(WIN)格式的文档,以实现与 FX-GP/WIN-C 软件的文件互相转换。该编程软件能够将 Excel、Word 等软件编程的说明性文字、数据,通过复制、粘贴等简单操作导入程序中,使软件的使用、程序的编辑更加便捷。

这里主要就 GX Developer 编程软件和 FX 专用编程软件的操作使用不同进行简单说明。

1. 软件适用范围不同

FX-GP/WLN-C 编程软件为 FX 系列专用编程软件,而 GX Developer 编程软件适用于 Q 系列、QnA 系列、A 系列、FX 系列所有类型的可编程控制器。这里要注意的是,使用 FX-GP/WIN-C 编程软件编辑的程序能够在 GX Developer 编程软件中打开,但是使用 GXDeveloper 编程软件编辑的程序并不能都在 FX-GP/WIN-C 编程软件中打开。

2. 操作运行不同

(1)步进梯形图命令的表示方法不同。

(2)GX Developer 编程软件中新增了监视功能,包括回路监视、软元件同时监视和软元件登录监视功能。

(3)GX Developer 编程软件中新增了诊断功能,如可编程控制器 CPU 诊断、网络诊断等。

(4)FX-GP/WIN-C 编程软件在顺控程序中没有 END 指令,程序照样可以运行,但是 GXDeveloper 在程序中强制插入 END 命令,否则不能运行。

3. 系统配置

运行 GX Developer 软件的计算机的最低配置如下:

CPU:80486 及以上。

内存:8MB 或更高(推荐 16MB 以上)。

分辨率:800×600 像素,16 色或更高分辨率。

操作系统:Windows 9x/Windows 2000 或更高版本的操作系统。

采用 FX-232AWC 型 RS-232C/RS-422 转换器(便携式)或 FX-232AW 型 RS-232C/RS-422 转换器(内置式),以及其他指定的转换器。

采用 FX-422CAB 型 RS-422 缆线或 FX-422CAB 缆线,以及其他指定的缆线。

4.6.2　GX Developer 编程软件应用

1. 操作界面

图 4-84 所示为 GX Developer 编程软件的操作界面,该操作界面由下拉菜单、工具条、编程区、工程数据列表、状态条等部分组成。这里需要特别注意的是,在 FX-GP/WIN-C 编程软件中称编辑的程序为文件,而在 GX Developer 编程软件中则称为工程。

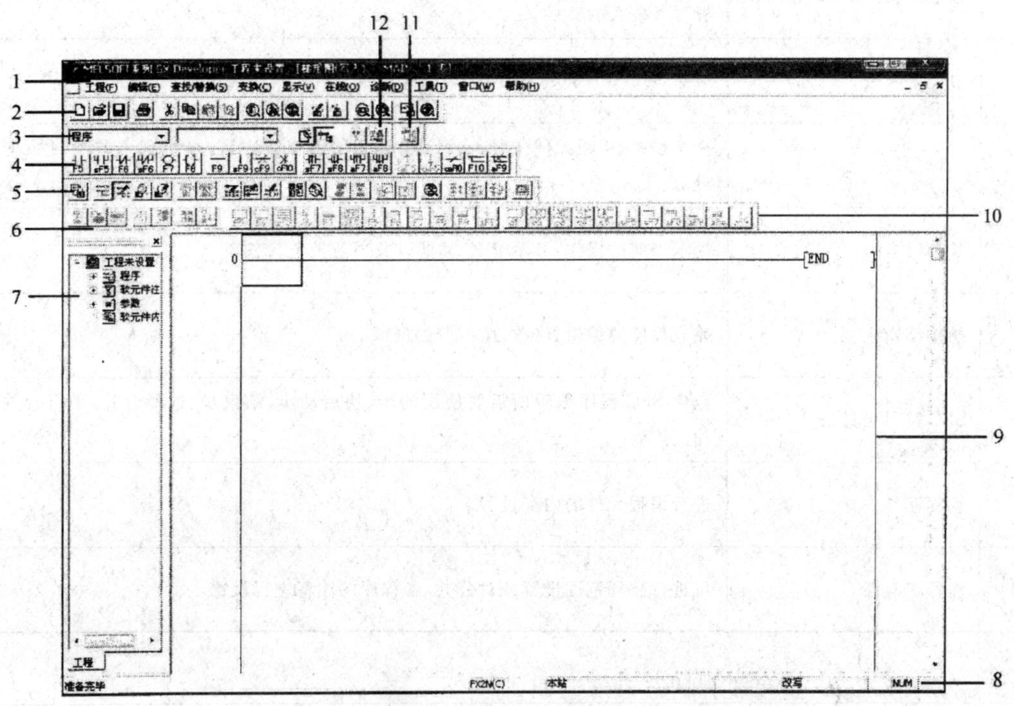

图 4-84　GX Developer 编程软件操作界面

与 FX-GP/WIN-C 编程软件的操作界面相比,该软件取消了功能图、功能键,并将这部分内容合并,作为梯形图标记工具条。新增加了工程参数列表、数据切换工具条、注释工具条等。这样直观的操作界面使操作更加简便。

图 4-84 中引线所指的名称、内容说明见表 4-11。

表 4-11　菜单功能

序号	名称	内容
1	下拉菜单	包含工程、编辑、查找/替换、交换、显示、在线、诊断、工具、窗口和帮助
2	标准工具条	由工程菜单、编辑菜单、查找/替换菜单、在线菜单和工具菜单常用的功能组成,如工程建立、保存、打印,程序的剪切、复制、粘贴,元件或指令的查找、替换,程序的读入、写出,编程元件的监视、测试等
3	数据切换工具条	可在程序、参数、注释和编程元件内存这 4 项中切换
4	梯形图标记工具条	包含梯形图编辑所需要使用的常开触点、常闭触点、应用指令等
5	程序工具条	可进行梯形图模式、指令表模式的转换,进行读出模式、写入模式、监视模式、监视写入模式的转换
6	SFC 工具条	可对 SFC 程序进行块变换、块信息设置、排序、块监视操作
7	工程参数列表	显示程序、编程元件注释、参数、编程元件内存等内容,可实现这些项目数据的设定
8	状态栏	提示当前的操作,显示 PLC 类型以及当前操作状态等
9	操作编辑区	完成程序的编辑、修改、监控等的区域
10	SFC 符号工具条	包含 SFC 程序编辑所需要使用的步、块启动步、结束步、选择合并、平行合并等功能
11	编程元件内存工具条	进行编程元件的内存设置
12	注释工具条	可进行注释范围设置或对公共/各程序的注释进行设置

2. GX Developer 编程软件的启动与退出

启动 Gx Developer 编程软件,可用鼠标双击桌面上的相应快捷图标,也可以依次单击【开始】→【所有程序】→【MELSOFT 应用程序】→【GX Developer】。图 4-85 所示为打开的 GX Developer 编程界面窗口。

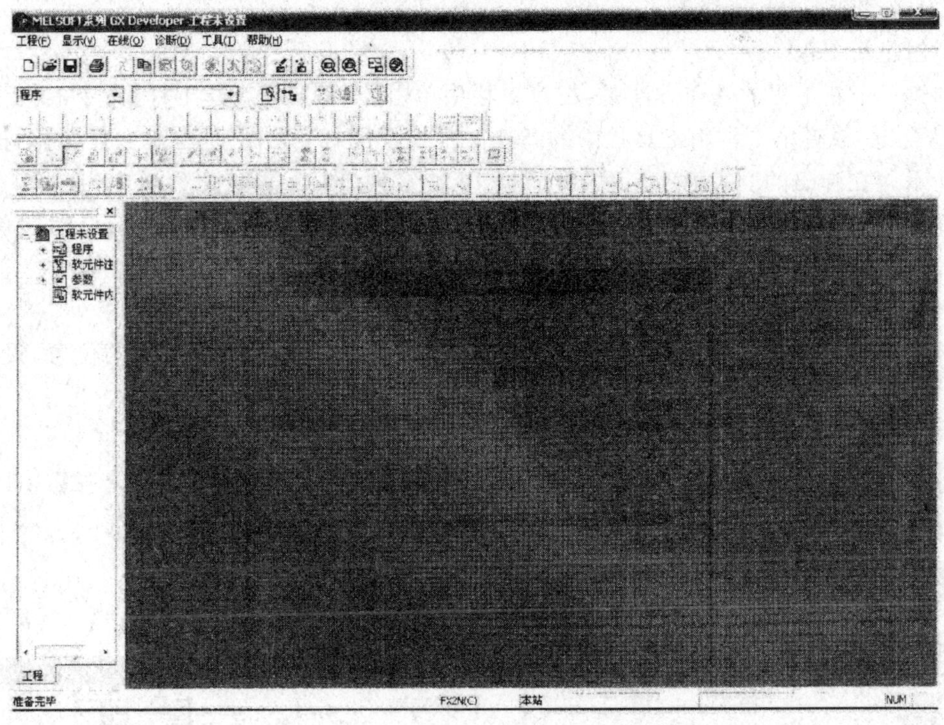

图 4-85　GX Developer 编程界面窗口

单击【工程】菜单下的【Gx Developer 关闭】命令，即可退出 Gx Developer 系统，如图 4-86 所示。

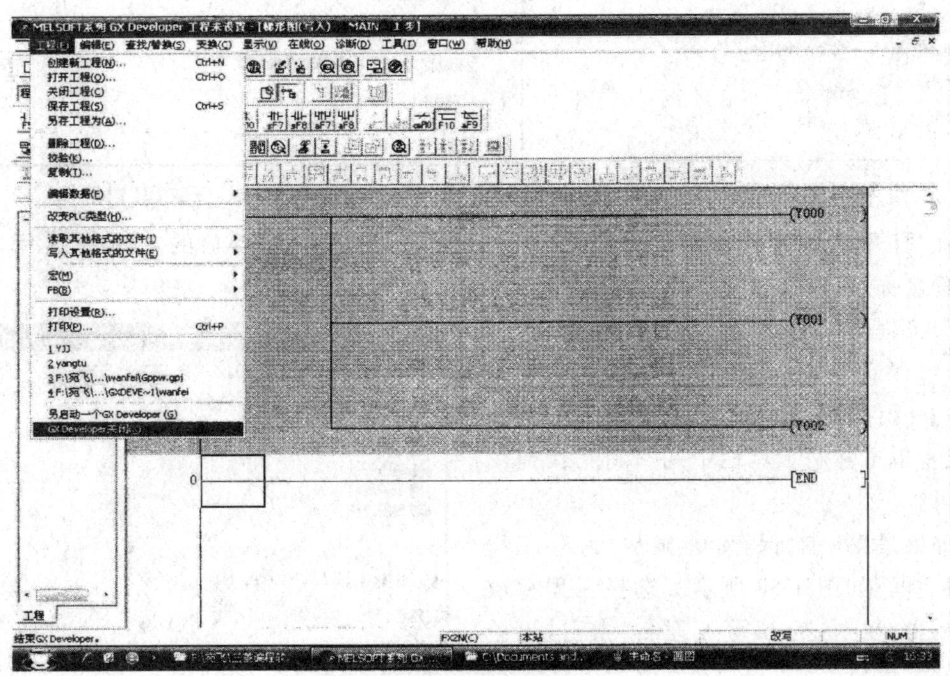

图 4-86　退出 GX Developer

3. 文件管理

1)创建新工程

创建一个新工程的操作方法是：在菜单栏中单击【工程】→【新建工程】命令，或者按【Ctrl＋N】组合键，或者单击常用工具栏中的新建文件快捷图标，弹出“创建新工程”对话框，如图4-87所示。在弹出的“创建新工程”对话框 PLC 系列、PLC 类型设置栏中，选择工程用的 PLC 系列、PLC 类型，如 PLC 系列选择 FXCPU，PLC 类型选择 FX2N(C)。然后单击“确定”按钮，或者按回车键即可。单击“取消”按钮则不建立新工程。

“创建新工程”对话框下部的“设置工程名”区域用于设置工程名称。

设置工程名称的操作方法是：选中“设置工程名”复选框，然后在规定的位置，设置驱动器/路径(用于存放工程文件的子文件夹)、工程名和索引。

2)打开工程

打开工程的操作方法是：在菜单栏中单击【工程】→【打开工程】命令或者按【Ctrl＋O】组合键，或者单击常用工具栏中的“打开”快捷图标，弹出“打开工程”对话框，如图4-88所示。

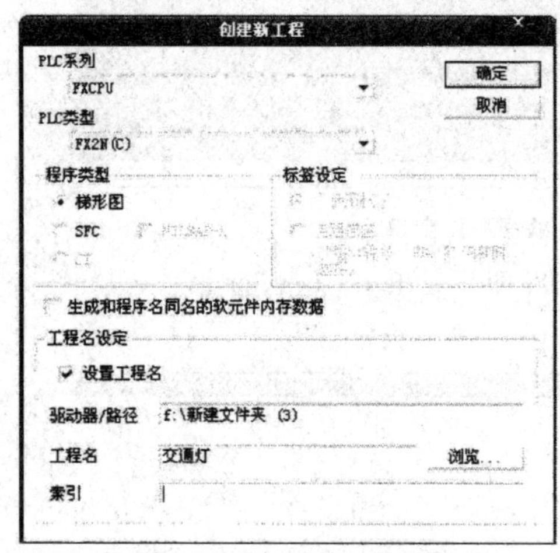

图 4-87　“创建新工程”对话框

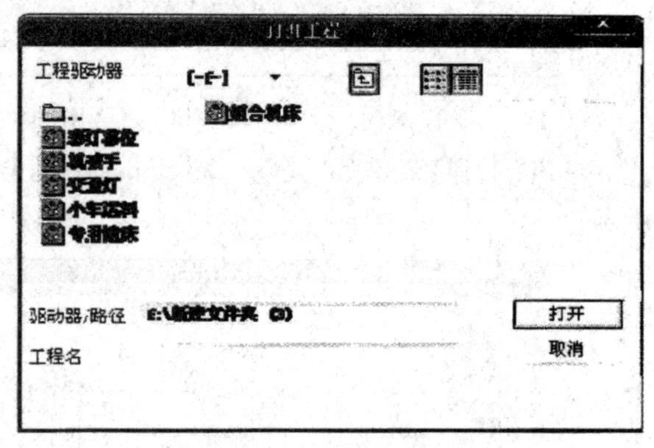

图 4-88　“打开工程”对话框

在“打开工程”对话框中，选择工程项目所在的驱动器、工程存放的文件夹、工程名称，选中工程名称后，单击“打开”按钮即可。

3)工程的保存、关闭和删除

(1)保存当前工程。在菜单栏中单击【工程】→【保存】命令或者按【Ctrl＋S】组合键，或者单击常用工具栏中的“保存”快捷图标即可。

如果是第一次保存，会显示“另存工程为”对话框，如图4-89所示。选择工程存放的驱动器、文件夹，填写工程名、索引，再单击“保存”按钮。

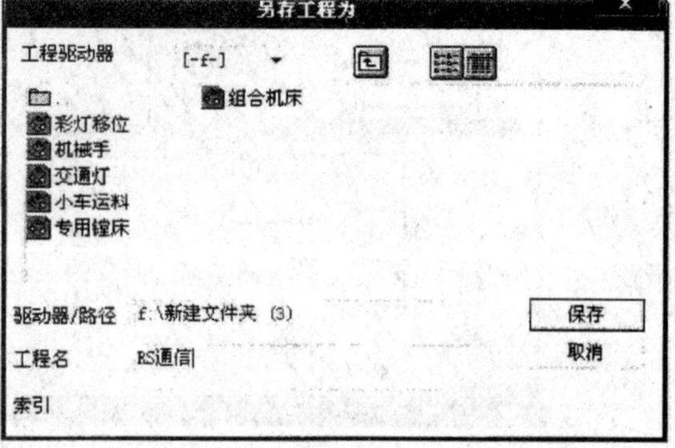

图 4-89　“另存工程为”对话框

(2)关闭当前工程。在菜单栏中单击

【工程】→【关闭工程】命令，在退出确认对话框中单击“是”按钮，退出工程；单击“否”按钮，返回编辑窗口。

(3)删除工程。在菜单栏中单击【工程】→【删除工程】命令，弹出“删除工程”对话框。单击欲删除文件的文件名，按回车键或单击“删除”按钮。或者双击欲删除的文件名，弹出删除确认对话框。单击“是”按钮，确认删除工程；单击“否”，返回上一对话框；单击“取消”按钮，不继续删除操作。

4.6.3　输入/输出其他格式的文件

1. 输入文件

在菜单栏中单击【工程】→【读取其他格式文件】→【读取 FXGP(WIN)格式文件】，弹出“读取 FXGP(WIN)格式文件”对话框，如图 4-90 所示，单击“浏览”按钮，弹出“打开系统名、机器名”对话框，在“系统名”文本框输入路径名，在“机器名”文本框输入程序文件名，当指定的程序文件处于根目录时，请将系统名称文本框置为空，选择 FXGP(WIN)格式文件所在的驱动器/路径、程序文件名，单击“确定”按钮，返回“读取 FXGP(WIN)格式文件”输入对话框。在对话框下部读取源数据选择页面，选择“程序文件”选项卡，通过选中需要读取的数据名前的复选框来显示相应的数据。在“程序(MAIN)”前的复选框中单击，出现红色对勾后，再单击“开始”按钮，读取 FXGP(WIN)格式文件，读取完毕，单击“确定”按钮确认完成。再单击“执行”按钮，梯形图显示在主窗口中。

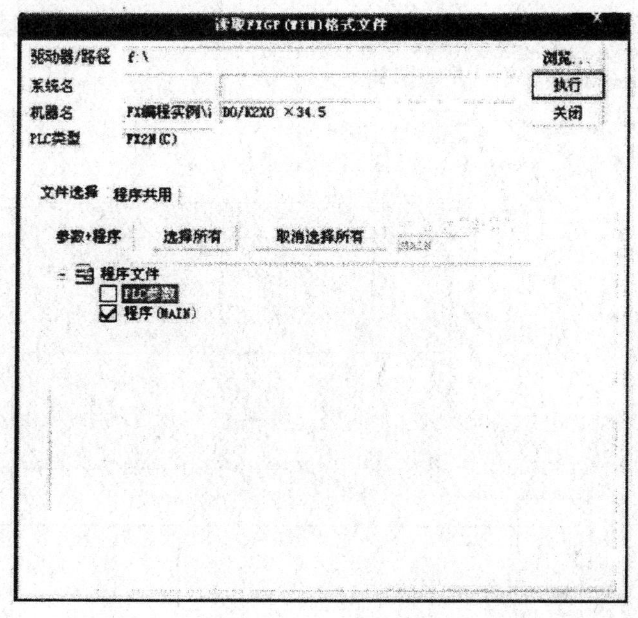

图 4-90　“读取 FXGP(WIN)格式文件”对话框

2. 输出文件

在菜单栏中单击【工程】→【写入其他格式文件】→【写入 FXGP(WIN)格式文件】，弹出“写入 FXGP(WIN)格式文件”对话框，单击“浏览”按钮，弹出“打开系统名、机器名”对话框，在“系统名”文本框输入路径名，在“机器名”文本框输入程序文件名，当指定的程序文件处于根目录时，请将系统名称文本框置为空，选择写入FXGP(WIN)格式文件所在的驱动器/路径、程序文件名，单击“确定”按钮，返回“写入FXGP(WIN)格式文件”对话框。在对话框下部读取源数据选择页面，选择“程序文件”选项卡，通过选中需要读取的数据名前的复选框来显示相应的数据。在“参数＋程序(MAIN)”前的复选框中单击，出现红色对勾后，再单击“开始”按钮，写入FXGP(WIN)格式文件，写入完毕，单击“确定”按钮确认完成。

4.6.4 梯形图编程

1. 触点、线圈输入

触点、线圈符号、特殊功能线圈、连接导线的输入和程序的清除，通过单击工具栏的触点、线圈等命令按钮，在输入标记对话框输入元件符号、地址号，再单击“确认”按钮来实现，如图4-91所示。

图4-91 梯形图输入对话框

2. 编辑操作

梯形图单元块的剪切、复制、粘贴、行插入、行删除等操作，通过执行【编辑】菜单栏中的相应命令实现，如图4-92所示。

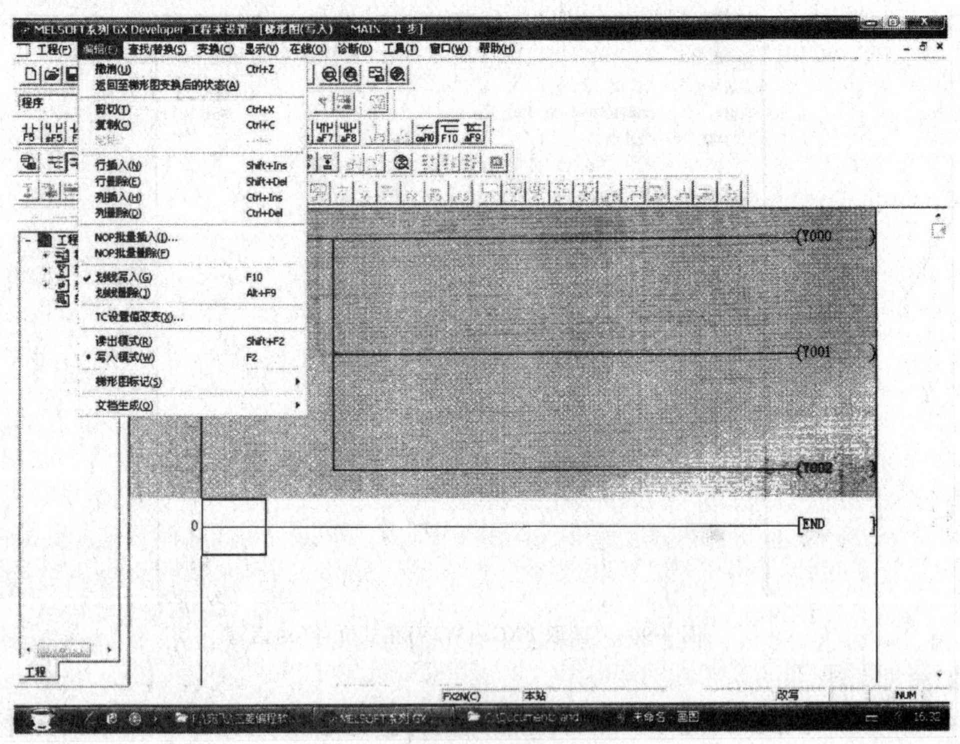

图4-92 编辑菜单

3. 梯形图的变换

将创建的梯形图变换后才能传输到 PLC 中，其操作方法是：在菜单栏中单击【变换】→【变换】命令或按【F4】键。

在梯形图中输入的指令或程序只有经过变换并置入指令表后才有效。在变换过程中显示梯形图变换信息，如果在未完成变换的情况下关闭梯形图窗口，程序提示“含有未变换梯形图，放弃未变换梯形图吗?”单击“是”按钮，新创建的梯形图被删除；单击“否”按钮，回到梯形图编辑窗口。

4. 查找

在菜单栏中单击【查找/替换】，再选择要查找的软元件、指令、步号、字符串和触点线圈，从相应的对话框中选择对象和查找方向，进行相关元件接点、线圈和指令的查找及元件类型和编号的改变。元件的替换，可以通过执行【查找】菜单栏实现。

5. 指令表编辑

在菜单栏中单击【显示】→【列表显示】可实现指令表状态下的编辑；通过单击【显示】→【列表显示】或【梯形图显示】，可实现指令列表程序与梯形图程序之间的转换。

6. 程序检查

在菜单栏中单击【工具】→【程序检查】选项，在弹出的“程序检查”对话框中选择相应的检查内容，如图 4-93 所示，然后单击“执行”按钮，实现对程序的检查。

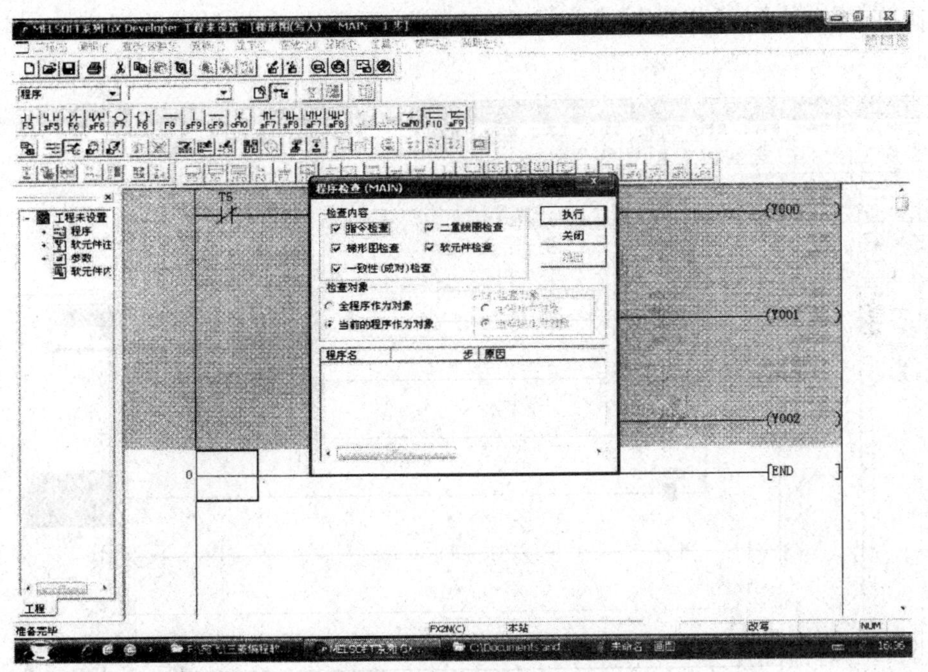

图 4-93　“程序检查”对话框

4.6.5　程序传送

1. 传送功能

PLC 读取：将 PLC 中的程序传送到计算机中。

PLC 写入：将计算机中的程序传送到 PLC 中。

PLC 校验：将在计算机与 PLC 中的程序进行比较校验。

2. 操作方法

在菜单栏中单击【在线】→【PLC 读取】、【PLC 写入】、【PLC 校验】菜单命令完成相应的操作。

当选择【PLC 写入】时，在"PLC 写入"对话框的文件选择标签内，程序选择主程序(MAIN)，然后单击程序标签，单击"执行"按钮即可将程序写入 PLC。

3. 传送程序应注意的问题

(1)计算机的 RS232C 端口及 PLC 之间必须用指定的电缆及转换器连接。

(2)执行完【PLC 读取】后，计算机的程序将丢失，原有的程序将被读入的程序所替代，PLC 模式改变成被设定的模式。

(3)在执行【PLC 写入】时，PLC 应停止运行，程序必须在 RAM 或 EEPROM 内存保护关断的情况下写出，然后进行校验。

4.6.6 程序监控

1. 梯形图监控

依次单击【在线】→【监视】→【监视开始(全画面)】，弹出梯形图监视窗口，如图 4-94 所示。

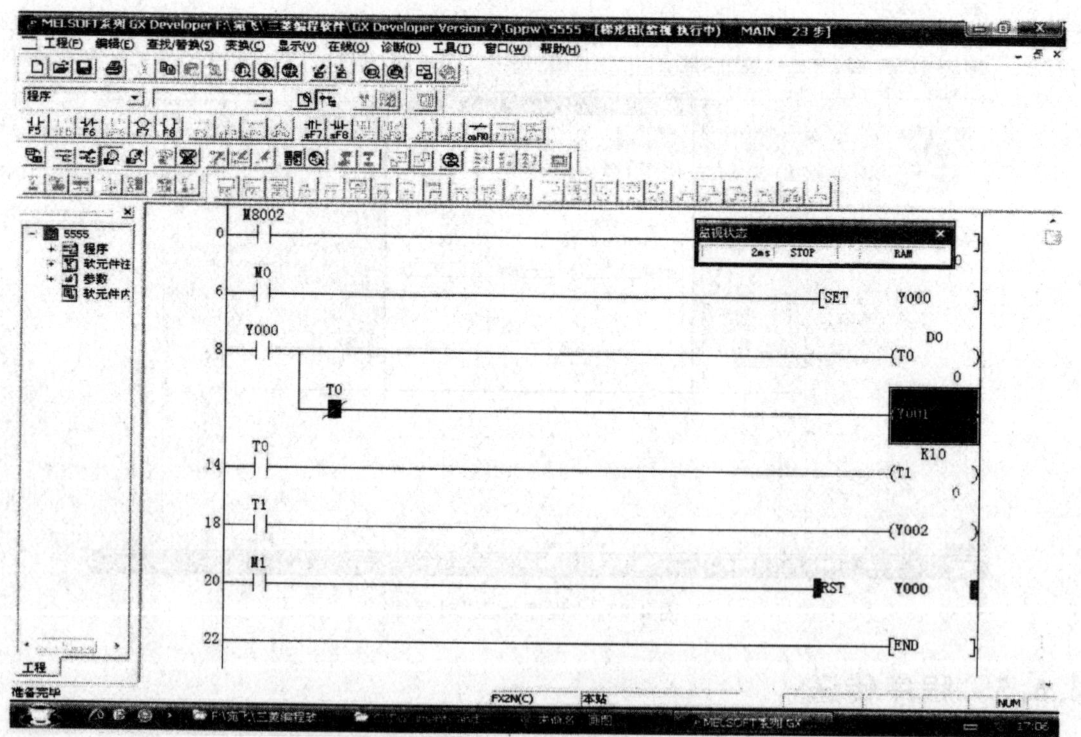

图 4-94 梯形图监视窗口

开始进行程序监控后，窗口中触点为蓝色表示触点闭合；线圈括号为蓝色，表示线圈得电；定时器、计数器设定值显示在其上部，当前值显示在其下部。

停止监控，可以依次单击【在线】→【监视】→【监视停止(全画面)】即可。

2. 元件测控

(1)强制元件ON/OFF。依次单击【在线】→【调试】→【软元件测试】，弹出软元件测试对话框。在位软元件的软元件输入框中输入元件的符号或地址号，然后单击强制ON或强制OFF命令按钮，分别强制该元件为ON或OFF。

(2)当前值监视切换。依次单击【在线】→【监视】→【当前值监视切换(十进制)】菜单命令，字元件当前值以十进制显示数值。单击【在线】→【监视】→【当前值监视切换(十六进制)】菜单命令，字元件当前值以十六进制显示数值。

3. 远程操作

在菜单栏中单击【在线】→【远程操作】命令，弹出“远程操作”对话框，如图4-95所示。单击“操作”选项的下拉文本框，选择“RUN”或“STOP”选项，再单击“执行”按钮，根据提示进行相关操作就可以控制PLC的运行和停止。

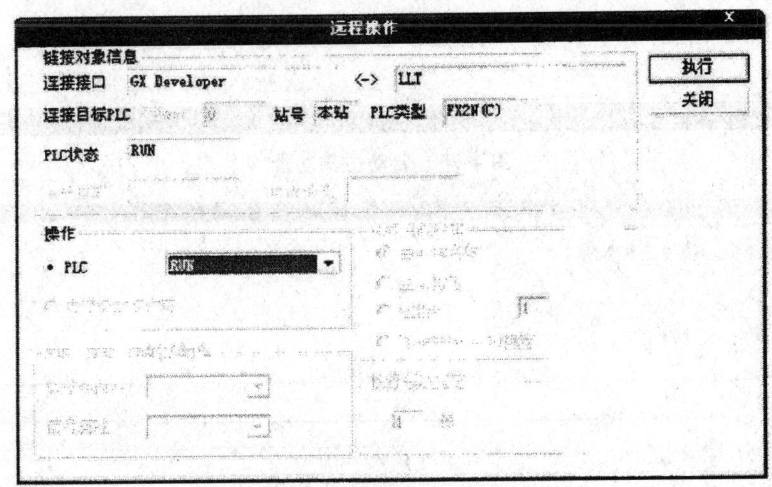

图4-95 “远程操作”对话框

4. GX Developer仿真

在GX Developer软件中增加了PLC程序的离线调试功能，即仿真功能。通过该软件可以实现在没有PLC的情况下照样运行PLC程序，并实现程序的在线监控和时序图的仿真功能。

使用方法如下：

(1)打开已经编写完成的PLC程序。

(2)选择工具菜单并单击“梯形图逻辑测试起动”命令，如图4-96所示。

(3)等几秒后会出现如图4-97所示画面，此时PLC程序进入运行状态，单击【菜单启动】→【继电器内存监视】命令。

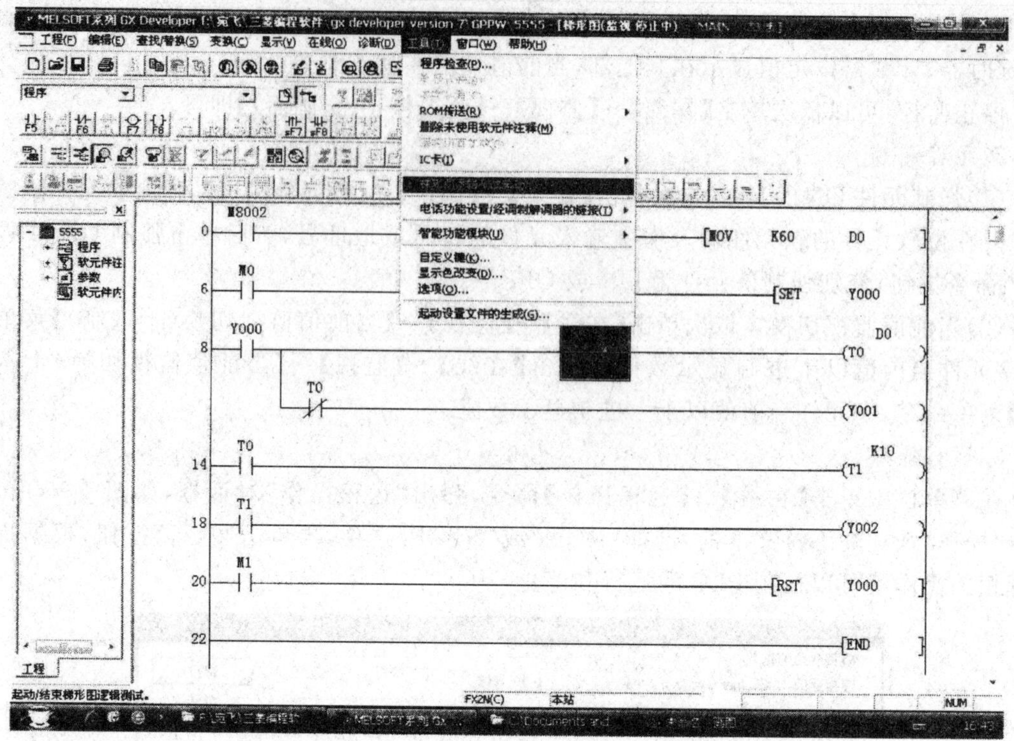

图 4-96　启动仿真功能

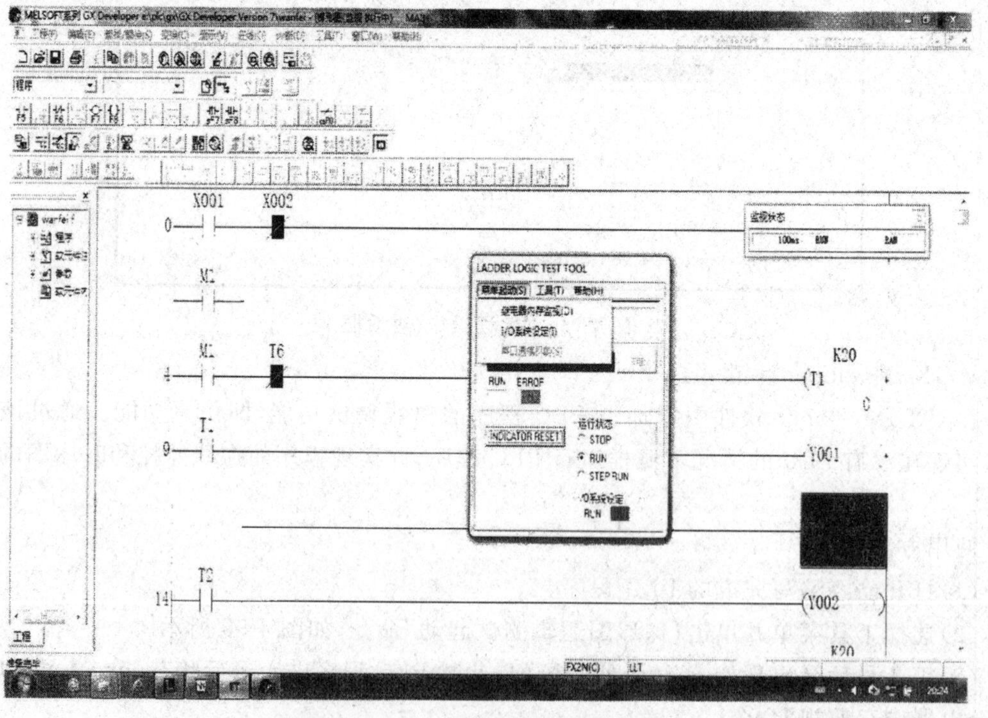

图 4-97　继电器内存监视

(4)此时，出现如图 4-98 所示画面，单击时序图中的“启动”命令。

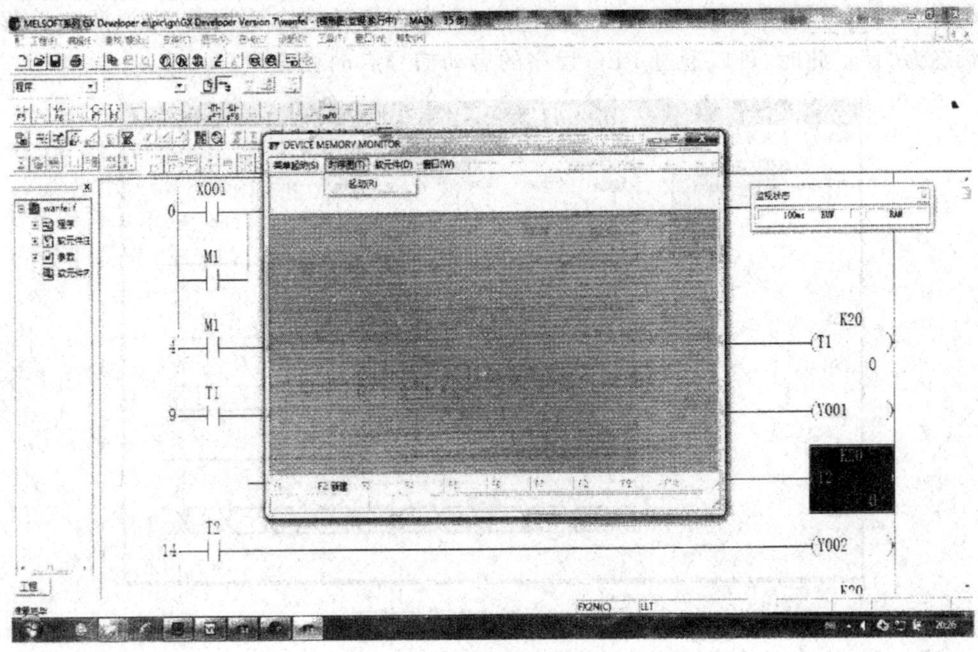

图 4-98　仿真功能说明

(5)等出现如图 4-99 所示画面时,单击监视菜单中的“开始/停止”命令或直接按【F3】键开始时序图监视。

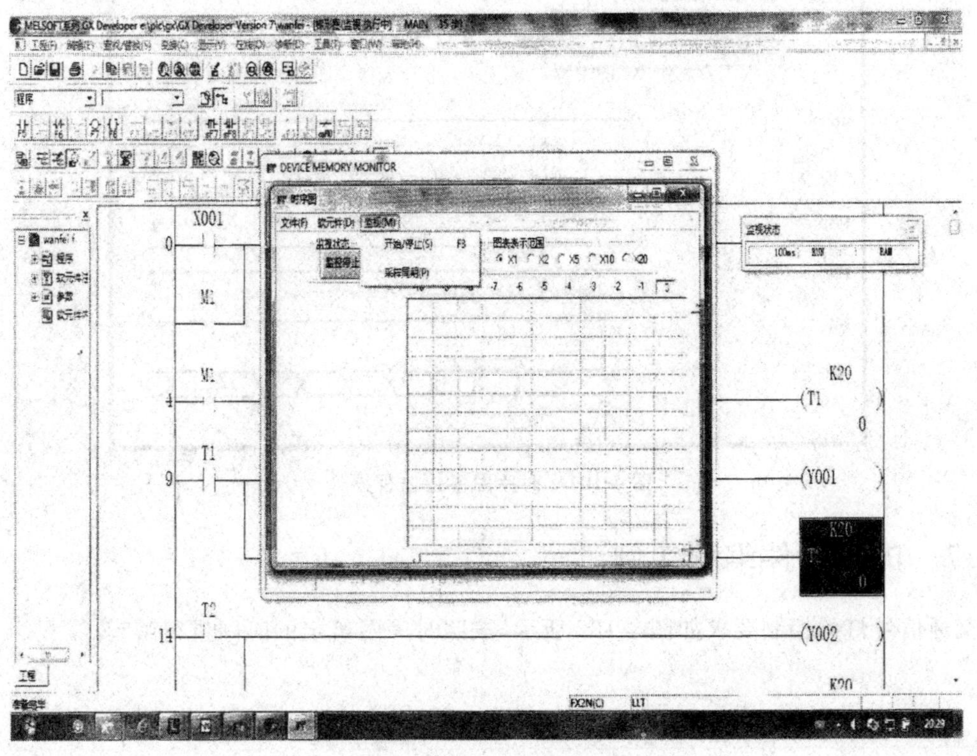

图 4-99　时序图监视操作

(6)此时,出现如图 4-100 所示的时序图画面,编程元件若为黄颜色,则说明该编程元件当前状态为“1”。此时,可以通过 PLC 程序的启动信号启动程序。

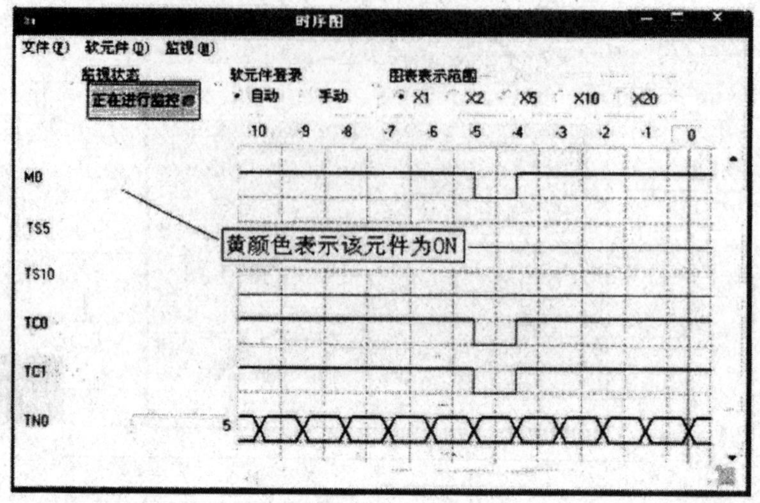

图 4-100 时序图工作状态

(7)图 4-101 所示为程序运行时的状态,若要停止运行,只要再次单击【监视】→【开始/停止】或按【F3】键即可。

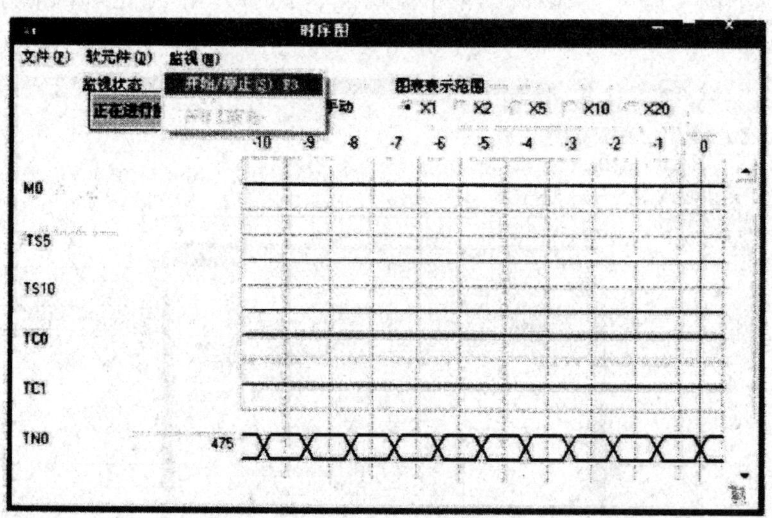

图 4-101 时序图停止监视操作

4.6.7 仿真软件编程实例

交通信号灯的控制要求如图 4-102 所示,按照时序图给定的时间进行编程。

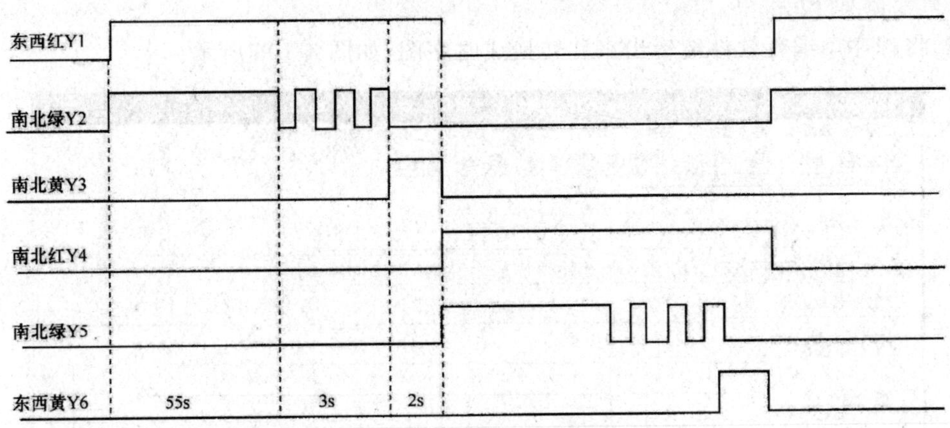

图 4-102　交通信号灯控制时序图

程序如下：

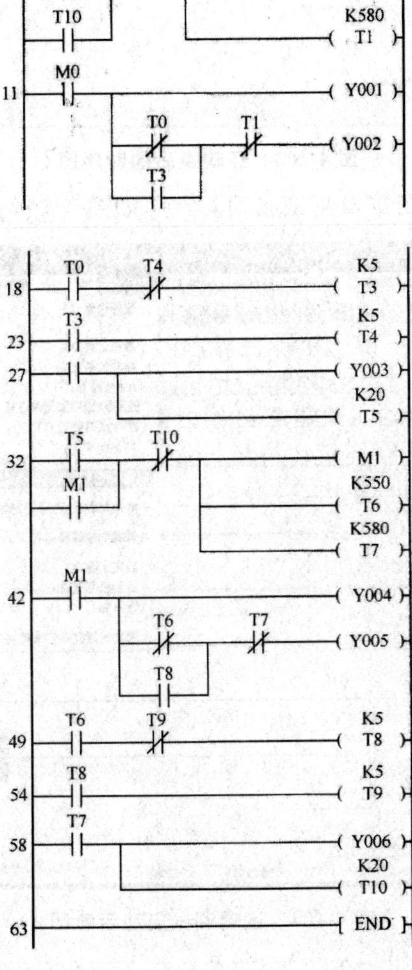

仿真步骤如下：

(1)将程序用编程软件编辑出来并转换成时序图，如图 4-103 所示。

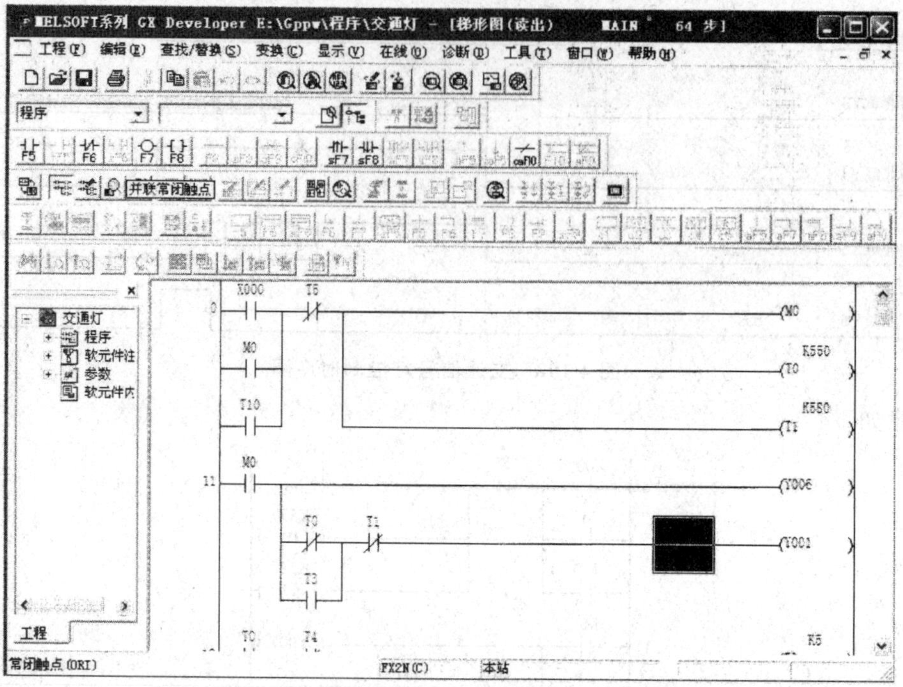

图 4-103　经转换后的时序图

(2)选择【工具】→【梯形图逻辑测试起动】命令，如图 4-104 所示。

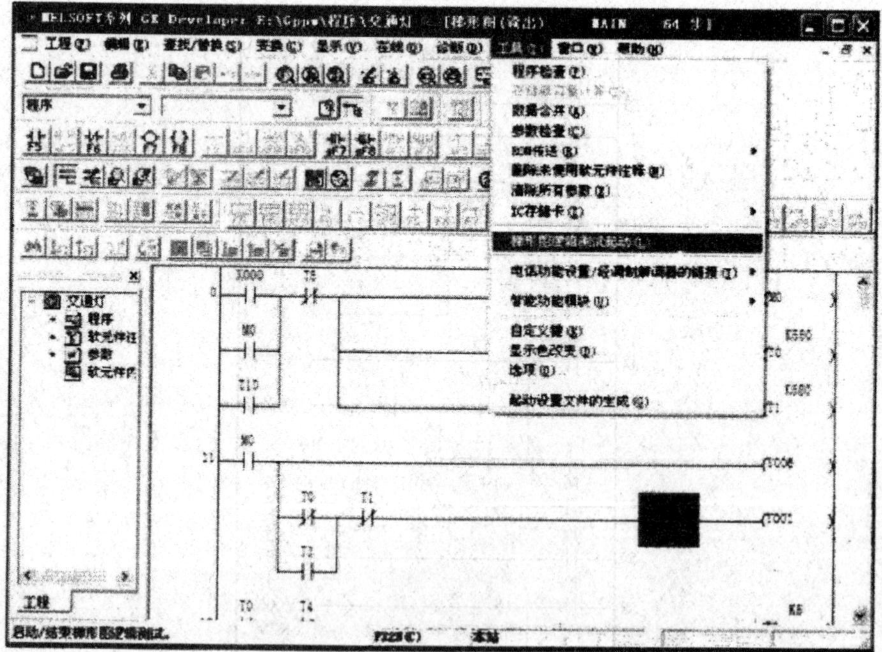

图 4-104　逻辑测试启动示意图

(3)等几秒后PLC程序进入运行状态,单击菜单启动中的“继电器内存监视”命令。

(4)单击时序图中的“启动”命令。

(5)在出现时序图画面时,单击【监视】→【开始/停止】命令或直接按【F3】键开始时序图监视。

(6)此时出现时序图画面,编程元件若为黄颜色,则说明该编程元件当前状态为“1”,可以通过PLC程序的启动信号启动程序。

(7)时序图如图4-105所示。

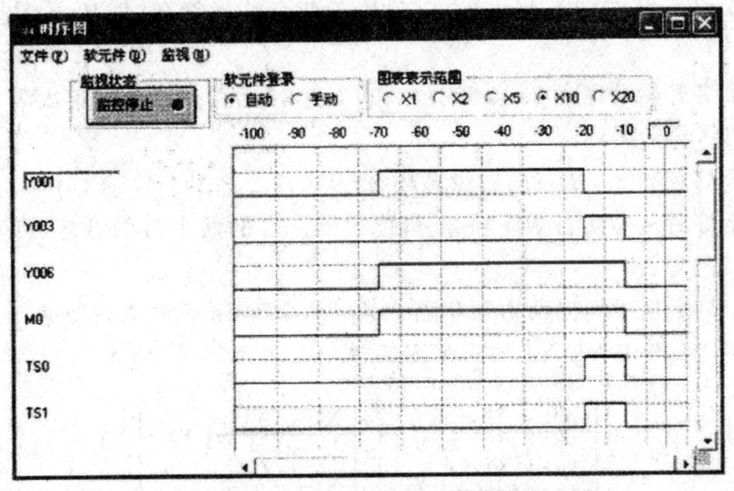

图4-105 逻辑测试示意图

本章小结

本章主要论述了三菱可编程序控制器的基本编程指令的格式、作用和具体用法。

在基本指令的介绍中包括输入/输出指令、触点的串联和并联指令、边沿检测触点指令、电路块的串联和并联指令、堆栈指令、主控指令和主控复位指令、置位与复位指令、脉冲输出指令、取反指令、空操作指令和结束指令。其中指令功能、指令格式和使用方面需要重点掌握,并结合梯形图的编程规则,灵活应用基本指令进行编程。

习 题

1. FX_{2N}系列可编程序控制器的指令有哪几种类型?其表达式应包含哪些内容?

2. 试描述梯形图的结构和使用规则。

3. 可编程序控制器有哪些内部继电器?

4. 为什么输入继电器X不设线圈而只有触点?

5. 为什么可编程序控制器的内部继电器称为“软继电器”?

6. 为什么可编程序控制器的内部继电器的触点可以重复使用无数次?

7.试用下面10条中的前8条基本指令梯形图设计一个彩灯自动循环闪烁的控制程序(可以是5个灯或7个灯一组)。

①从第1个灯开始顺序隔2s点亮一个灯,全亮5s后全灭,以后从左向右再做循环。

②从第1个灯开始顺序隔2s只点亮一个灯(其他灯灭),从左向右做循环。

③隔一个灯的第2个灯点亮2s,从左向右做循环(即从1,3-2,4-3,5-4,6-5,7)。

④从中间向两边顺序隔2s点亮,全亮5s后全灭,再做循环。

⑤全亮7个灯后从左向右顺序隔2s只熄灭一个灯做循环。

⑥全亮7个灯后从左向右顺序隔2s只熄灭两个灯做循环(即从1,2-2,3-3,4-4,5-5,6…)。

⑦从第1个灯开始顺序隔2s点亮一个灯,全亮5s后再从左向右逐次隔2s熄灭一个灯,直至全灭5s以后,再做循环。

⑧连续两个灯点亮2s,从左向右做循环(即从1,2-2,3-3,4-4,5-5,6…)。

⑨全亮7个灯后从左向右顺序隔2s只熄灭隔一灯的两个灯做循环(即从1,3-2,4-3,5-4,6-5,7-6,1-7,2…)。

⑩全亮7个灯后从中间向两边顺序隔2s熄灭,全灭5s后再全亮做循环。

8.试画出图4-106中Y0、Y1的时序图。

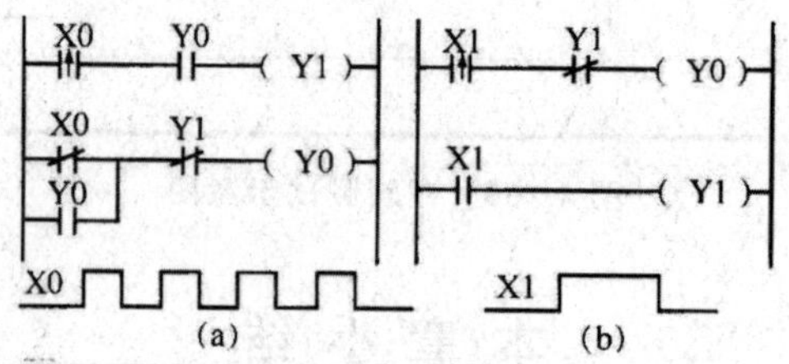

图4-106　第8题图

9.写出图4-107所示的梯形图对应的指令表。

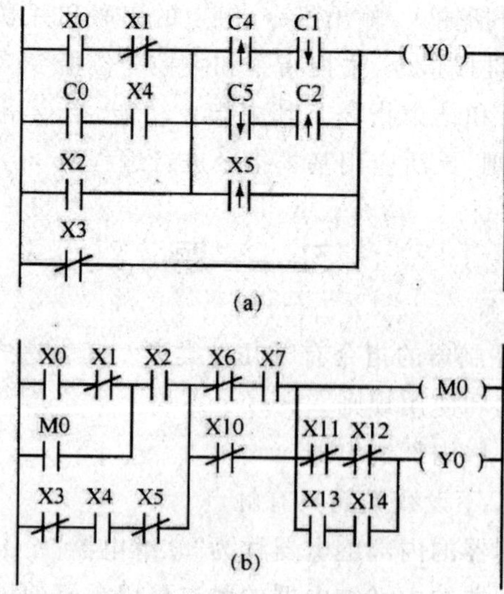

图4-107　第9题图

10. 写出图 4-108 所示的梯形图对应的助记符指令表。

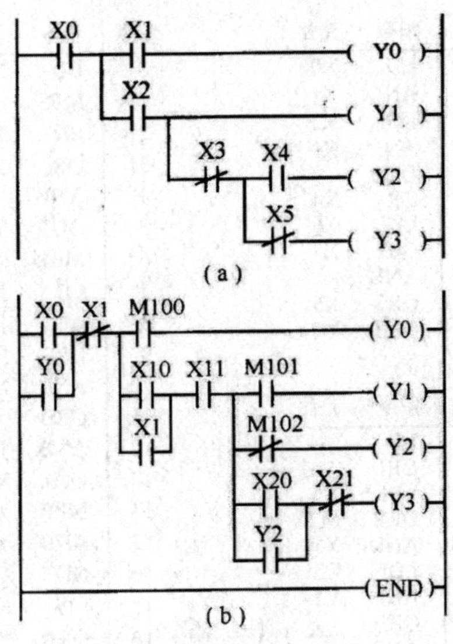

图 4-108　第 10 题图

11. 画出图 4-109 中 M0 的波形图，交换上下两行电路的位置，M0 的波形图有什么变化？为什么？

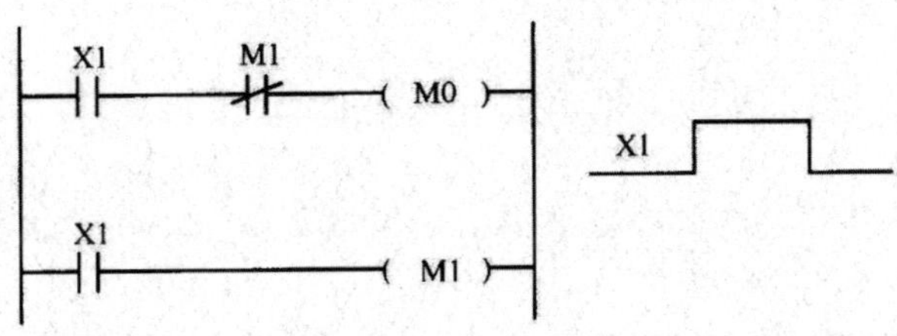

图 4-109　第 11 题图

12. 写出图 4-110 所示的梯形图对应的指令表。

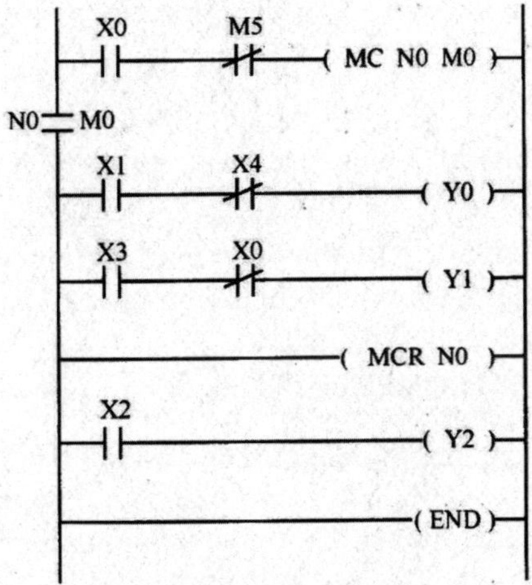

图 4-110　第 12 题图

13. 画出图 4-111 指令对应的梯形图。

步序	指令	元件
0	LD	X0
1	AND	X1
2	LDI	X2
3	ANI	X3
4	ORB	
5	OR	X4
6	LD	X6
7	ORI	X7
8	ANB	
9	OR	X5
10	OUT	Y2

(a)

步序	指令	元件
0	LD	M4
1	ORI	T10
2	LDI	X5
3	ORP	M20
5	ANDF	Y1
7	LDF	C3
9	ANI	Y24
10	ORB	
11	ANB	
12	OUT	Y0
13	END	

(b)

步序	指令	元件
0	LD	X0
1	MPS	
2	LD	X1
3	OR	X2
4	ANB	
5	OUT	Y0
6	MRD	
7	LD	X3
8	ANI	X4
9	LDI	X5
10	AND	X6
11	ORB	
12	ANB	
13	OUT	Y1
14	MPP	
15	AND	Y7
16	OUT	Y2
17	LD	X10
18	ORI	X11
19	OUT	Y3
20	END	

(c)

图 4-111　第 13 题图

第5章 三菱PLC的步进编程指令

1. 了解可编程序控制器的步进指令应用原理。
2. 掌握步进功能图、步进梯形图和助记符编程的方法。
3. 学会将步进顺序功能图转换为梯形图。
4. 了解步进程序的循环执行、分支和汇合的方法。

5.1 状态转移图(SFC图)

首先,我们来看小车往复运动的顺序控制例子,如图5-1(a)所示,小车在初始状态时停止在中间位置,限位开关X0为ON。按下启动按钮X3,小车按图示顺序往复运动,按下停止按钮X4,小车停在初始位置。需注意的是,所有的限位开关以及按钮开关以常开触点接入PLC接线端。我们用基本逻辑指令编程,实现小车往复运动的控制,其梯形图如图5-1(b)所示。

上面讨论过小车往复运动的顺序控制,其控制过程可以描述为初始状态、右行状态、左行状态。从初始状态到运行状态的转换由启动信号控制。有了启动信号,小车就进入右行状态。当右行到右限位后,小车转入左行状态,当左行到左限位后,小车又转入右行状态。其过程用图5-2来描述。

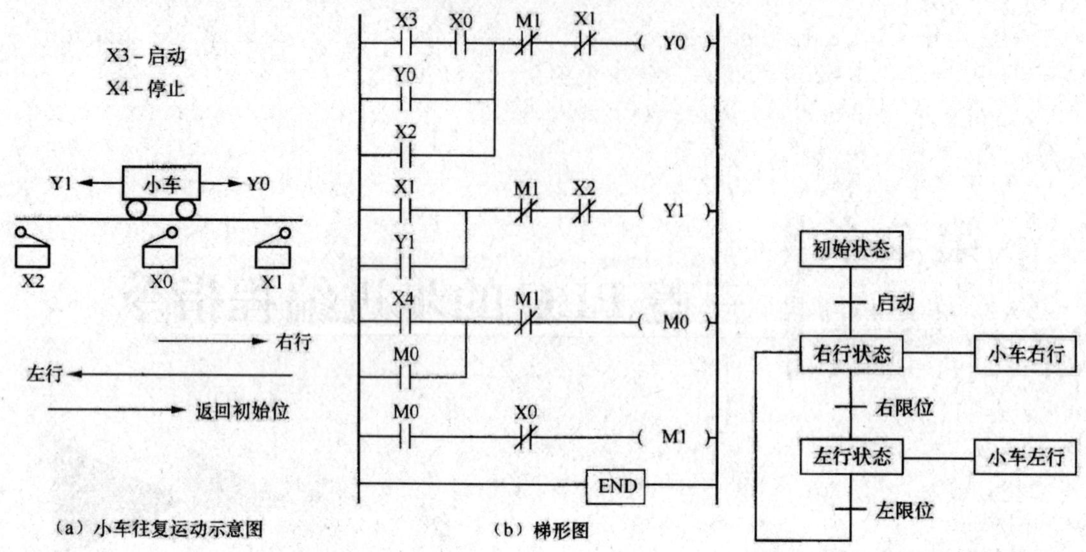

图 5-1　小车往复运动控制

图 5-2　小车往复运动方框图

从以上具体例子不难看出，一个顺序控制过程可以分为若干个状态。状态与状态之间由转换分隔，相邻的状态具有不同的动作，当相邻两状态之间的转换条件得到满足时，就实现状态的转换，即上一个状态的动作结束而下一个状态的动作开始。描述这一过程的方框图称为状态转移图(SFC 图)，也称步进功能图。状态转移图具有直观、简单的特点，是设计PLC 顺序控制程序的一种有力工具。

在 PLC 中，每个状态用 PLC 中的状态软元件(状态继电器)表示。FX_{2N}系列 PLC 内部的状态继电器的分类、编号、数量及功能说明见表 5-1。

表 5-1　FX_{2N}系列 PLC 状态继电器一览表

类别	状态继电器编号	数量(点)	功能说明
初始化状态继电器	S0～S9	10	初始化
返回状态继电器	S10～S19	10	用于 IST 指令的原点回归
普通型状态继电器	S20～S499	480	用在 SFC 的中间状态
掉电保持型状态继电器	S500～S899	400	具有停电记忆功能，停电后再启动，可以继续执行
诊断、报警用状态继电器	S900～S999	100	用于故障诊断或报警

另外，需要说明如下几点：

(1)状态继电器的编号要在指定的类别范围内选用。

(2)各状态继电器的触点在 PLC 内部可自由使用，使用次数不限。

(3)在不用状态转移图(或称步进功能图)编程时，状态继电器可作为辅助继电器在程序中使用。

(4)通过改变参数设置，可改变一般状态继电器和掉电保持状态继电器的地址号分配。

这里用 S0 表示小车运行的初始状态，S20、S21 分别表示小车的右行与左行状态。启

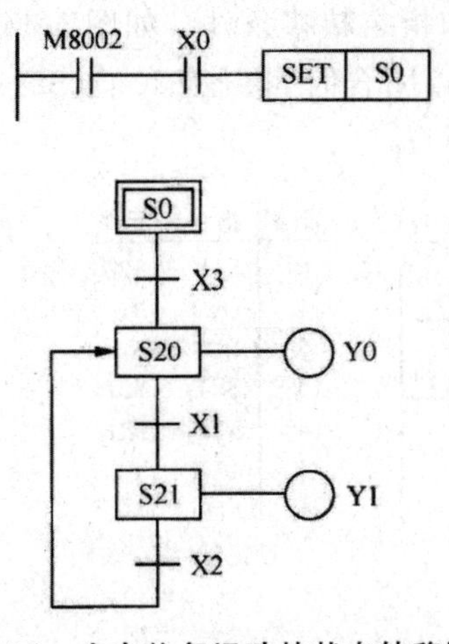

图 5-3　小车往复运动的状态转移图

动、初始位置、右限位、左限位信号由 PLC 的 X3、X0、X1、X2 输入端输入；右行、左行由 PLC 的 Y0、Y1 端输出，小车往复运动的状态转移图如图 5-3 所示。状态转移图中方框内是状态元件号，状态之间用有向线段连接。其中从上到下、从左到右的箭头可以省去不画，有向线段上的垂直短线和它旁边标注的文字符号或逻辑表达式表示状态转移条件。旁边的线圈表示输出信号。图 5-3 中小车在初始位置状态器 S0 有效时，按下启动按钮 X3，状态就由 S0 转换到 S20，输出 Y0 接通，小车右行。当转换条件 X1 接通，状态由 S20 转换到 S21，这时 Y0 断开，Y1 接通，小车左行。小车左行到左限位，X2 接通，状态由 S21 转换到 S20，又进入下一个循环。

5.2　步进顺控指令及编程

5.2.1　步进顺控指令

1. 指令格式

步进顺控指令助记符及功能见表 5-2。

表 5-2　步进顺控指令助记符及功能表

助记符、名称	功能	回路表示和可用软元件	程序步长
步进开始(STL)	步进梯形图开始	STL —[ ]— S0～S899	1 步
步进结束(RET)	步进梯形图结束	—[RET]—	1 步

2. 指令说明

STL：步进开始指令，其梯形图符号为—[ ]—，操作元件为状态继电器 S0～S899。

RET：步进结束指令，其梯形图符号为—[RET]，表示状态(S)流程的结束，用于返回主程序(左母线)的指令。

3. 步进指令使用说明

图 5-4 所示为步进指令的使用说明。图 5-4(a)所示为 SFC 图，称为步进功能图。每个

状态器有 3 个功能，分别为驱动有关负载、指定转换目标和指定转移条件。如图 5-4(a)中，状态 S20 驱动输出 Y0，其转移条件为 X1，当 X1 的常开触点闭合时，状态 S20 向 S21 转换。图 5-4(b)所示为相应的梯形图，图 5-4(c)所示为对应的指令表。

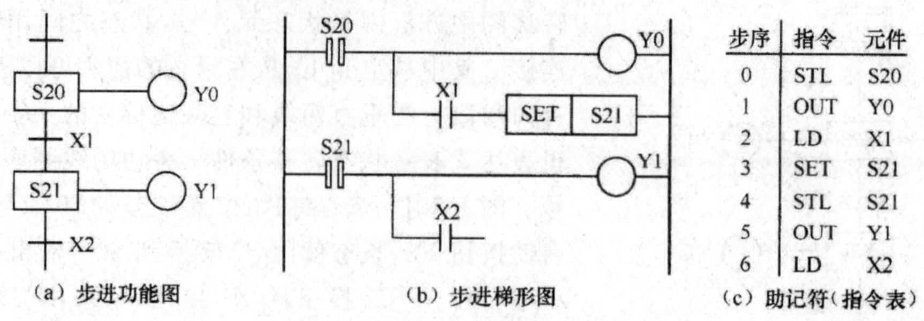

步序	指令	元件
0	STL	S20
1	OUT	Y0
2	LD	X1
3	SET	S21
4	STL	S21
5	OUT	Y1
6	LD	X2

图 5-4　步进指令使用说明

STL 触点与左母线相连，与 STL 相连的起始触点要用 LD、LD1 指令。使用 STL 指令后，相当于母线右移到 STL 触点右侧，一直到出现下一条 STL 指令或者出现 RET 指令为止。RET 指令使右移后的母线回到原来的母线。使用 STL 指令使新的状态置位，前一状态自动复位。

STL 触点接通后，与此相连的电路动作。当 STL 触点断开时，与此相连的电路不动作，并且在一个扫描周期以后，不再执行指令(跳转状态)，即若步进触点 S20 断开，一个扫描周期后此 STL 触点后面的电路不执行，直接跳转到下一逻辑执行。

STL 指令和 RET 指令是一对指令。在一系列步进指令 STL 后，加上 RET 指令，表明步进指令的结束，LD 触点返回原来的主母线，如图 5-5 所示。也就是说，当执行完步进程序后需要回到主母线进行其他程序之前，必须使用 EET 指令关闭步进指令。而如图 5-4 所示，在连续执行不同的步进程序中间，可以省略使用 EET 指令，因为后一步进指令执行时，就自然关闭了前面的步进程序。

定时器线圈可在不同状态之间对同一软元件编程。但是，在相邻状态中则不能编程，如图 5-6 所示。如果在相邻状态下编程，则状态转移时，定时器线圈不断开，当前不能复位。

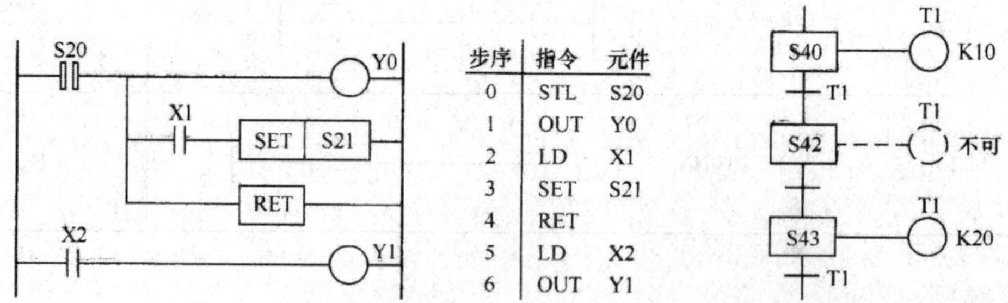

步序	指令	元件
0	STL	S20
1	OUT	Y0
2	LD	X1
3	SET	S21
4	RET	
5	LD	X2
6	OUT	Y1

图 5-5　RET 指令使用说明　　**图 5-6　定时器在 SFC 图中的用法**

在状态图编程时，不能从 STL 指令内母线中直接使用 MPS/SRD/MPP 指令。只有在 LD 或 LDI 指令后用 MPS/SRD/MPP 指令编制程序，如图 5-7 所示。

在状态转移图中，OUT 指令与 SET 指令对于 STL 指令后的状态(S)具有同样的功能，都将自动复位转移源。但使用 OUT 指令时，在 SFC 图中用于向分离的状态转换，如图 5-8 所示。

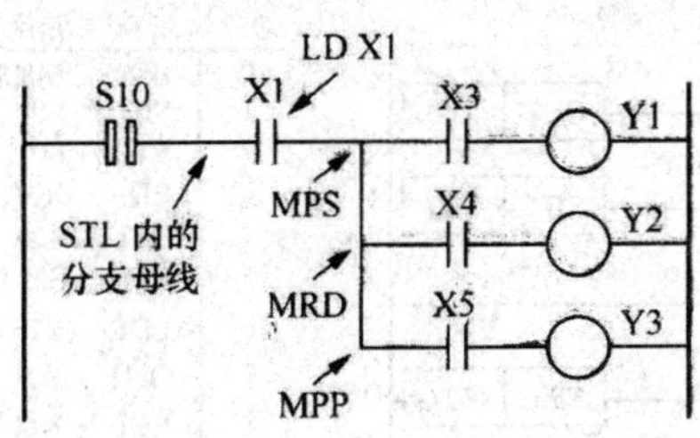

图 5-7　MPS/SRD/MPP 指令的位置

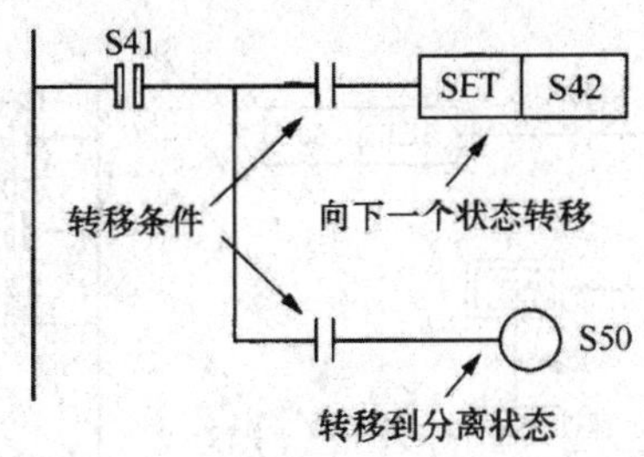

图 5-8　状态的转移方法

在中断程序与子程序内，不能使用 STL 指令。在 STL 指令内不禁止使用跳转指令，但其动作复杂，一般不要使用。表 5-3 为可在状态内处理的指令一览表。

表 5-3　可在状态内处理的指令一览表

状态		指令		
		LD/LDI/LDP/LDF， AND/ANI/ANDP/ANDFI/， OP/ORI/ORF，INV，OUT，SET/RST，PLS/PLF	ANB/ORB MPS/MRD/MPP	MC/MCR
初始状态/一般状态		可使用	可使用	不可使用
分支、汇合状态	输出处理	可使用	可使用	不可使用
	转移处理	可使用	不可使用	不可使用

5.2.2　状态转移图与步进梯形图的转换

顺控程序可以用状态转移图（SFC 图）表示，也可以用步进梯形图（STL 图）或指令表形式表示，其实质内容是一样的，三者之间可以相互转换。图 5-9 所示为同一控制程序的 SFC 图、STL 图和指令表，利用个人计算机和专用的编程软件可进行 SFC 图编程，在计算机上编好的 SFC 图程序通过接口以指令的形式传送给可编程序控制器的程序存储器，由 PLC 运行此程序实现控制。也可以将 SFC 图人工转化为步进梯形图，再写成指令表，由简易编程器送到 PLC 程序存储器中。

5.3　状态转移图流程的形式

在不同的顺序控制中，其 SFC 图的流程形式有所不同，大致归纳为单流程、选择性分支与汇合、并行分支与汇合、分支与汇合的组合。

5.3.1　单流程

图 5-10(a)所示的 SFC 图为单流程重复形式，整个流程中没有分支，动作不断重复循环。带跳转与重复的单流程如图 5-10(b)、图 5-10(c)所示，跳转与重复等的分离状态用 OUT 指令编程。

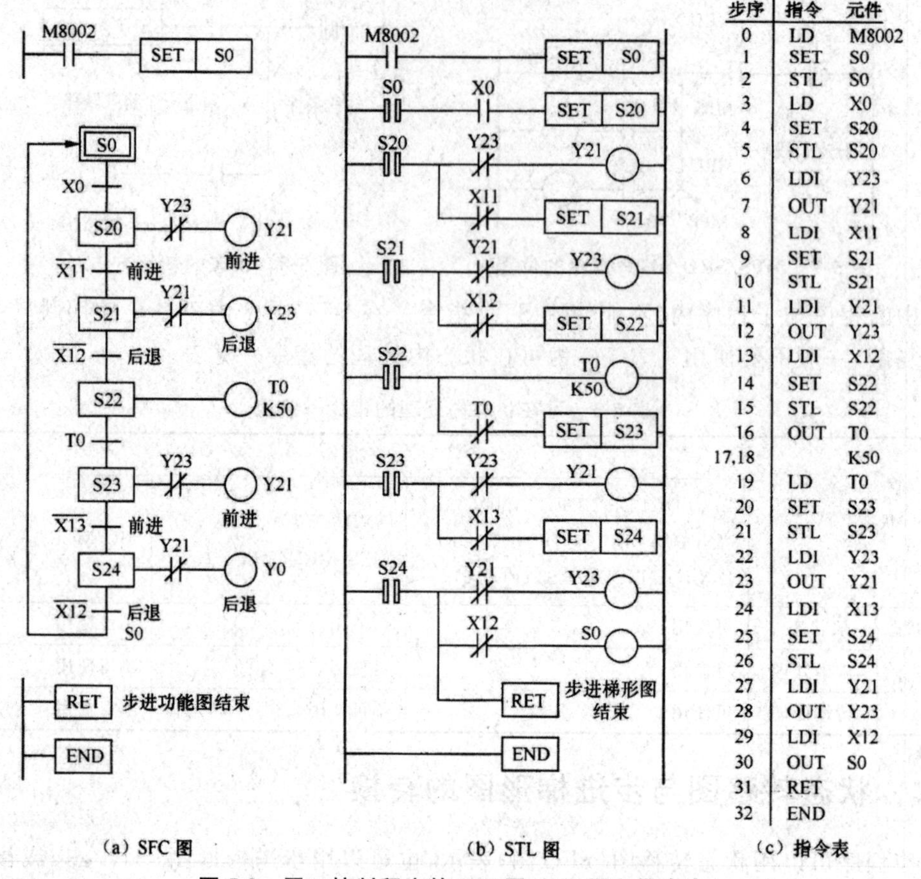

步序	指令	元件
0	LD	M8002
1	SET	S0
2	STL	S0
3	LD	X0
4	SET	S20
5	STL	S20
6	LDI	Y23
7	OUT	Y21
8	LDI	X11
9	SET	S21
10	STL	S21
11	LDI	Y21
12	OUT	Y23
13	LDI	X12
14	SET	S22
15	STL	S22
16	OUT	T0
17,18		K50
19	LD	T0
20	SET	S23
21	STL	S23
22	LDI	Y23
23	OUT	Y21
24	LDI	X13
25	SET	S24
26	STL	S24
27	LDI	Y21
28	OUT	Y23
29	LDI	X12
30	OUT	S0
31	RET	
32	END	

(a) SFC 图　　(b) STL 图　　(c) 指令表

图 5-9　同一控制程序的 SFC 图、STL 图和指令表

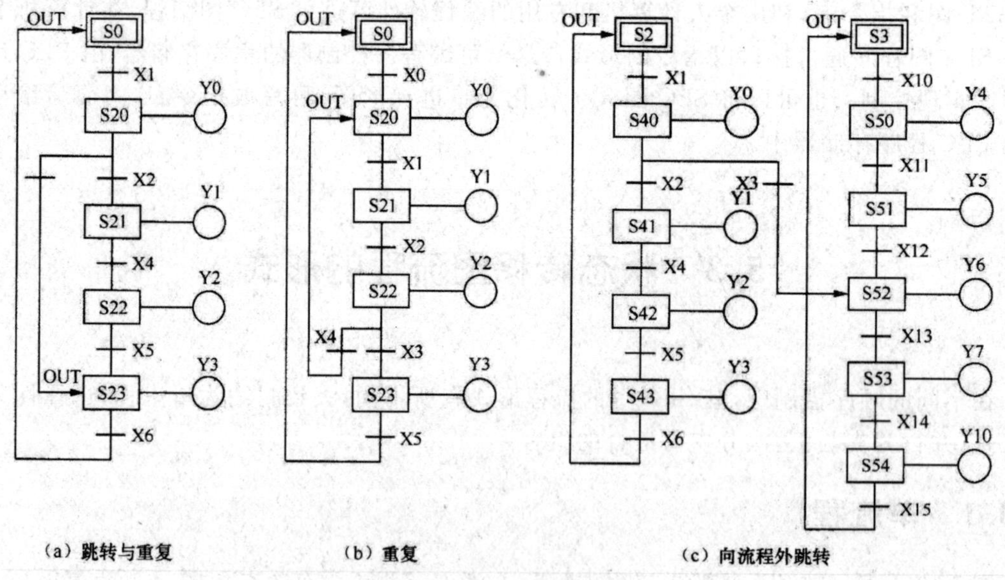

(a) 跳转与重复　　(b) 重复　　(c) 向流程外跳转

图 5-10　单流程 SFC 图

图 5-10(a)的语句表如下：

步序	指令	元件	步序	指令	元件
0	STL	S0	11	LD	X4
1	LD	X1	12	SET	S22
2	SET	S20	13	STL	S22
3	STL	S20	14	OUT	Y2
4	OUT	Y0	15	LD	X5
5	LD	X7	16	SET	S23
6	OUT	S23	17	STL	S23
7	LD	X2	18	OUT	Y3
8	SET	S21	19	LD	X5
9	STL	S21	20	OUT	S0
10	OUT	Y1	21	RET	

5.3.2　选择性分支与汇合

所谓选择性分支就是从多个流程中选择执行一个流程，如图 5-11 所示。在抢答器控制程序中可用选择性分支与汇合方法编程。如图 5-12(a)中，分支选择条件 X0、X10、X20 不能同时接通。在状态器 S20 时，根据 X0、X10 和 X20 的状态决定执行哪一条分支。如一旦 X0 接通，动作状态就向 S21 转移，S20 复位置 0。因此，即使以后 X10 或 X20 动作，S31 或 S41 也不会被驱动。汇合状态 S50 可由 S22、S32、S42 中任意一个驱动。图 5-12(a)所示为对应于图 5-11 的步进梯形图。

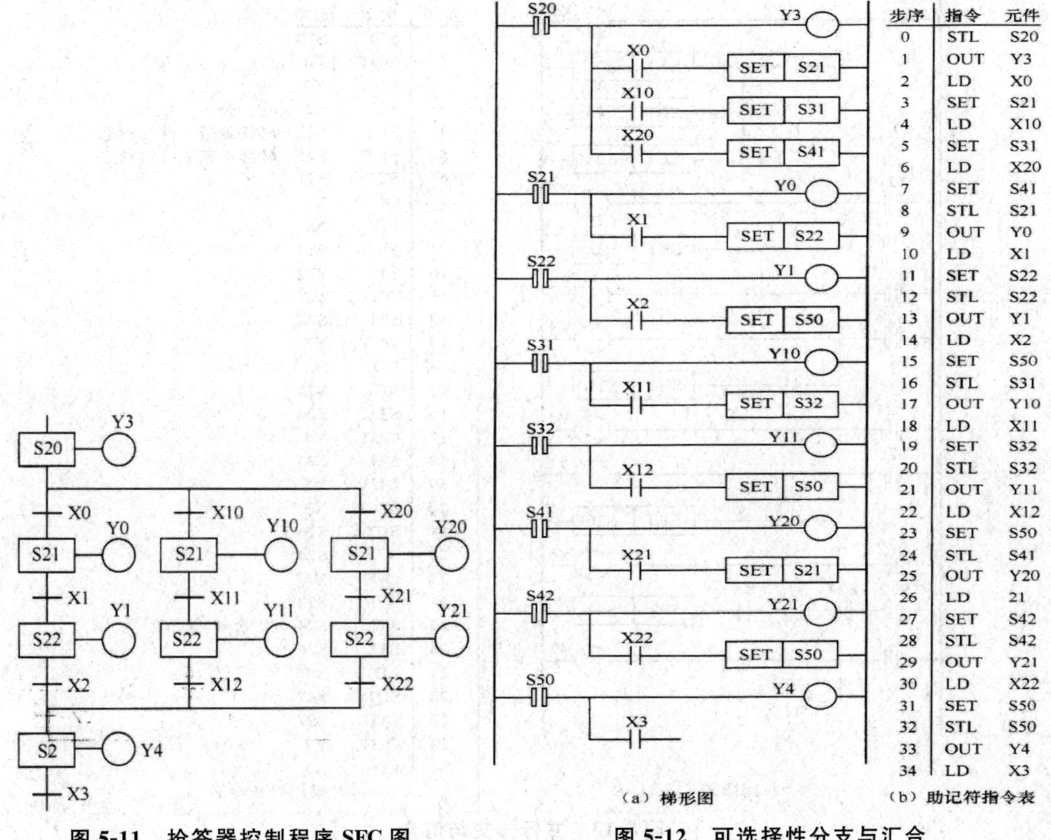

步序	指令	元件
0	STL	S20
1	OUT	Y3
2	LD	X0
3	SET	S21
4	LD	X10
5	SET	S31
6	LD	X20
7	SET	S41
8	STL	S21
9	OUT	Y0
10	LD	X1
11	SET	S22
12	STL	S22
13	OUT	Y1
14	LD	X2
15	SET	S50
16	STL	S31
17	OUT	Y10
18	LD	X11
19	SET	S32
20	STL	S32
21	OUT	Y11
22	LD	X12
23	SET	S50
24	STL	S41
25	OUT	Y20
26	LD	21
27	SET	S42
28	STL	S42
29	OUT	Y21
30	LD	X22
31	SET	S50
32	STL	S50
33	OUT	Y4
34	LD	X3

(a) 梯形图　　(b) 助记符指令表

图 5-11　抢答器控制程序 SFC 图　　图 5-12　可选择性分支与汇合

注意：在分支与汇合的转移处理程序中，不能用MPS、MRD、MPP、ANB、ORB指令。此外，即使负载驱动回路也不能直接在STL指令后面使用MPS指令。

5.3.3 并行分支与汇合

所谓并行分支就是多个流程可同时执行的分支，如图5-13所示。在自动化生产线的控制程序中可用到并行分支与汇合程序。

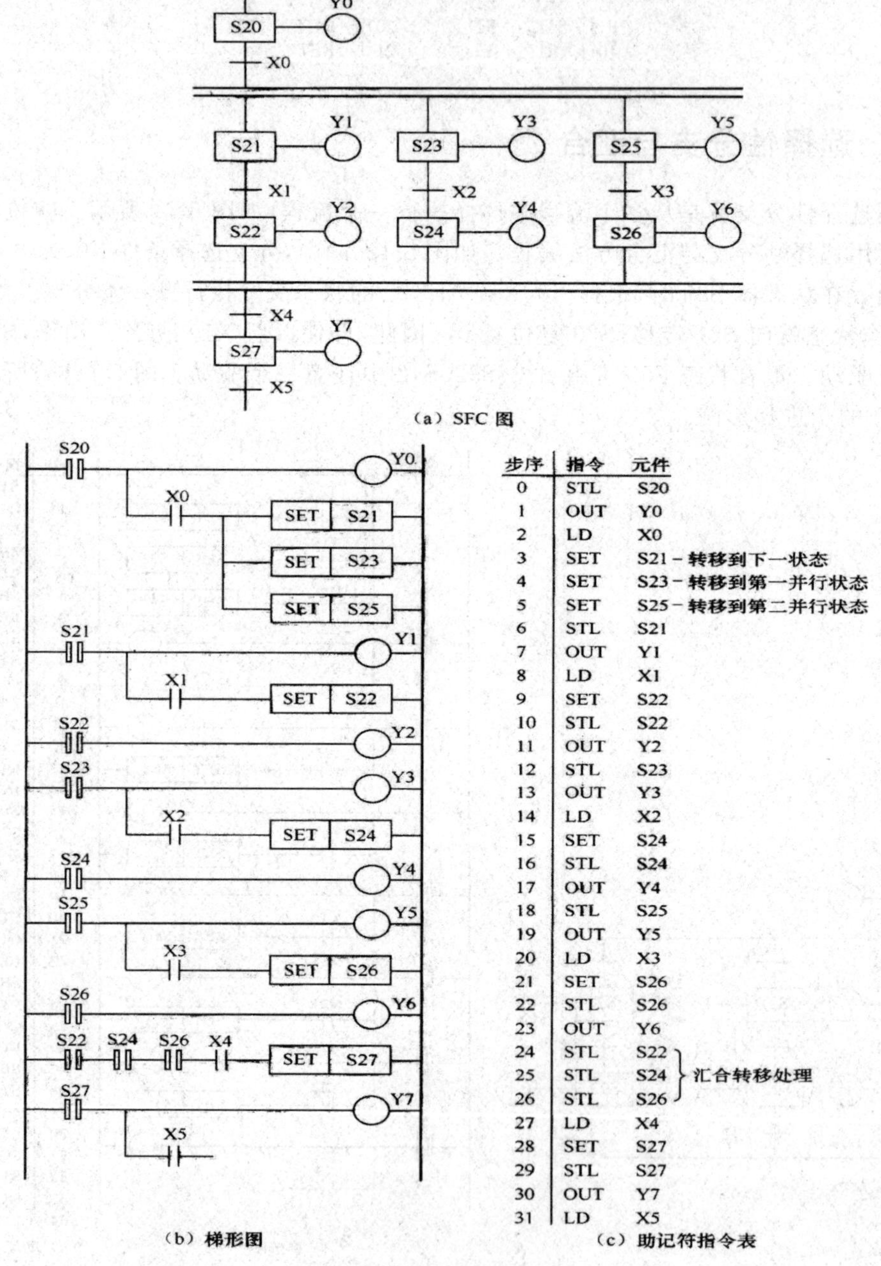

(a) SFC 图

步序	指令	元件
0	STL	S20
1	OUT	Y0
2	LD	X0
3	SET	S21 - 转移到下一状态
4	SET	S23 - 转移到第一并行状态
5	SET	S25 - 转移到第二并行状态
6	STL	S21
7	OUT	Y1
8	LD	X1
9	SET	S22
10	STL	S22
11	OUT	Y2
12	STL	S23
13	OUT	Y3
14	LD	X2
15	SET	S24
16	STL	S24
17	OUT	Y4
18	STL	S25
19	OUT	Y5
20	LD	X3
21	SET	S26
22	STL	S26
23	OUT	Y6
24	STL	S22 } 汇合转移处理
25	STL	S24 } 汇合转移处理
26	STL	S26 } 汇合转移处理
27	LD	X4
28	SET	S27
29	STL	S27
30	OUT	Y7
31	LD	X5

(b) 梯形图　　(c) 助记符指令表

图 5-13　并行分支与汇合

图 5-13(a)所示为选择性分支与汇合的 SFC 图,图 5-13(b)所示为对应的梯形图,图 5-13(c)所示为对应的指令程序编程。

注意:并行的分支应限制在 8 路以下。

5.3.4　分支与汇合的组合

图 5-14 所示的 SFC 图为分支与汇合的组合形式,它们的特点是从汇合转移到分支线时直接连接,而没有中间状态。对于这样的情况,一般在汇合线转移部分支线的直接连接之间插入一个空状态,如图 5-15 所示。

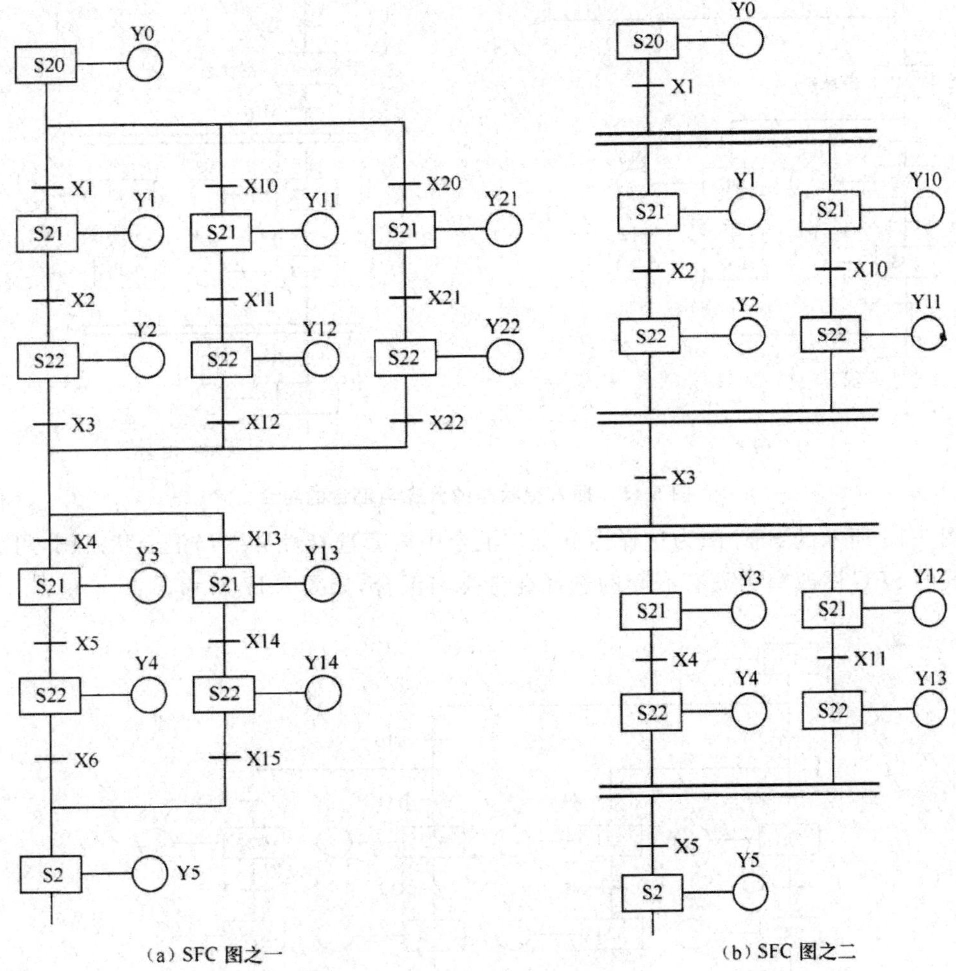

(a) SFC 图之一　　(b) SFC 图之二

图 5-14　分支与汇合的组合

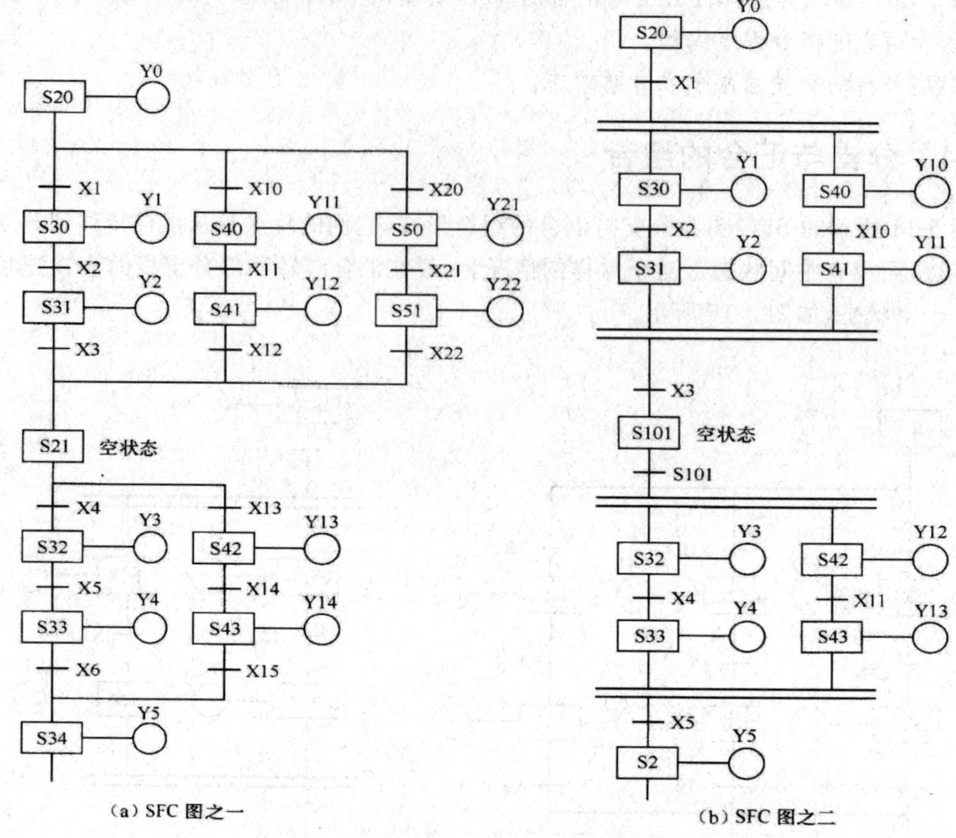

图 5-15　插入空状态的分支与汇合的组合

图 5-16 所示的 SFC 图为选择性分支与汇合中嵌套选择性分支与汇合状态图，可以将这种形式的 SFC 图改写为没有嵌套的选择性分支与汇合，如图 5-17 所示。

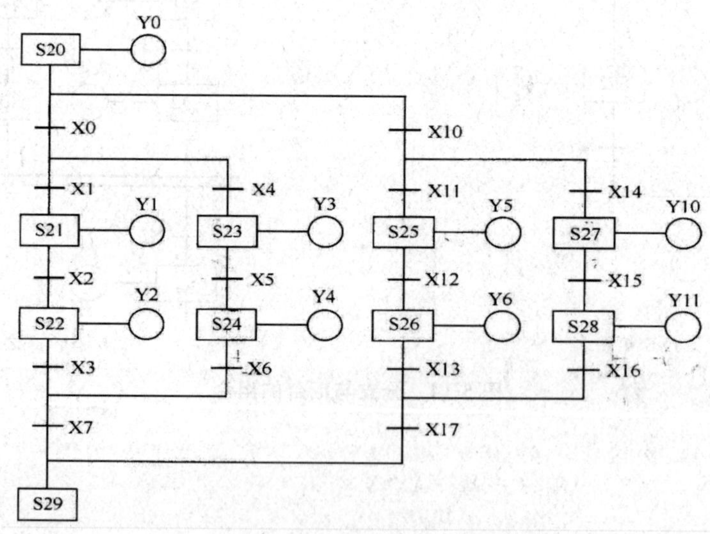

图 5-16　嵌套选择性分支与汇合

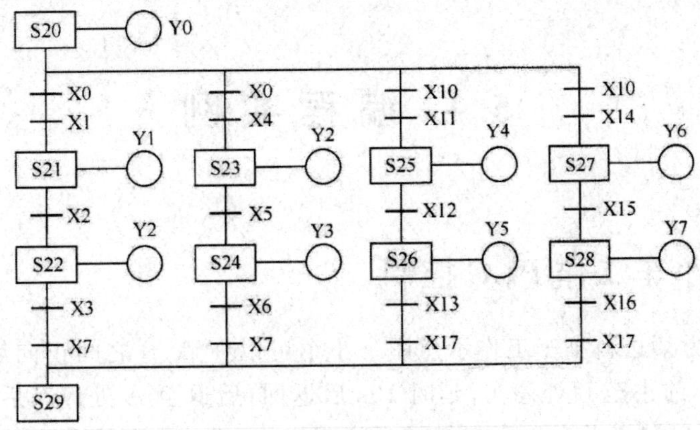

图 5-17　选择性分支与汇合

图 5-18 所示为选择性分支与汇合中有并行分支与汇合的 SFC 图。

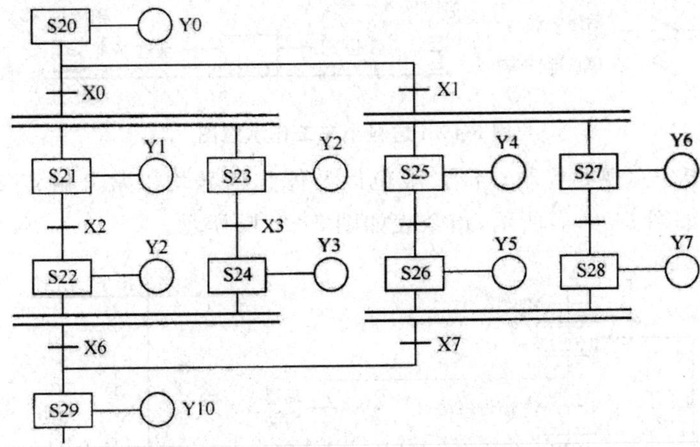

图 5-18　选择性与并行性分支的组合

其指令表程序如下：

步序	指令	元件
0	STL	S20
1	OUT	Y0
2	LD	X0
3	SET	S21
4	SET	S23
5	LD	X1
6	SET	S25
7	SET	S27
8	STL	S21
9	OUT	Y1
10	LD	X2
11	SET	S22
12	STL	S22
13	OUT	Y2
14	STL	S23
15	OUT	Y2
16	LD	X3
17	SET	S24
18	STL	S24
19	OUT	Y3
20	STL	S25
21	OUT	Y4

步序	指令	元件
22	LD	X4
23	SET	S26
24	STL	S26
25	OUT	Y5
26	STL	S27
27	OUT	Y6
28	LD	X5
29	SET	S28
30	STL	S28
31	OUT	Y7
32	STL	X22
33	STL	S24
34	LD	X6
35	SET	S29
36	STL	S26
37	STL	S28
38	LD	X7
39	SET	S29
40	STL	S29
41	OUT	Y10
⋮		

5.4 编程实例

5.4.1 送料小车工作 PLC 控制

图 5-19 所示为某送料小车工作示意图。小车可以在 A、B 之间正向启动(前进)和反向启动(后退)。小车前进至 B 处停车,延时 10s 后返回;后退至 A 处停车后立即返回。在 A、B 两处分别装有后限位开关和前限位开关。按下停止按钮,小车停在 A、B 之间任一位置。

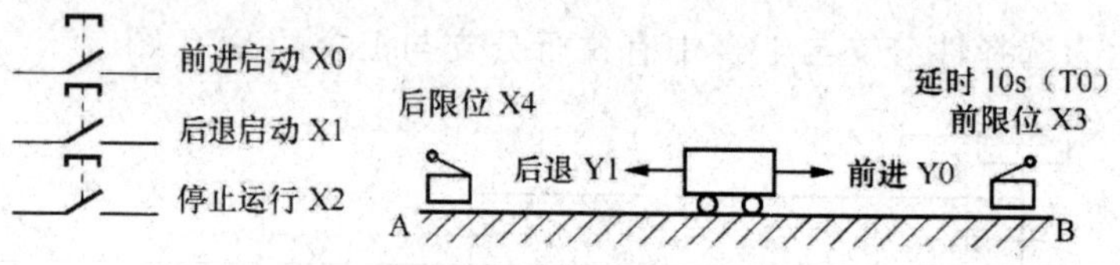

图 5-19 送料小车工作示意图

用步进顺控指令实现此控制,启动、限位以及停止信号均以常开触点接入 PLC 的输入端子。其 SFC 图如图 5-20(a)所示,指令表如图 5-20(b)所示。

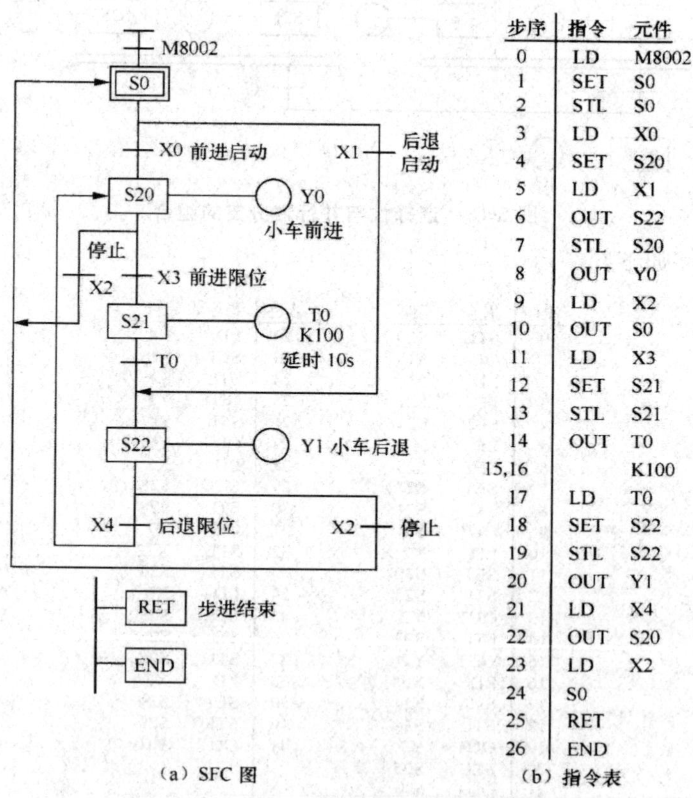

步序	指令	元件
0	LD	M8002
1	SET	S0
2	STL	S0
3	LD	X0
4	SET	S20
5	LD	X1
6	OUT	S22
7	STL	S20
8	OUT	Y0
9	LD	X2
10	OUT	S0
11	LD	X3
12	SET	S21
13	STL	S21
14	OUT	T0
15,16		K100
17	LD	T0
18	SET	S22
19	STL	S22
20	OUT	Y1
21	LD	X4
22	OUT	S20
23	LD	X2
24	S0	
25	RET	
26	END	

(b) 指令表

图 5-20 送料小车控制的 SFC 图和指令表

5.4.2 剪板机动作 PLC 控制

某自动剪板机动作示意图如图 5-21 所示。

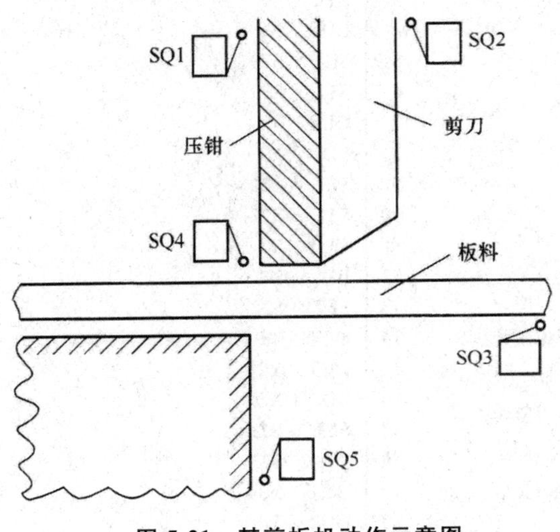

图 5-21　某剪板机动作示意图

该剪板机的送料由电动机驱动，送料电动机由接触器 KM 控制；压钳的下行和复位由液压电磁阀 YV1 和 YV3 控制；剪刀的下行剪切和复位由液压电磁阀 YV2 和 YV4 控制。SQ1～SQ5 为限位开关。

控制要求：当压钳和剪刀在原位(即压钳在上限位 SQ1 处，剪刀在上限位 SQ2 处)，按下启动按钮后，电动机送料，板料右行，至 SQ3 处停→压钳下行→至 SQ4 处将板料压紧，剪刀下行剪板→板料剪断落至 SQ5 处，压钳和剪刀上行复位，至 SQ1、SQ2 处回到原位，等待下次再启动。

剪板机执行元件状态见表 5-4，I/O 设备及 I/O 点编号的分配见表 5-5。

表 5-4　剪板机执行元件状态表

动作	执行元件				
	KM	YV1	YV2	YV3	YV4
送料	1	0	0	0	0
压钳下行	0	1	0	0	0
压钳压紧，剪刀剪切	0	1	1	0	0
压钳复位，剪刀复位	0	0	0	1	1

表 5-5　剪板机 I/O 设备及 I/O 点编号

输入设备		输入点编号	输出设备		输出点编号
限位开关	SQ1	X1	电磁阀	YV1	Y1
	SQ2	X2		YV2	Y2
	SQ3	X3		YV3	Y3
	SQ4	X4		YV4	Y4
	SQ5	X5			
	启动按钮	X0		电动机接触器 KM	Y0

根据表 5-4 所示的动作状态及控制要求编制的 SFC 图如图 5-22(a)所示，其指令表如图 5-22(b)所示。

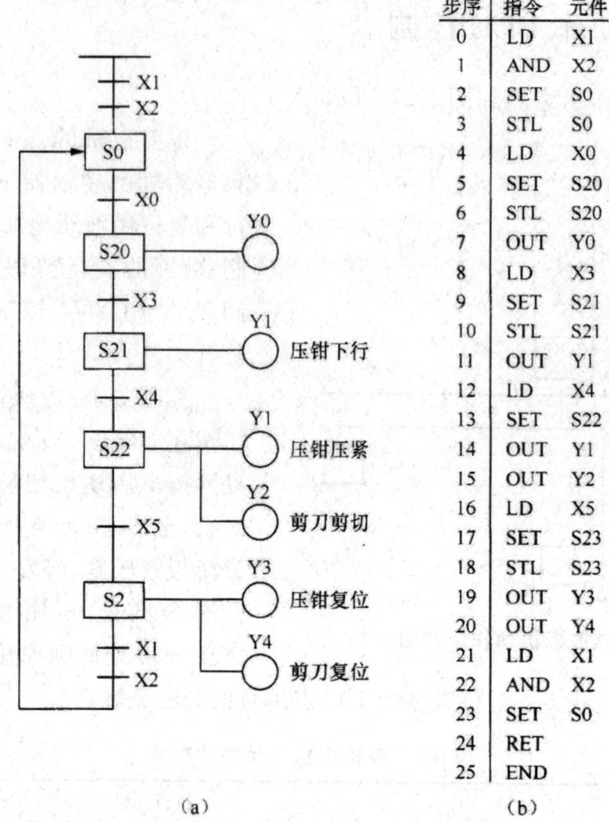

步序	指令	元件
0	LD	X1
1	AND	X2
2	SET	S0
3	STL	S0
4	LD	X0
5	SET	S20
6	STL	S20
7	OUT	Y0
8	LD	X3
9	SET	S21
10	STL	S21
11	OUT	Y1
12	LD	X4
13	SET	S22
14	OUT	Y1
15	OUT	Y2
16	LD	X5
17	SET	S23
18	STL	S23
19	OUT	Y3
20	OUT	Y4
21	LD	X1
22	AND	X2
23	SET	S0
24	RET	
25	END	

(b)

图 5-22 某剪板机 SFC 图和指令表

5.4.3 液体混合装置控制系统

液体混合装置示意图如图 5-23 所示，上限位、下限位和中限位液位传感器被液体淹没时为 ON。阀 A、阀 B 和阀 C 为电磁阀，线圈通电时打开，线圈断电时关闭。开始时容器是空的，各阀门均关闭，各传感器均为 OFF。按下启动按钮(X3)后，打开阀 A，液体 A 流入容器，中限位开关变为 ON 时，关闭阀 A，打开阀 B，液体 B 流入容器。当液面到达 A 流入容器，中限位上限位开关时，关闭阀 B，电动机 M 开始运行，搅动液体，6s 后停止搅动。打开阀 C，放出混合液，当液面降至下限位开关之后再过 2s，容器放空，关闭阀 C，打开阀 A，又开始下一周期的操作。按下停止(X4)按钮，在当前工作周期的操作结束后，才停止操作(停在初始状态)。

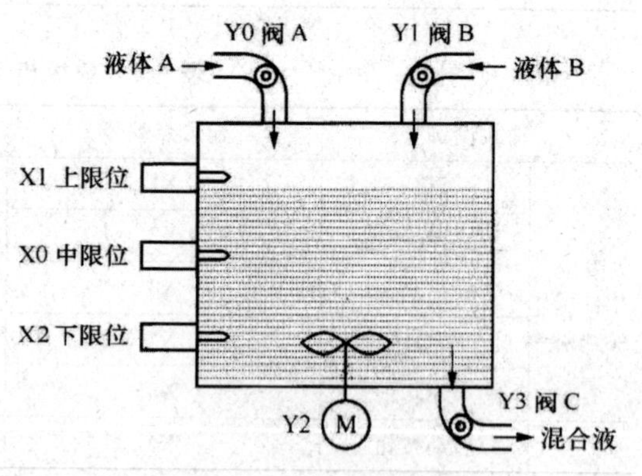

图 5-23 液体混合装置

该系统的顺序控制过程为初始状态→进液体 A→进液体 B→搅拌→放出混合液，我们用 S0 表示初始状态，S20、S21、S22、S23 状态器分别表示进液体 A、进液体 B、搅拌、放出混合液 4 个状态。按控制要求，其 SFC 图如图 5-24(a)所示，梯形图如图 5-24(b)所示。

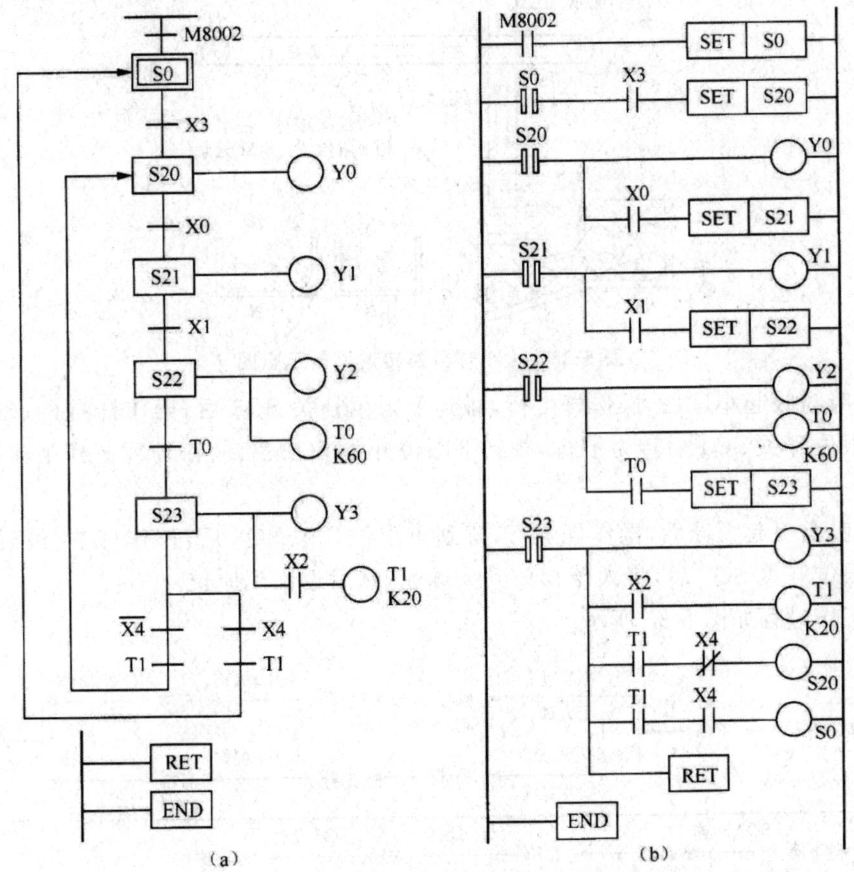

图 5-24 液体混合装置控制系统的状态图与梯形图

5.4.4 大小球分类选择传送控制

大小球分类传送设备示意图如图 5-25 所示。电动机驱动操作杆带动吸盘上下移动，完成取球和放球动作。通过行程开关 SQ2 通断状态判别大小球，由电动机驱动操作杆左右移动，将大小球送往指定位置，从而完成大小球分拣的工作过程。

1. 控制原理

依据图 5-25 所示大小球分类设备示意图分析其工作控制原理如下：

(1)开始自动工作之前要求设备处于原位状态时操作杆在上部，左极限位置、上限位开关 SQ1 和左限位开关 SQ3 被压下。

(2)启动自动循环工作后，操作杆下行 2s。此时，若碰到的是大球，检测开关 SQ2 仍为断开状态，若碰到的是小球，检测开关 SQ2 则为闭合状态，从而将大、小球状态转换成开关检测信号。

(3)接通控制吸盘的电磁阀 YV 线圈，吸取球。

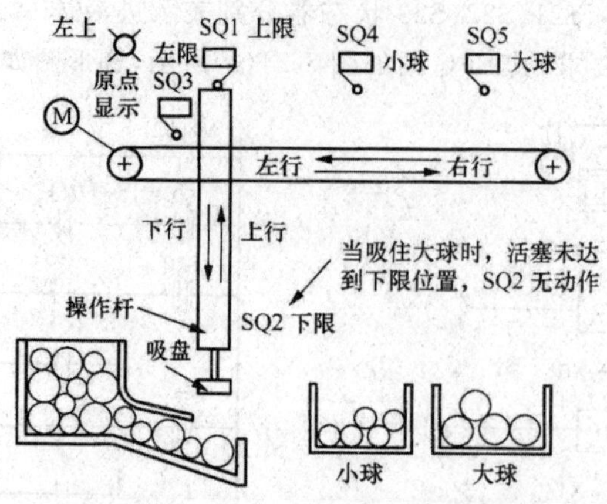

图 5-25　大小球分类传送设备示意图

(4)当吸盘吸起小球后，操作杆上行，碰到上限位开关 SQ3 后，操作杆右行；碰到小球存放位置右限位开关 SQ4 后转为下行，碰到下限位开关 SQ2 后，将小球释放到小球箱，然后返回到原位。

(5)当吸盘吸起大球后，操作杆上行，碰到上限位开关 SQ3 后，操作杆右行；碰到大球存放位置右限位开关 SQ5 后，将大球释放到大球箱，然后返回到原位。

整个工作过程如图 5-26 所示。

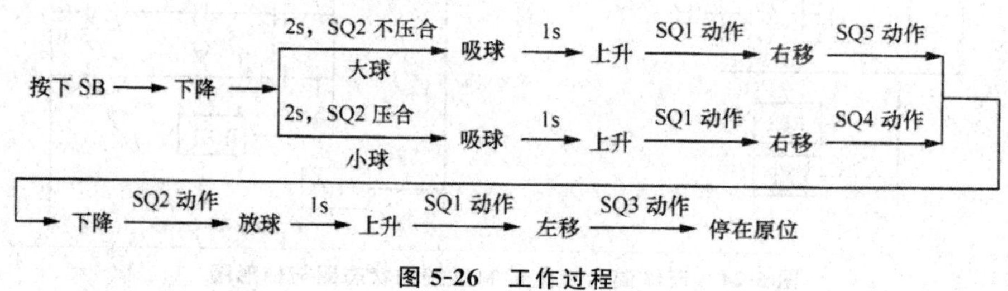

图 5-26　工作过程

2. 分析控制要求

根据步进状态编程的思想，首先将系统的工作过程进行分解，其流程如图 5-27 所示。

图 5-27 可转换成如图 5-28 所示的选择性分支状态转移图，它具有以下 3 个特点：

(1)状态转移图有两个或两个以上分支。分支 A 为小球传送控制流程，分支 B 为大球传送控制流程。

(2)S21 为分支状态。S21 状态是分支流程的起点，称其为分支状态。在分支状态 S21 下，系统根据不同的转移条件，选择执行不同的分支，但不能同时成立，只能有一个为 ON。若 X002 已动作，当 T1 动作时，执行分支 A；若 X002 未动作，T1 动作时，执行分支 B。

(3)S25 为汇合状态。S25 状态是分支流程的汇合点，称其为汇合状态。汇合状态 S25 可以由 S24、S34 中的任一状态驱动。

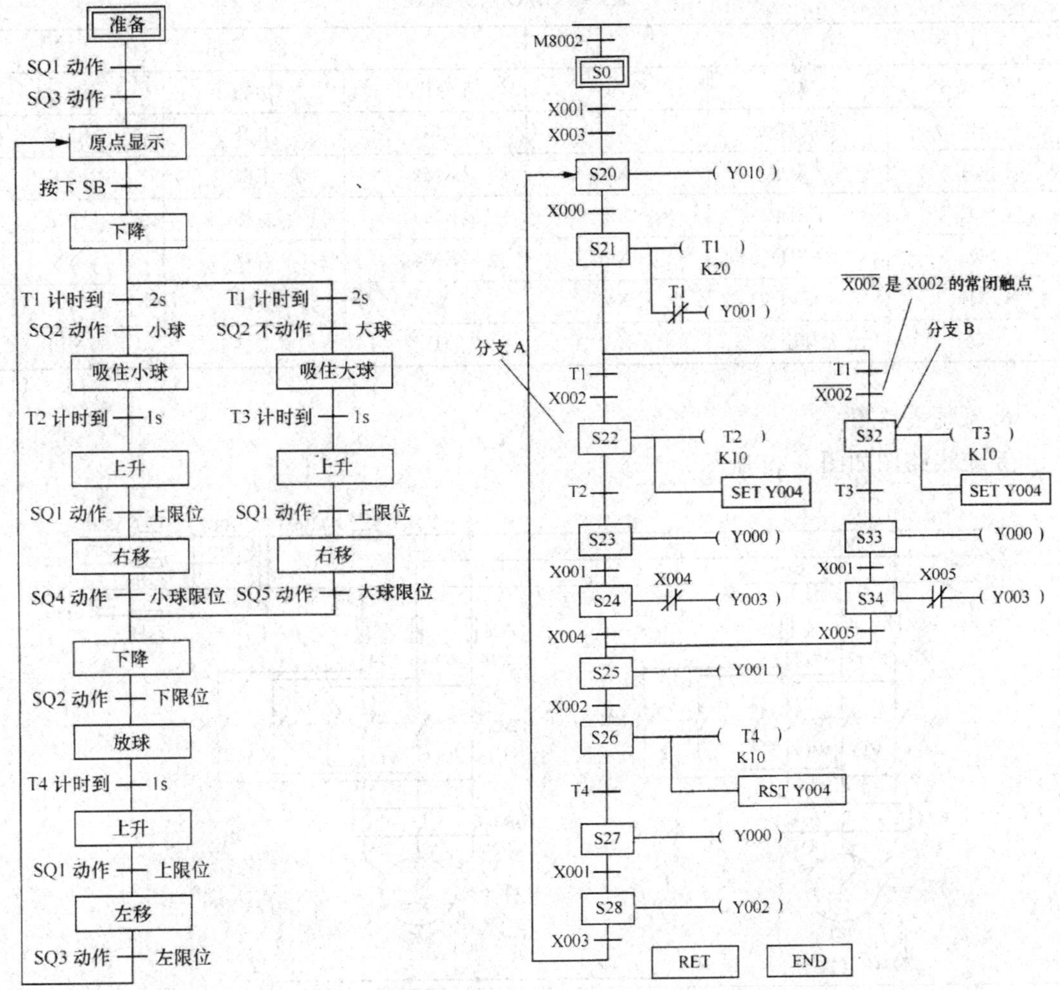

图 5-27　大小球分类传送控制系统工作流程图　　图 5-28　大小球分类传送控制系统状态转移图

3. 确定输入设备

系统的输入设备有 5 个行程开关和 1 个按钮，PLC 需用 6 个输入点分别和它们的常开触头相连。

4. 确定输出设备

系统由电动机 M1 拖动分拣臂左移或右移，电动机 M2 拖动分拣臂上升或下降，电磁铁 YV 吸放球，原点到位由指示灯 HL 显示。由此确定，系统的输出设备有 4 个接触器、1 个电磁铁和 1 个指示灯，PLC 需用 6 个输出点分别驱动控制两台电动机正反转的接触器线圈、电磁铁和指示灯。

5. I/O 点分配

I/O 点分配见表 5-6。

表 5-6 I/O 点分配表

输入			输出		
元件代号	功能	输入点	元件代号	功能	输出点
SB	系统启动	X0	KM1	上升	Y0
SQ1	上限位	X1	KM2	下降	Y1
SQ2	下限位	X2	KM3	左移	Y2
SQ3	左限位	X3	KM4	右移	Y3
SQ4	小球限位	X4	YA	吸球	Y4
SQ5	大球限位	X5	HL	原点显示	Y10

6. 系统线路图

系统线路图如图 5-29 所示。

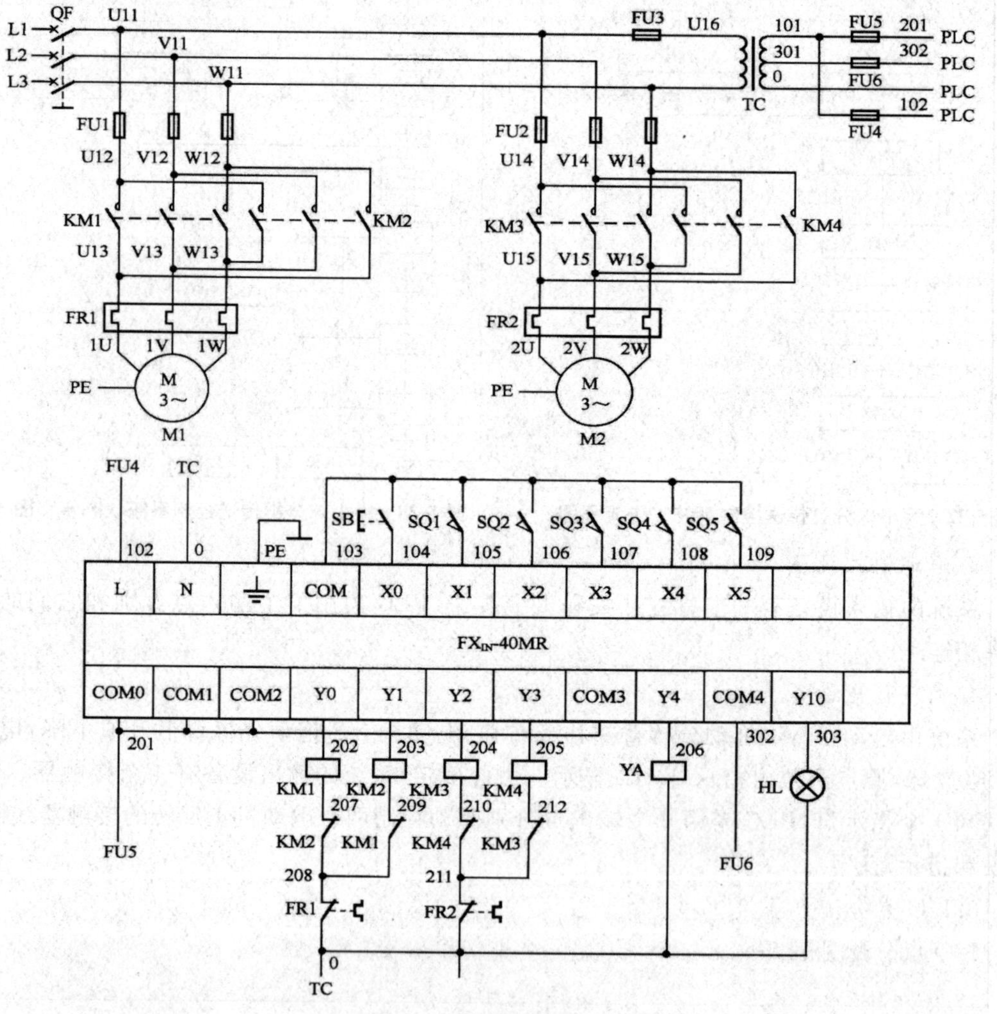

图 5-29 系统线路图

7. 程序设计

程序设计如图 5-30 所示。

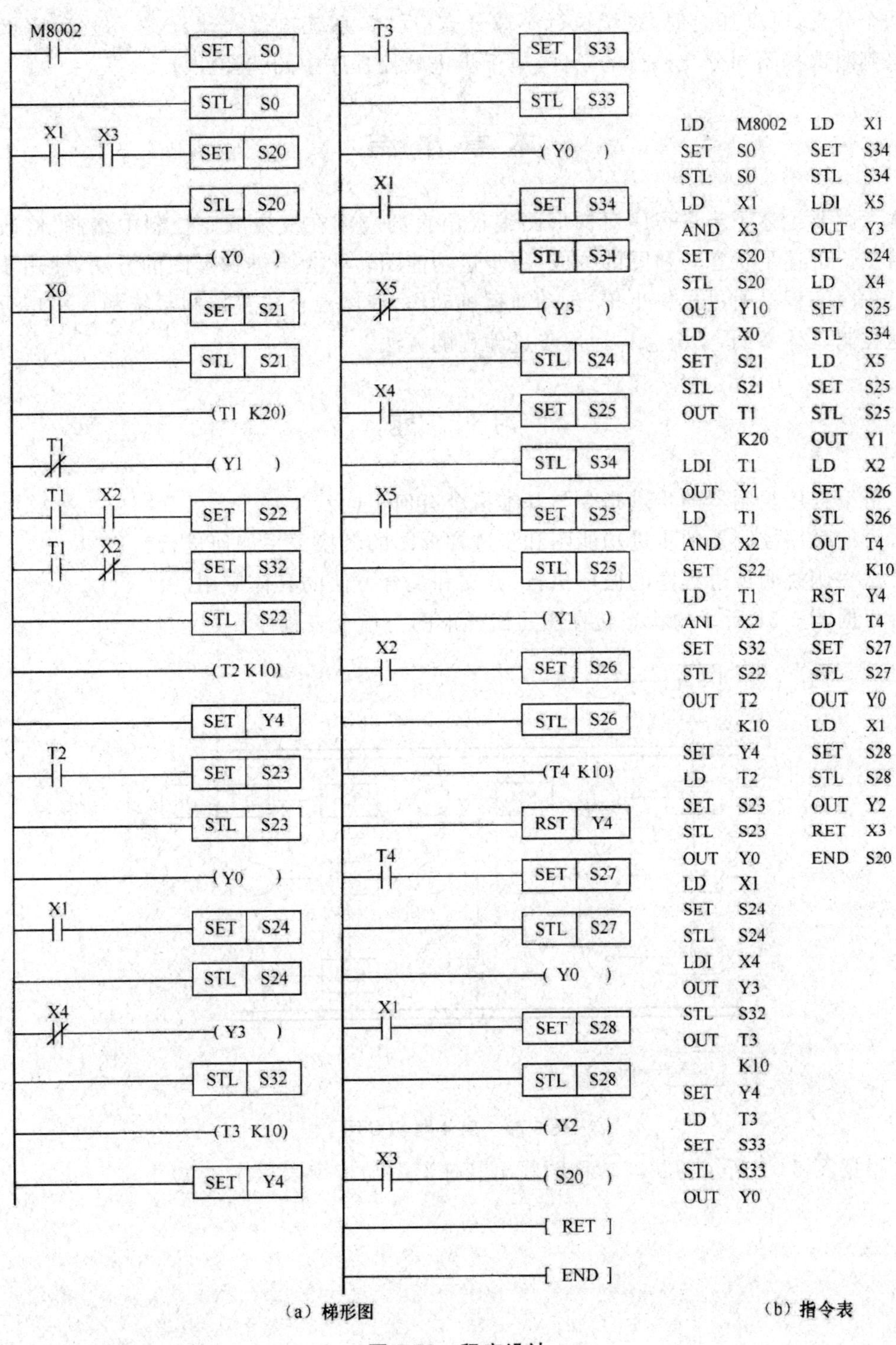

```
LD    M8002     LD    X1
SET   S0        SET   S34
STL   S0        STL   S34
LD    X1        LDI   X5
AND   X3        OUT   Y3
SET   S20       STL   S24
STL   S20       LD    X4
OUT   Y10       SET   S25
LD    X0        STL   S34
SET   S21       LD    X5
STL   S21       SET   S25
OUT   T1        STL   S25
      K20       OUT   Y1
LDI   T1        LD    X2
OUT   Y1        SET   S26
LD    T1        STL   S26
AND   X2        OUT   T4
SET   S22             K10
LD    T1        RST   Y4
ANI   X2        LD    T4
SET   S32       SET   S27
STL   S22       STL   S27
OUT   T2        OUT   Y0
      K10       LD    X1
SET   Y4        SET   S28
LD    T2        STL   S28
SET   S23       OUT   Y2
STL   S23       RET   X3
OUT   Y0        END   S20
LD    X1
SET   S24
STL   S24
LDI   X4
OUT   Y3
STL   S32
OUT   T3
      K10
SET   Y4
LD    T3
SET   S33
STL   S33
OUT   Y0
```

(a) 梯形图　　(b) 指令表

图 5-30　程序设计

8. 程序说明

根据大小球分类传送装置的工作过程，以吸住的球的大小作为选择条件，可将工作流程分成两个分支，SQ2 压合时，系统执行小球分支；反之，系统执行大球分支。显然，SQ2 动作与否是判断选择不同分支执行的条件，属于步进顺控程序中的选择性分支。

本章小结

本章主要论述了步进程序对梯形图编程语言的应用在复杂顺序控制中编制、修改和阅读的特点。讲述了状态转移图的构成，将步进功能图转化为步进梯形图的方法，使用步进指令进行程序编程。通过送料小车、自动剪板机动作、液体混合装置控制系统和大小球分类选择传送控制具体举例，学会怎样运用步进编程的方法。

习　题

1. 可编程序控制器的步进指令与基本指令有何不同？
2. 可编程序控制器的步进功能图和步进梯形图的转换关系如何进行？
3. 试举例说明步进程序的循环执行、分支和汇合方法的具体应用。
4. 根据图 5-31 所示的状态转移图写出梯形图与指令表程序。

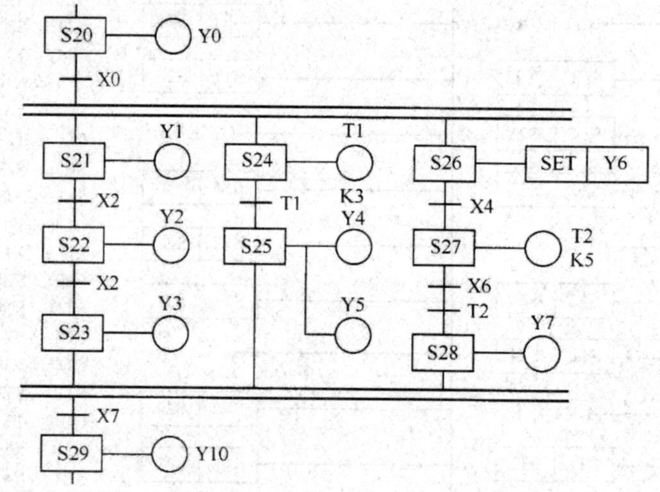

图 5-31　第 4 题 SFC 图

5. 根据图 5-32 所示的状态转移图写出其梯形图与指令表程序。

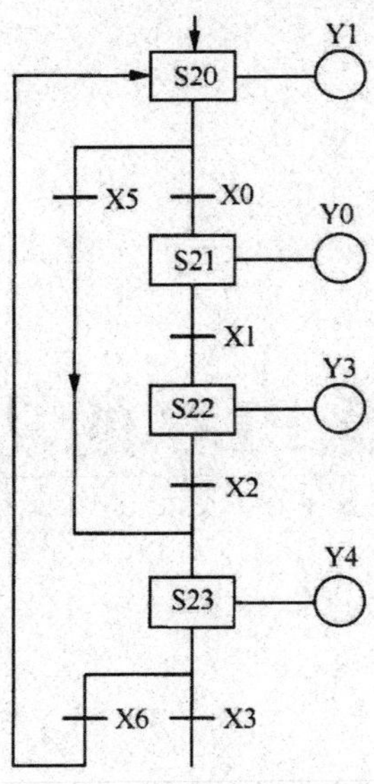

图 5-32　第 5 题 SFC 图

第6章 三菱PLC的功能编程指令

1. 熟悉功能指令的使用规则。
2. 掌握常用程序流程控制与传送比较指令的用法。
3. 掌握算术和逻辑运算指令的用法。
4. 掌握循环位移指令的用法。
5. 了解其他功能指令的用法。

6.1 功能指令的表示方式

FX系列可编程序控制器的功能指令采用梯形图和指令助计符相结合的表达方式，如图6-1所示。

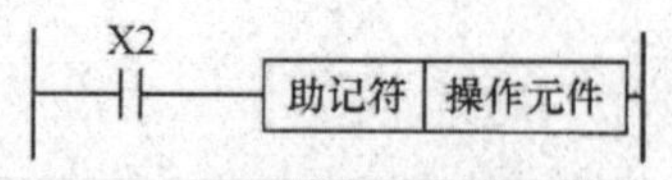

图6-1 功能指令的基本形式

指令助记符采用英文名称或其缩写，稍具英语知识的人都能够马上识别其意义，所以功能指令的表达方式具有简单易懂的特点。指令助记符前面有D表示该功能指令处理32位操作数，因为数据寄存器为16位，这时相邻的两个元件组成元件对，为避免出现错误，这种情况下尽可能使用偶数为首地址的操作数，表示低16位元件，而下一个元件即为高16位元件。没有D这个符号，表示该功能指令处理16位数据。指令助记符后面有P表示指令的执行条件由OFF→ON时，指令执行一次，即该指令脉冲执行。如果助记符后面没有P这个符号，在执行条件为ON的每一个扫描周期该指令都要被执行，即该指令连续执行。

操作元件由 1～4 个操作数组成，用[S]表示源（Source）操作数，[D]表示目标（Destination）操作数。如果使用变址功能，则表示为[S·][D·]。用 m、n 表示常数作为[S·]和[D·]的补充说明，常数 K 表示十进制，H 表示十六进制。

操作元件分为字元件和位元件。处理数据的元件称为字元件，如 T、C、D 等。只有 ON/OFF 状态的元件称为位元件。每相邻的 4 个位元件组成一个单元，Kn 加首位元件号表示 n 组单元。例如，K2M0 表示 M0～M7 组成的两个位元件组，M0 为数据的最低位；K4S10 表示由 S10～S25 组成的 16 位数据，S10 为最低位。为避免混乱，被组合的位元件的首位元件号建议采用以 0 结尾的元件，如 X0、X10、M0、S10 等。

下面以求平均值指令 MEAN 为例（编程格式见图 6-2）具体说明功能指令的基本格式。

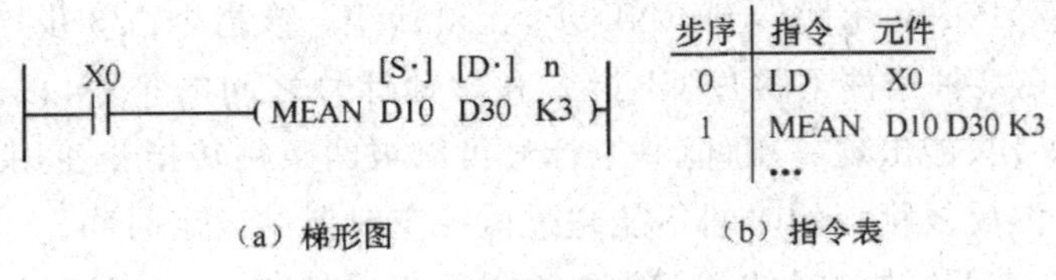

步序	指令	元件
0	LD	X0
1	MEAN	D10 D30 K3
	…	

（a）梯形图　　（b）指令表

图 6-2　功能指令编程示例

1. 指令内容的解释

常开触点 X0 为程序执行的条件。

MEAN 为求平均值的助记符。

D10、D30 和 K3 为操作数，其中 D10 为源操作数，D30 为目的操作数，K3 为常数。

2. 程序含义

当常开触点 X0 接通时，求出 D10 开始的连续 3 个元件的平均值，结果送到目标寄存器 D30。

3. 标识说明

源操作数用[S]表示，当操作数使用变址功能时，表示为[S·]，源操作数不止一个时，可用[S1·][S2·]表示。

目的操作数用[D]表示，当操作数使用变址功能时，表示为[D·]，目的操作数不止一个时，可用[D1·][D2·]表示；K3 是取值个数，表示为 n 或 m，它们常用来表示常数，或作为源操作数和目标操作数的补充说明，需注释的项目较多时，可以采用 m1、m2 等方式表示。

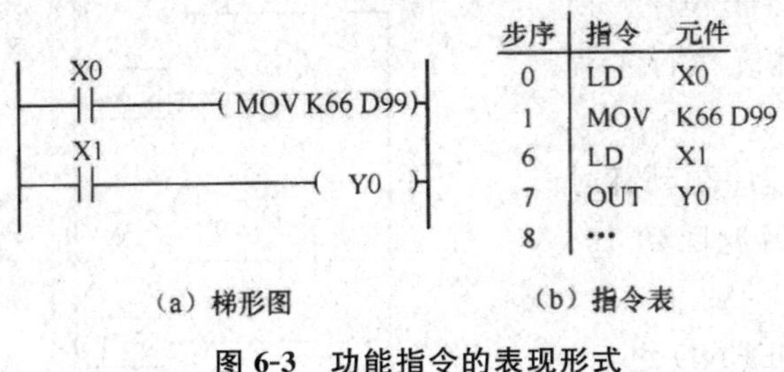

步序	指令	元件
0	LD	X0
1	MOV	K66 D99
6	LD	X1
7	OUT	Y0
8	…	

（a）梯形图　　（b）指令表

图 6-3　功能指令的表现形式

每一条功能指令都有一个编号（如 MOV 的编号为 12），用手持编程器输入功能指令时，需先按 FNC 键，然后输入功能指令编号。图 6-3 所示为 SWOPC-FXGP/WIN-C 个人计算机编程软件中功能指令的表现形式。从图中可以看出，梯形图和指令表中体现不出功能指令的编号。在此软件的梯形图中，功能指令的助记符和操作元件写在一个括号内，之间用空格隔开。为明了起见，本书仍用方框把助记符和每个操作数框住来表示功能指令。

6.2 FX_{2N}系列可编程序控制器功能指令

6.2.1 程序流向控制功能指令(FNC00～FNC09)

1. 条件跳转指令

条件跳转指令 CJ(Conditional Jump)(FNC00)的操作数为指针 P0～P127(可以变址修改)，表示跳转目标，P63 表示跳转到 END 步，无须标记。该指令占 3 步，指针标号占 1 步。

CJ 指令用于在某种条件下跳过 CJ 指令和指针标号之间的程序，以减少扫描时间。在程序中，同一个标号只能出现一次，但一个标号可以被两条跳转指令使用。标号也可以出现在跳转指令之前，但反复跳转的时间不能超过监控定时器的设定时间。

执行跳步指令期间，被跳过的 Y、M、S 线圈仍旧保持跳步前的状态，不论执行条件是否满足。若跳步前定时器、计时器正在计时、计数，则立即中断工作，直到跳转结束后再继续工作，但正在工作的 T63 和高速计时器不受跳步的影响，仍可继续工作。

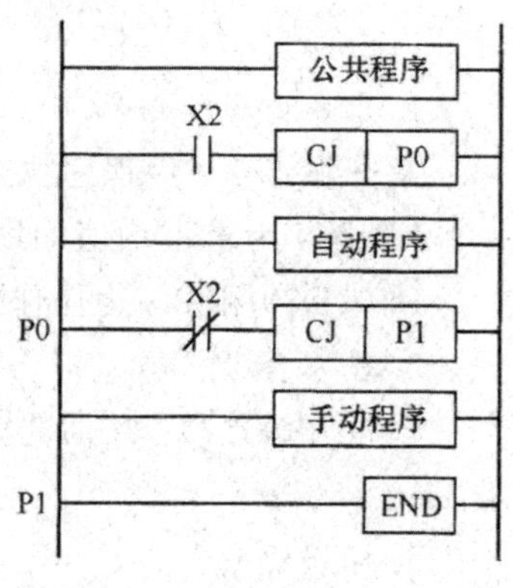

图 6-4 自动/手动的切换

在图 6-4 中，当自动/手动切换的转换开关 X0 为 ON 时，跳步指令 CJ P0 执行条件满足，程序跳到 P0 标号处，而跳步指令 CJ P1 条件不满足，程序不跳转，执行手动程序。反之，X0 为 OFF 时，执行自动程序。

2. 子程序相关指令

子程序调用指令 CALL(Subroutine Call)(FNC01)的操作数为指针标号 P0～P127(不包括 P63，允许变址修改)，表示子程序的入口，该指令占 3 步，指针标号占 1 步。子程序返回指令 SRET(Subroutine Return)(FNC02)无操作数，占用一个程序步。

CALL 指令用于一定条件下调用并执行子程序。使用 SRET 指令回到原跳转点下一条指令继续执行主程序。子程序可以嵌套调用，最多嵌套 5 级。

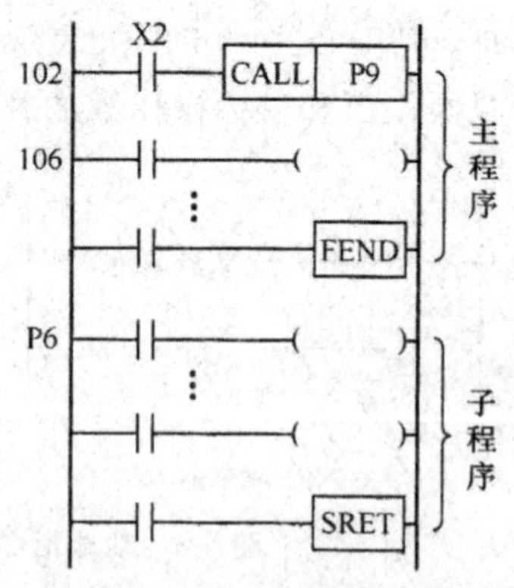

图 6-5 CALL 指令、SRET 指令的应用

图 6-5 中 X2 为 ON 时，CALL 指令使程序跳到标号 P9 处，子程序被执行，执行完 SRET 指令后返回到 106 步继续执行主程序。

子程序标号应该写在主程序结束指令 FEND 之后，且同一标号只能出现一次，CJ 指令用过的标号不能再用。CALL 指令必须和 FEND 指令、SRET 指令结合在一起使用，且调用的子程序应放在 FEND 之后。

3. 中断相关指令

中断返回指令 IRET(Interruption Rettull)、允许中断指令 EI(Interruption Enable)、禁止中断指令 DI(Interruption Disable)的功能指令编号分别为 FNC03、FNC04 和 FNC05。它们均无操作数，分别占用一个程序步。

EI 和 DI 之间的程序段为允许中断的区间，当程序执行到该区间时，如果出现中断信号，则停止执行主程序，转而去执行相应的中断子程序，执行到中断返回指令 IRET 时，返回原中断点，继续执行原来的主程序。表示中断服务程序首地址的中断指针应该编在 FEND 指令的后面。

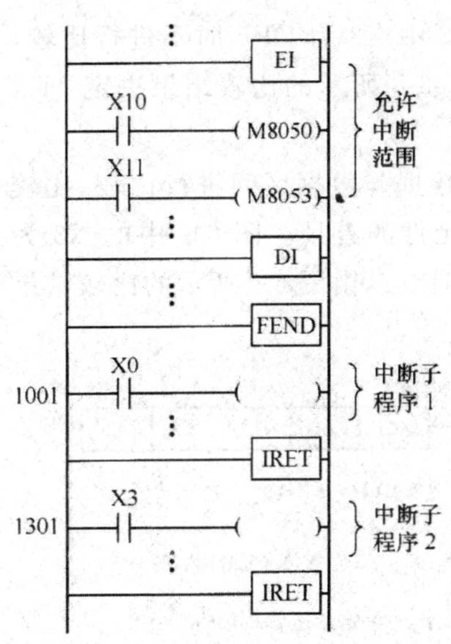

图 6-6　中断指令的应用

在图 6-6 中，当程序执行到允许中断的区间时，如果 X10、X11 没有接通，而中断信号输入 X0 或 X3 接通，则转去处理相应的中断子程序 1 或 2。

同时发生多个中断信号，中断指针标号小的优先。如果有多个中断信号依次发出，则发生越早的优先级越高。

中断程序中可实现 2 级嵌套。如果中断信号产生在禁止中断区，这个中断信号被储存，并在 EI 指令之后被执行。

4. 主程序结束指令 FEND

主程序结束指令 FEND(First End)(FNC06)无操作数，占一个程序步，表示主程序结束。程序执行到这条指令时进行输出处理、输入处理和监控定时器的刷新，全部完成后返回到程序的第 0 步。使用多条 FEND 指令时，中断程序应放在最后的 FEND 和 END 之间。

5. 监控定时器指令 WDT

监控定时器指令 WDT(Watch Dog Timer)(FNC07)无操作数，占用一个程序步。监控定时器俗称看门狗，在执行 FEND 或 END 指令时，监控定时器被刷新。如果可编程序控制器从 0 步到 FEND 或 END 的执行时间小于它的设定时间，则正常工作；反之，可编程序控制器可能已偏离正常的程序执行时间，从而停止运行，CPU-E 发光二极管亮。监控定时器定时时间的缺省设定值为 200ms，如果想使扫描时间超过 200ms 的大程序能顺利通过，可以通过 M8002 的常开触点控制数据传送指令 MOV，将需要值写入特殊数据寄存器 D8000 来实现。

6. 循环指令

FOR(FNC08)为表示循环开始的指令，占 3 个程序步，操作数表示循环次数 N，$N=1\sim$ 32 767。

NEXT(FNC09)为循环结束的指令，占一个程序步，无操作数。

FOR 和 NEXT 之间的程序被反复执行，次数由 N 决定。执行完后，再执行 NEXT 指令后的程序。FOR 和 NEXT 指令必须成对使用，且 FOR 在前，NEXT 在后。NEXlT 指令也不允许写在 END 和 FEND 指令之后。

FOR、NEXT 指令内允许嵌套使用，最多允许 5 级嵌套。图 6-7 中每执行一次程序 B，就要执行 8 次程序 A，A 程序一共要执行 48 次。

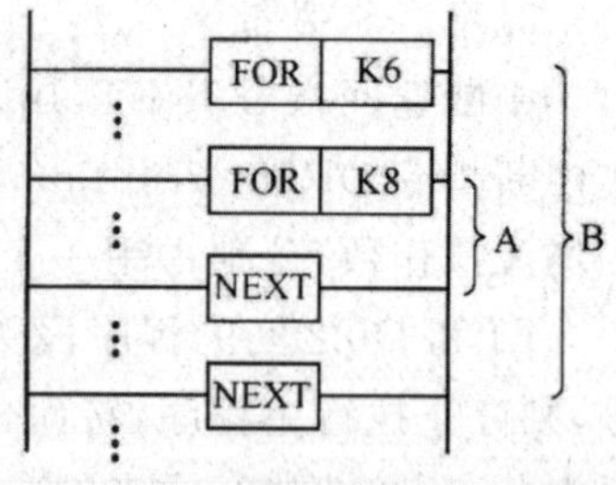

图 6-7 循环指令的应用

6.2.2 比较与传送指令

1. 比较指令

数据比较指令 CMP(Compare)(FNC10)将两个源操作数进行代数比较，并将结果送到指定的 3 个连续目标操作数中，目标操作数[D·]中存放的是目标操作数的首址。图 6-8 中 X3 为 OFF 时不进行比较，M0、M1、M2 的状态保持不变。X3 为 ON 时进行比较，由图 6-8 所示的比较结果决定 M0、M1、M2 的状态。

区间比较指令 ZCP(Zone Conpare)(FNC11)将一个源数据与数据区间进行比较，比较结果由 3 个连续目标位元件的状态表示，[D·]中存放位元件的首址。图 6-9 中的 X3 为 ON 时，执行 ZCP 指令，将 T3 的当前值与常数 100 和 120 相比较，由图 6-9 所示的比较结果决定 M20、M21、M22 的状态。

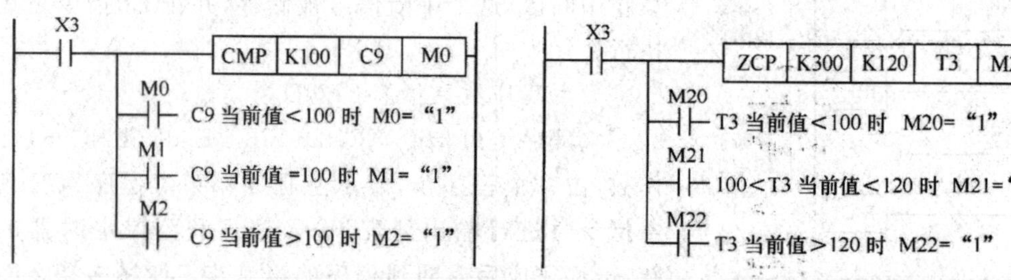

图 6-8 CMP 指令的应用　　图 6-9 ZCP 指令的应用

2. 传送指令

传送指令 MOV(Move)的功能编号为 FNC12，它将源数据传送到指定目标。图 6-10 中 X3 为 ON 时，常数 100 被传送到数据寄存器 D10 中，并自动转换成二进制数。

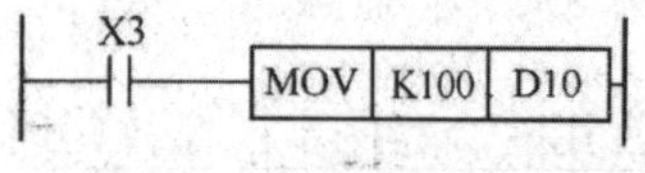

图 6-10 MOV 指令的应用

移位传送指令 SMOV(Shift Move)的功能编号为 FNC13，它将 16 位二进制源数据自动转换成 4 位 BCD 码，然后由源数据的指定位传送到目标操作数的指定位，其他位不受移位指令的影响。图 6-11 中的 X3 为 ON 时，D1 中的 16 位二进制数被转换成 4 位 BCD 码，D1 右起的第 4 位开始的 2 位 BCD 码(4 位和 3 位)移到 D2 右起第 3 位和第 2 位，D2 中的第 1 位和第 4 位不受影响，然后 D2 中的 BCD 码自动转换成二进制码。

取反传送指令 CML(Complement)的功能编号为 FNC14，它将源元件中的数据逐位取反(1→0，0→1)并传送到指定目标元件。如果源数据为常数 K，该数据在指令执行时会自动转换成二进制数。图 6-12 中的 X3 接通时，D1 中的低 4 位取反后传送到 Y3、Y2、Y1、Y0 中。

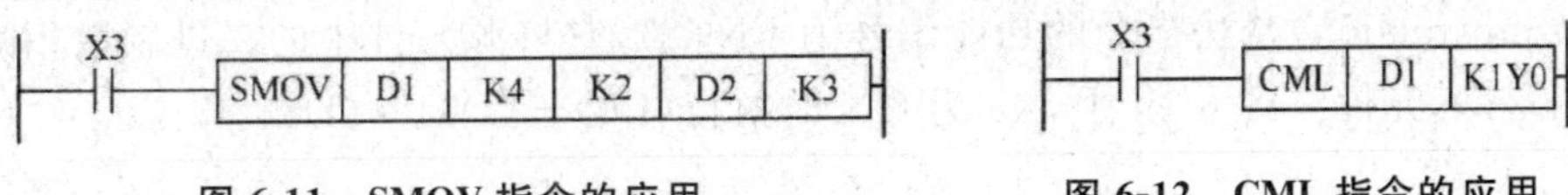

图 6-11　SMOV 指令的应用　　**图 6-12　CML 指令的应用**

块传送指令 BMOV(Block Move)的功能编号为 FNC15,它将源操作数指定的元件开始的 n 个数据组成的数据块传送到指定的目标。图 6-13 中的 X3 接通时,D6、D7、D8 中 3 个数据寄存器的内容对应传送到 D9、D10、D11 3 个目标数据寄存器中。

多点传送指令 FMOV(Fill Move)的功能编号为 FNCl6,它将源元件中的数据传送到指定范围的目标元件中,指令执行完毕后 n 个元件中的数据完全相同。图 6-14 中的 X3 接通时,将常数传送到 D6 开始的 10 个数据寄存器(即 D6～D15)中。

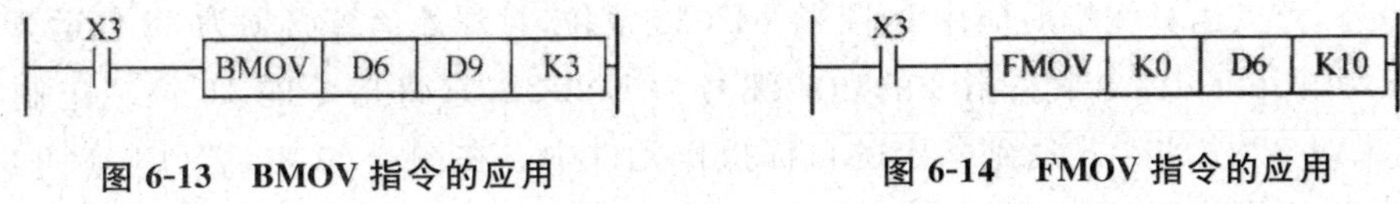

图 6-13　BMOV 指令的应用　　**图 6-14　FMOV 指令的应用**

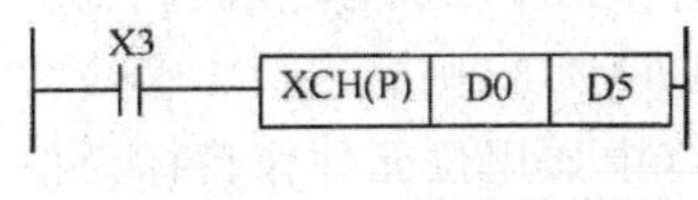

图 6-15　XCH 指令的应用

数据交换指令 XCH(Exchange)的功能编号为 FNC17,它将两个目标元件中的数据进行交换。一般该命令采用脉冲执行方式,否则每个执行周期都要交换一次。图 6-15 中的 X3 接通前(D0)＝30,(D5)＝530。当 X3 接通 XCH 指令执行结束后,(D0)＝530,(D5)＝30。

3. 数据变换指令

BCD(Binary(Code to Decimal)变换指令的功能编号为 FNC18,它将源元件中的二进制数转换为 BCD 码并送到指定目标元件中。该指令用于将 PLC 中二进制数变换成 BCD 码输出以驱动 7 段显示。图 6-16 中,D10 为源数据寄存器,它里面存在的是二进制数。目标输出元件为两个 BCD 数,即 Y0～Y7,它们可以驱动相对应的 7 段译码显示器。

BIN(Binarv)变换指令的功能编号为 FNC19,它将源元件中的 BCD 码转换为二进制数并送到指定目标元件中。该指令用于将 PLC 接口 BCD 数字开关提供的设定值输入到 PLC 中。图 6-17 中,X3～X7 中的数据必须是 BCD 码,否则程序就会出错。X3 为 ON 指令执行完毕后,X3～X7 中的 BCD 码转换成二进制数并传送到源数据寄存器 D12 中。

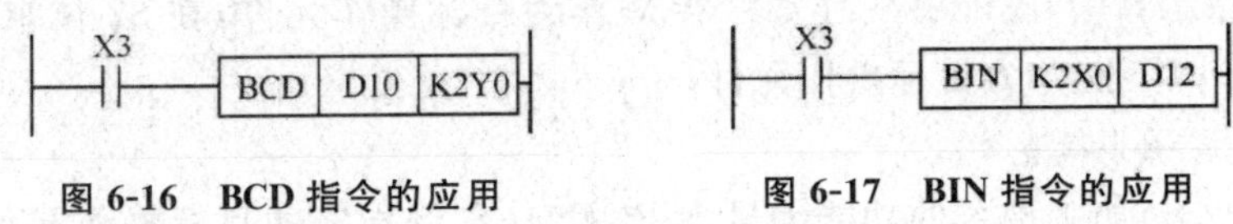

图 6-16　BCD 指令的应用　　**图 6-17　BIN 指令的应用**

6.2.3　运算功能指令

1. 算术运算指令

ADD(Addition)加法指令的功能编号为 FNC20,它将源元件中的二进制数相加,结果送到指定的目标元件。图 6-18 中,X3 为 ON 执行完指令后,所进行的操作可表示为(D0)＋(D10)→(D12)。另外,源数据和目标数据可用相同的元件号。

SUB(Subtraction)减法指令的功能编号为 FNC21,它将源元件中的二进制数相减,结果送到指定的目标元件。图 6-19 中,X3 为 ON 时执行(D0)－(D6)→(D8)。

图 6-18　ADD 指令的应用　　　　图 6-19　SUB 指令的应用

加法和减法指令使用的数据的最高位是符号位(0 表示正,1 表示负),所以加减运算为代数运算。如果运算结果为 0,则零标志特殊辅助继电器 M8020 置 1;如果运算结果小于－32767(16 位运算)或者－2147483647(32 位运算),则进位标志特殊辅助继电器 M8022 置 1;浮点操作标志特殊辅助继电器 M8023 被 SET 指令驱动后,随后进行的加法运算或减法运算为浮点值之间运算。另外,浮点运算完毕后应用 RST 将 M8023 复位,且浮点运算必须为 32 位运算。

MUL(Multiplication)乘法指令的功能编号为 FNC22,它将指令的 16 位二进制源操作数相乘,结果以 32 位的形式送到指定的目标操作元件中。在图 6-20 中,若(D0)＝9,(D2)＝8,则 X0 为 ON 时,执行(D0)×(D2)→(D6),即相乘的结果 72 存入(D7,D6),乘积的低位字送到 D6,高位字送到 D7。如果执行的是 32 位乘法运算指令(D)MUL,则执行(D1,D0)×(D3,D2)→(D9,D8,D7,D6),运算结果为 64 位。32 位乘法运算中如用位元件作目标元件(如 KnM,n＝1～8),则最多只能得到乘积的低 32 位,高 32 位丢失。在这种情况下应先将数据移入字元件再进行运算。用字元件作目标元件时不可能同时监视 64 位数据内容,只能通过分别监视运算结果的高 32 位和低 32 位并利用下式计算 64 位运算结果:

64 位运算结果＝(高 32 位数据)×232＋低 32 位数据

DIV(Division)除法指令的功能编号为 FNC23,它指定前边的源操作数为被除数,后边的源操作数为除数,运算后所得商送到指定的目标元件中,余数送到目标元件的下一个元件。图 6-21 中的 X3 为 ON 时,则执行(D1,D0)÷(D3,D2),其商是 32 位数据,被送到(D5,D4)中,余数也是 32 位数据,被送到(D7,D6)中。

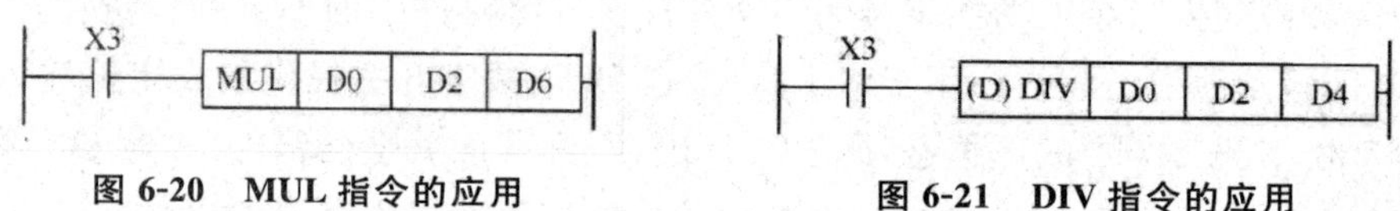

图 6-20　MUL 指令的应用　　　　图 6-21　DIV 指令的应用

在 16 位乘除运算中,不能将变址寄存器 V 作为目标操作元件,在 32 位乘除运算中,变址寄存器 V 和 Z 都不能作为目标操作元件。

2. 加 1 指令和减 1 指令

INC(Inclement)加 1 指令的功能编号为 FNC24,它将指定的目标操作元件中的二进制数据自动加 1。

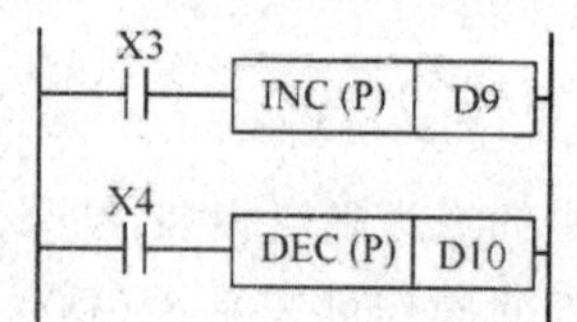

图 6-22　INC、DEC 指令的应用

DEC(Decrement)减 1 指令的功能编号为 FNC25,它将指定的目标操作元件中的二进制数据自动减 1。

由于加 1 指令和减 1 指令采用的是脉冲指令,X3(或 X4)每次由 OFF 变为 ON 时 D9(或 D10)中的数自动加(或减)1。反之,如图 6-22 所示,若用连续指令,X3(或 X4)为 ON 期间的每一个扫描周期 D9（或 D10）中的数都要自动加（或减）1。

在加 1 或减 1 的 16 位数据运算中，到＋32767 再加 1 就变为－32768，再减 1 就变为＋32767，但标志特殊辅助继电器不会置位。32 位数据运算时，＋21474836417 再加 1 就会变为－2147483648，而－2147483648 再减 1 就变为＋2147483647，但标志特殊辅助继电器也不置位。

3. 字逻辑运算命令

字逻辑与指令 WAND、字逻辑或指令 WOR、字逻辑异或（Exclusive Or）指令 WXOR 的功能指令编号分别为 FNC26～FNC28，它们各自将指定的两个源数据以位为单位做相应的逻辑运算，结果存放到目标元件中。

4. 求补指令

求补指令 NEG 功能编号为 FNC29，它将目标元件指定的数的每一位取反后再加 1，结果存于同一元件。求补指令实际是绝对值不变的变号操作。

6.2.4　循环移位与移位功能指令

1. 循环移位指令

ROR（Rotation Right）、ROL（Rotation Left）分别为右循环移位指令和左循环移位指令，功能指令编号为 FNC30 和 FNC31。其功能是将目标元件的数据向右（或向左）循环移动 n 位，最后一次移出的那一位同时存入仅为标志特殊辅助继电器 M8022。图 6-23 中的 X3 由 OFF 变为 ON 时，D6 中的数据向右循环移动 3 位，最右边最后一次移出的是 1，所以 M8022 被置 1。ROL 指令的应用与 ROR 指令类同，仅仅是移动方向不同而已。

2. 进位的循环移位指令

RCR（Rotation Right Carry）、RCL（Rotation left with Carry）分别为带进位的右、左循环移位指令，功能指令编号为 FNC32 和 FNC33。其功能是将目标元件的数据连同 M8022 的数据一起向右（或向左）循环移动 n 位。RCR 指令的使用说明如图 6-24 所示。RCL 指令的应用与 RCR 指令相同，亦仅仅移动方向不同而已。

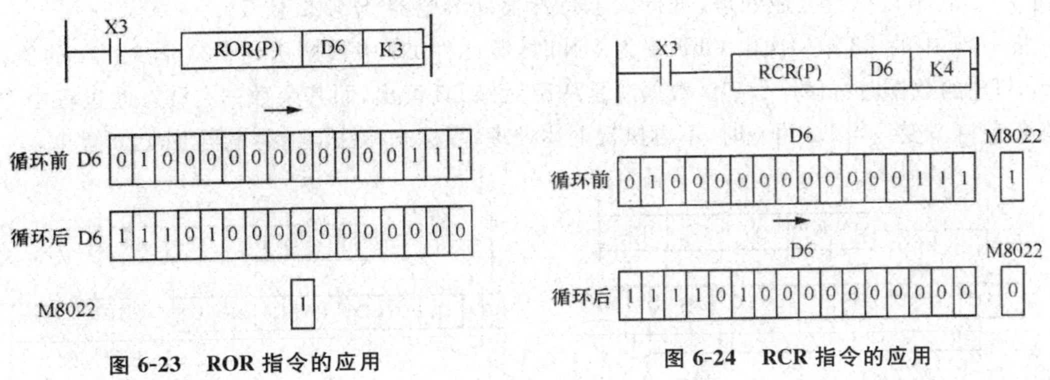

图 6-23　ROR 指令的应用　　图 6-24　RCR 指令的应用

3. 位移位指令

SFTR（ShiftRight）、SFTL（ShiftRight）分别为位右移、位左移指令，功能指令编号为 FNC34 和 FNC35。其功能是将位元件中的状态成组地向右或向左移动。位元件组的长度由 n1 指定，目标元件[D·]可取 Y、M、S，指定的是位元件组的首位。n2 指令的是移动的位数。源操作数[S·]可取 X、Y、M、S。图 6-25 中的。X3 由 OFF 变为 ON 时，M2～M0 的数据溢出，M5～M3→M2～M0，M8～M6→M5～M3，X2～X0→M8～M6。SFTL 指令的应用与 SFTR 指令类同，亦仅仅移动方向不同而已。

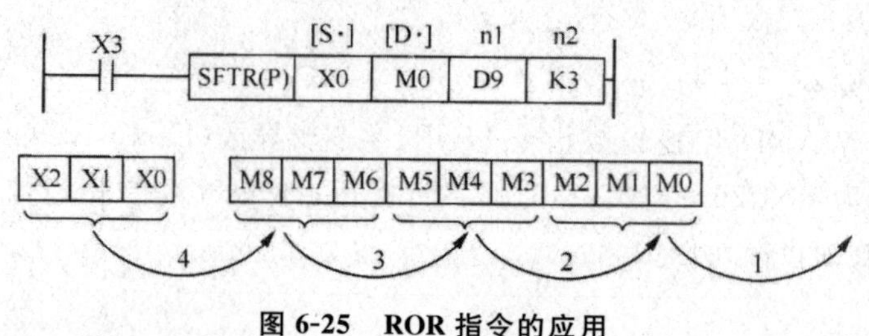

图 6-25　ROR 指令的应用

4. 字移位指令

WSFR(Word ShiR Right)、WSFL(Word Shift Left)分别为字右移、字左移指令，功能指令编号为 FNC36 和 FNC37。它们的功能与位右移、位左移指令一样，所不同的是它们的源操作数可取 KnX、KnY、KnM、KnS、T、C 和 D，目标操作数可取 KnY、KnM、KnS、T、C 和 D。

5. FIFO 写入与读出指令

SFWR(ShiftRegister Write)、SFRD(ShiftRegister Read)分别为先进先出(Firstin First out，FIFO)写入、读出指令，功能指令编号为 FNC38 和 FNC39。它们的功能都是源操作数中的数据依次送到目标操作数，所不同的是写入指令 n 指定的是目标操作数的个数，而读出指令 n 指定的是源操作数的个数。写入指令目标元件和读出指令源元件的首址元件数据反映了写入和读出的次数，只不过写入为加而读出为减。

图 6-26 中的 X3 第一次由 OFF 变为 ON 时，源元件 D0 中数据写入 D3，同时 D2 置 1(D2 必须先被清 0)；第二次 X3 由 OFF 变为 ON 时 D0 中的数据写入 D4，D2 的数据变为 2，依此类推，源元件 D0 中的数据依次写入数据寄存器中，写入的次数存入 D2 中。D2 中的数达到 $n-1$ 后不再执行上述处理，进行标志特殊辅助继电器 M8022 置 1。

图 6-27 中的 X3 第一次由 OFF 变为 ON 时，源元件 D3 中数据送到 D20，同时 D2 的值减 1，D4～D9 的数据向右移一个字。数据总是从源元件 D3 读出，而其余数据右移。此过程中 D9 的数据保持不变。当 D2 为 0 时，不再执行上述处理，零标志特殊辅助继电器 M8020 置 1。

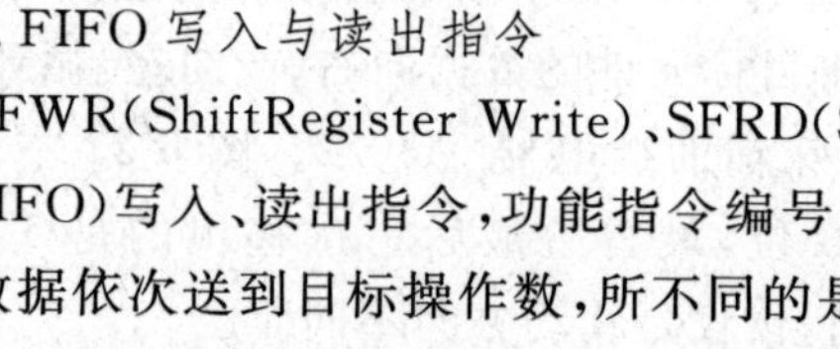

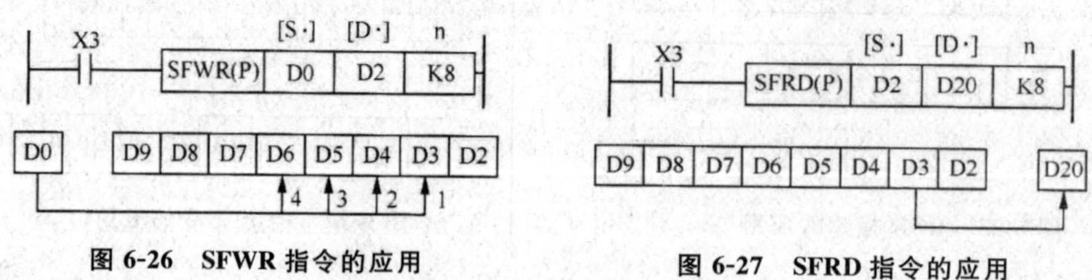

图 6-26　SFWR 指令的应用

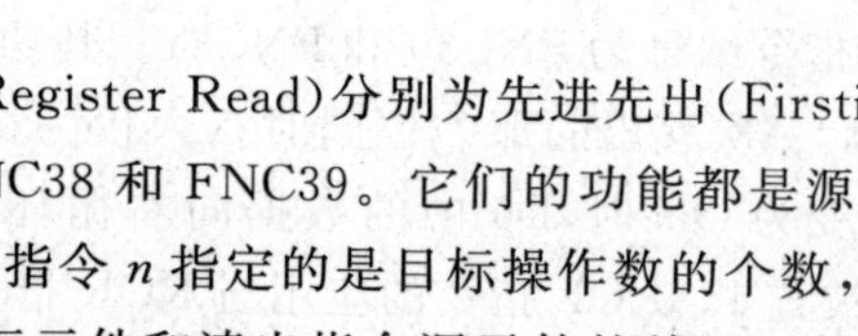

图 6-27　SFRD 指令的应用

6.2.5 数据处理指令

1. 区间复位指令

ZRST(Zone Reset)为区间复位指令，其功能指令编号为 FNC40，它是将[D1·][D2·]指令的元件号范围内的同一类元件成批复位。目标操作元件可取 T、C 和 D(字元件)或 Y、M 和 S(位元件)。[D1·][D2·]指定的元件必须为同一类元件，且[D1·]指定的元件号必须小于[D2·]指定的元件号。ZRST 指令其实可以说是 RST 指令的集成。在图 6-28 中，在第一个周期将字元件 C235～C255 成批复位。

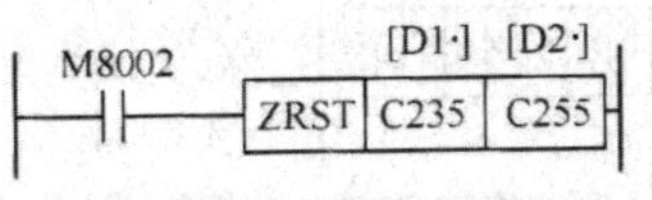

图 6-28　ZRST 指令的应用

2. 解码指令和编码指令

1)DECO 指令

DECO(Decode)为解码指令，其功能指令编号为 FNC41，它将目标元件的某一位置"1"，其他位置"0"，置"1"位的位置由源操作数[S1·]为首址的 n 位连续位元件或数据寄存器所示的十进制码决定。若[D1·]指定的是字元件 T,C,D,n=1～4；若[D1·]指定的是位元件 Y,M,S,n=1～8。

图 6-29(a)中 X3～X0 组成的 4 位(n=4)二进制数相当于十进制数 6，则以 M0 为首址的目标元件的第 6 位(M0 为第 0 位)M6 被置 1，其他被置 0。利用解码指令，还可以用数据寄存器中的数值来控制位元件的 ON/OFF。图 6-29(b)中 D200 的低 3 位(n=3)二进制数相当于十进制数 4，则以 M0 为首址的目标元件的第 4 位 M4 被置 1，其他位被置 0。

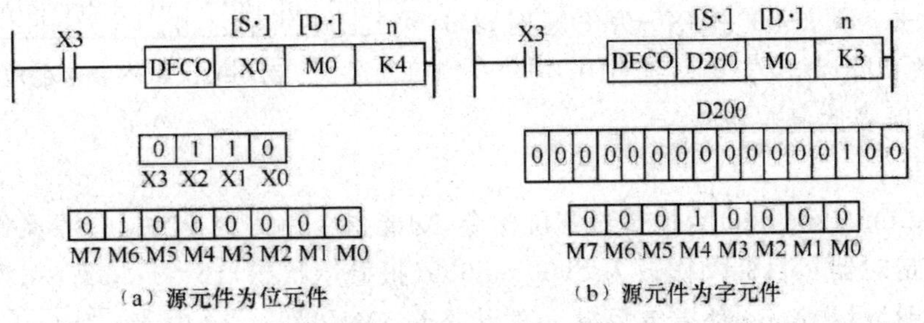

图 6-29　DECO 指令的应用

2)ENCO 指令

ENCO(Encode)为编码指令，其功能指令编号为 FNC42，它把源元件中为"1"的最高位的位置转化为二进制数并送到目标元件的低 n 位中。当源元件是字元件 T、C、D、V 和 Z 时，应使 n=1～4，当源元件是位元件 X、Y、M 和 S 时，应使 n=1～8。目标元件可取 T、C、D、V 和 Z。图 6-30 的源元件中为 1 的位不只一个，只有最高位 M4 有效，位数 4 编码为二进制的 0100 并送到目标元件 D10 的低 4 位。

3. 求 ON 位总数的指令

SUM 为求置 ON 位总数的指令，其功能指令编号为 FNC43。它用于统计指定源文件(可取所有数据类型)中置"1"位的总数，并将结果存入指定的目标元件(可取 T、D、C、V、Z、KnY、KnM 和 KnS)。图 6-31 中的 X0 为 ON 时统计的 D3 中 ON 位的总数，并将其送到 D6

中。如果D3各位均为“0”,则零标志特殊辅助继电器置“1”。

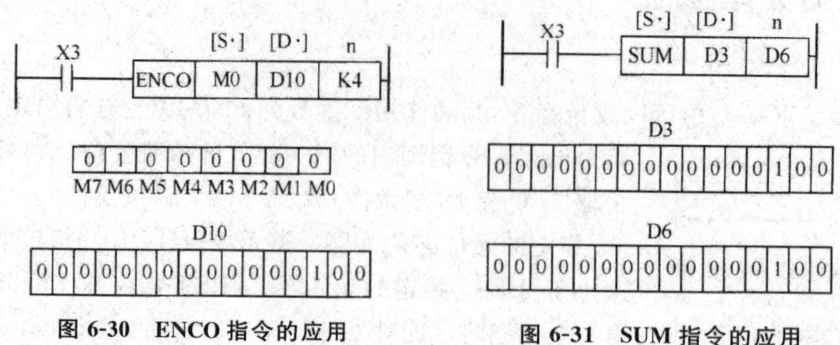

图6-30 ENCO指令的应用　　**图6-31 SUM指令的应用**

4. ON位判别指令

BON(Bit ON Check)为ON位判别指令,功能指令编号为FNC44。它用于判断源元件第*n*位的状态,如果该位为“1”则目标位元件(可取Y、M和S)置“1”,反之置“0”。*n*表示相对源元件首址的偏移量,如*n*=0判断第1位,*n*=9判断第10位。显然,16位运算*n*=0～15,32位运算*n*=0～31。图6-32中,X3为ON时,由于D6的第9位为ON,则指令执行的结果为M0被置ON。

5. 平均值指令

MEAN为平均值指令,功能指令编号为FNC45。它用于计算以指定源操作数为首址的*n*个连续源操作数的平均值,结果送到指定的目标元件,余数略去。图6-33中,X0为ON时,D6、D7、D8的代数和除以3,结果送到D10。

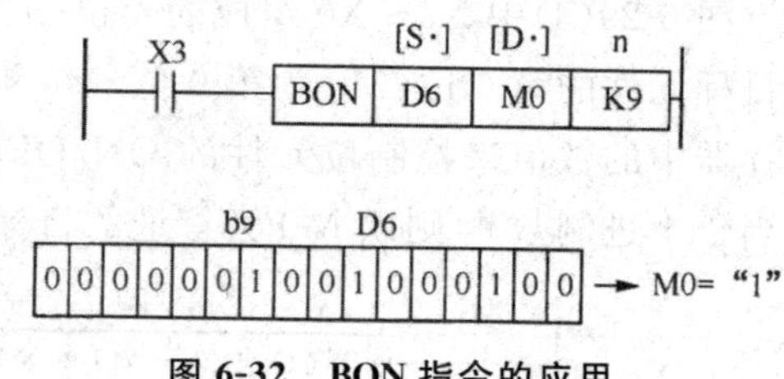

图6-32 BON指令的应用

6. 报警器置位和复位指令

1)ANS指令

ANS(Annunciator Set)为报警器置位指令,功能指令编号为FNC46,源操作数为T0～T199(100ms定时器),目标操作数为S900～S999(报警用状态),*n*=1～32767。它用于启动定时器,时间到*n*＊100ms时指定目标元件状态置ON。图6-34中X0为ON的时间超过100ms,S900置“1”。S900为ON后,若X0变为OFF,定时器复位而S900仍保持为ON。

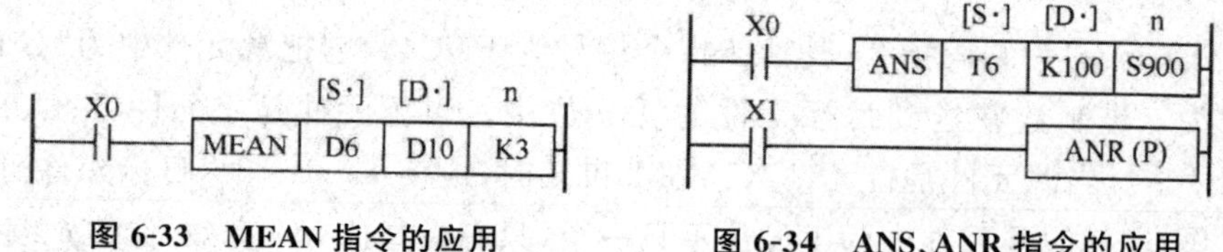

图6-33 MEAN指令的应用　　**图6-34 ANS、ANR指令的应用**

2)ANR指令

ANR(Annunciator Set)为报警器复位指令,功能指令编号为FNC47,无源操作数。它用于将S900～S999之间被置ON的报警器依次复位。图6-34中X1由OFF变为ON时,S900～S999之间被置“1”的报警器复位。如果被置“1”的警报器超过1个,则元件号最低的那个报警器被复位。X1再次闭合时,则下一个元件号最低的被置“1”的报警器被复位。

7. 其他有关指令

SQR(Square Root)二进制平方根指令、FLT(Float)二进制整数转换为二进制浮点数指令和 SWAP 高低字节交换指令，功能指令编号分别为 FNC48、FNC49、FNC147，在此就不介绍了。

6.2.6　高速处理指令

高速处理指令的功能指令编号为 FNC50～59，包括输入/输出刷新指令 REF(Refresh)、刷新和滤波时间常数调整指令 REEF(Refresh And Filter Adjust)、矩阵输入指令 MTR(Matrix)、高速计数器比较置位指令 HSCS(Set by High Speed Coumte)、高速计数器比较复位指令 HSCR(Reret by High Counter)、高速计数器区间比较指令 HSZ(Zonecompare for High Speed Counter)、速度检测指令 SPD(Speed Detect)、脉冲输出指令 PLSY(Pulse Output)、脉宽调制指令 PWM(Pulse Width Modulation)、带加减速功能的脉冲输出指令 PLSR(Pulse R)。此处仅简单介绍其中常用的 4 条高速处理指令。

1. 高速计数器比较置位指令

高速计数器比较置位指令 HSCS 的功能指令编号为 FNC53，因高速计数器均为 32 位加/减计数器，故 HSCS 指令只有 32 位操作。它用于将指定的高速计数器当前值与源操作数[S1・]相比较，如果相等则将目标元件置“1”。[S1・]可取所有的数据类型，[S2・]为高速计数器 C235～C255，[D・1]可取 Y、M 和 S。图 6-35 中如果 X10 为 ON，并且 X7(C255 的置位输入端)也为 ON，C255 立即开始通过中断对 X3 输入的 A 相信号和 X4 输入的 B 相信号的动作计数，当 C255 的当前值由 149 变为 150 或由 151 变为 150 时，Y10 立即置“1”，不受扫描周期的影响；而 C255 的当前值达到 200 时，C255 对应的位存储单元的内容才被置“1”，其常开触点接通，常闭触点断开。

2. 高速计数器比较复位指令

高速计数器比较复位指令 HSCR 的功能指令编号为 FNC54，同 HSCS 一样 HSCR 指令也只有 32 位操作。它用于将指定的高速计数器当前值与源操作数[S1・]相比较，如果相等则将目标元件置“0”。[D・]除可取 Y、M 和 S 外，还可取 C。图 6-36 中 C255 的当前值达到 200 时其输出触点接通，达到 300 时 C255 立即复位，其当前值变为 0，输出触点断开。

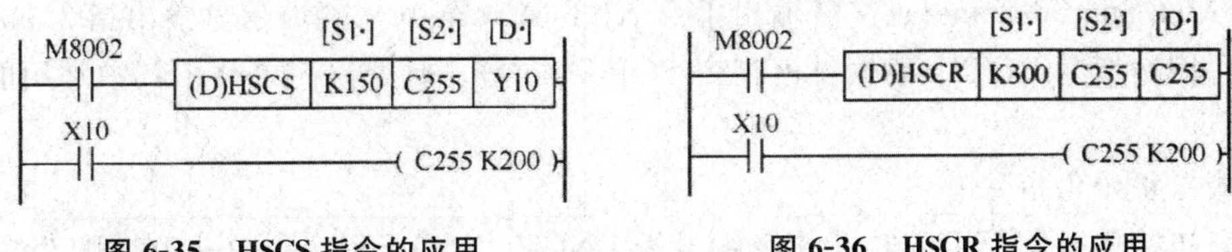

图 6-35　HSCS 指令的应用　　图 6-36　HSCR 指令的应用

3. 高速计数器区间比较指令

高速计数器区间比较指令 HSZ 的功能指令编号为 FNC55，用于将指定的高速计数器的当前值与指定的数据区间进行比较，结果驱动以目标元件[D・]为首址的连续 3 个元件。其工作方式与 ZCP(FNC11)指令相同。

图6-37中X11对应的端口接一转换开关，开关处于断开位置（对应系统的停止）时X11为OFF，Y11、Y12、Y13和C251被复位。当转换开关接通，X11为ON后，C251可以通过中断对X0输入的A相信号和X1输入的B相信号的动作计数，C251当前值＜1000时，Y11为ON，Y12、Y13为OFF；1000≤C251当前值≤2000时，Y12为ON，Y11、Y13为OFF；C251当前值＞2000时，Y13为ON，Y11、Y12为OFF。由于HSZ计数、比较和目标的置位只在脉冲输入时通过中断进行，所以X11接通为ON到有计数脉冲输入期间，梯形图中如果只有HSZ指令而无ZCP指令，那么这个期间（显然C251当前值＜1000）Y11不会被置ON。ZCP指令的使用确保了X11为ON到最初计数脉冲来临之前Y11为ON。

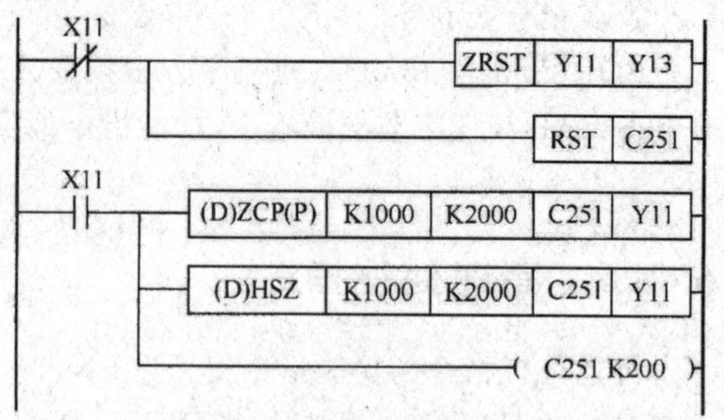

图6-37 HSZ指令的应用

4. 速度检测指令

速度检测指令SPD的功能指令编号为FNC56，用来检测在给定时间内从编码器输入的脉冲个数，从而反映了速度的大小。具体功能是在[S2·]设定的时间（单位为ms）内，对[S1·]（X0～X5）输入脉冲计数，指定时间内计数结果存入[D·]中，计数当前值、当前计数剩余时间分别存入[D·]的后两个连续元件。图6-38中D7对编码器从X3输入的脉冲上升沿计数，200ms后计数结果送到D6，D7的当前值复位重新开始计数。

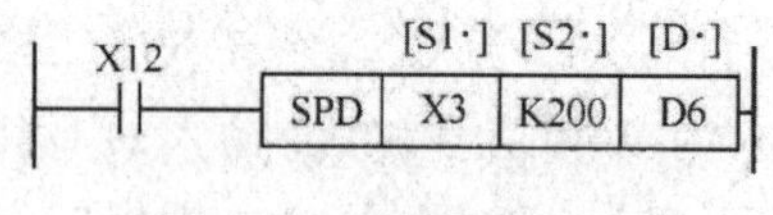

图6-38 SPD指令的应用

6.2.7 方便指令

方便指令的功能指令编号为FNC60～69，包括状态初始化指令IST（Initial State）、数据搜索指令SER（Data Search）、绝对值式凸轮顺控指令ABSD（Absolute Drum）、增量式凸轮顺控指令INCD（Increment Drum）、示教定时器指令TTMR（Teaching Timer）、特殊定时器指令STMR（Special Timer）、交替输出指令ALT（Alternate）、斜坡信号输出指令RAMP、旋转工作台控制指令ROTC、数据排序指令SORT（sort）。此处仅简单介绍其中常用的2条方便指令。

1. 状态初始化指令

状态初始化指令IST的功能指令编号为FNC60，它和STL指令一起使用，专门用来自动控制具有多种工作方式的控制系统的初始状态和设置有关特殊辅助继电器的状态。IST指令在程序中只能使用一次，放在STL之前编程，它的使用大大简化了复杂顺序控制的设计工作。IST指令的使用情况如图6-39

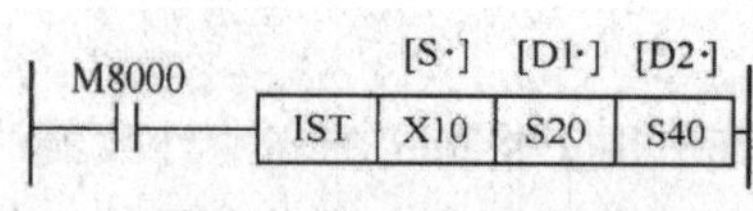

图6-39 IST指令的应用

所示。

(1)IST 指令的源操作数可取 X、Y 和 M,用来指定与工作方式有关的首地址,它实际指定了从首址开始的 8 个连续号的同类元件,具有以下意义:

X10:手动；　　X14:连续运行(全自动)；

X11:回原点；　　X15:回原点启动；

X12:单步运行；　　X16:自动运行启动；

X13:单周运行(半自动)；　　X17:停止。

X10～X14 对应了系统的 5 种工作方式,同一时刻只能有一个为 ON,故外部接线图中对应的输入端口必须使用选择开关。

(2)IST 指令的目标操作数[D1·]和[D2·]用来指定在自动操作中用到的状态元件的最低和最高元件号,可取 S20～S899。

(3)IST 指令执行条件满足时,S0、S1、S2 和下列特殊辅助继电器被自动设定为以下功能:

S0:手动操作初始状态；　　M8040:禁止转移；　　M8047:STL 步进指令监控有效。

S1:回原点初始状态；　　M8041:开始转移；

S2:自动操作初始状态；　　M8042:启动脉冲；

若以后执行条件变为 OFF,这些元件的功能仍然保持不变。

IST 指令的执行自动设置了 8 个源元件及 S0～S2 和某些特殊辅助继电器的特定功能,这就意味着系统的手动、回原点、步进、单周和连续这 5 种工作方式的切换是由系统程序自动完成的。

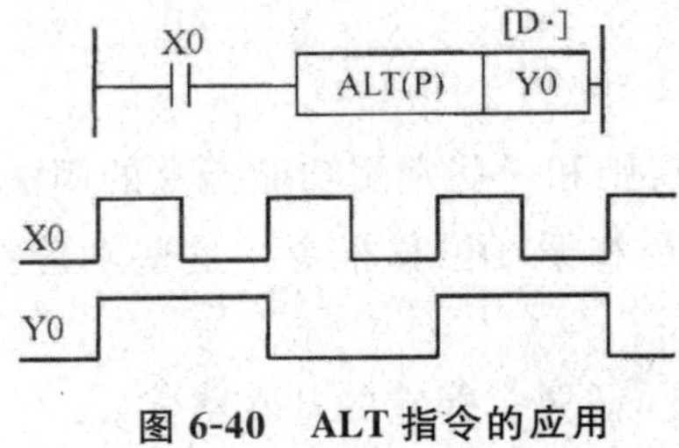

图 6-40　ALT 指令的应用

2. 交替输出指令

ALT 为交替输出指令,其功能指令编号为 FNC66,它的功能是把目标元件的状态取反,[D·]可取 Y、M 和 S,只有 16 位运算。

图 6-40 中的 X0 由 OFF 变为 ON 时,Y0 的状态就改变一次。使用 ALT 指令可以实现单按钮控制负载的运行与停止,从而节省一个输入点数。

6.2.8　外部 I/O 设备指令

外部 I/O 设备指令的功能指令编号为 FNC70～FNC79,包括 10 键输入指令 TKY(Ten Key)、16 键输入指令 HKY(Hex Decimal Key)、数字开关指令 DSW(Digital Switch)、七段译码指令 SEGD(Seven Segment Decoder)、带锁存的七段显示指令 SEGL(Seven Seg-ment with Latch)、方向开关指令 ARWS(Arrow Switch)、ASCII 码转换指令 ASC(ASCII Code)、ASCII 码打印指令 PR(Print)和读、写特殊功能模块指令 FROM、TO。

6.2.9 外部设备指令

外部设备指令的功能指令编号为 FNC80～FNC89，包括串行通信指令 RS(RS232C)、八进制数据传送指令 PRUN、HEX→ASCII 码转换指令 ASC I、ASCII→HEX 转换指令 HEX、校验码指令 CCD(Check Code)、读模拟量功能扩展板指令 VRRD(Varible Resistor Read)、模拟量功能扩展板开关设定指令 VRSC(Varible Resistor Scale)、回路运算指令 PID。

6.2.10 浮点数运算指令

浮点数运算指令包括二进制浮点数比较指令 ECMP、二进制浮点数区间比较指令 EZCP、二进制浮点数转换为十进制浮点数指令 EBCD、十进制浮点数转换为二进制浮点数指令 EBIN、二进制浮点数转换为二进制整数指令 INT、二进制浮点数的四则运算指令(EADD、ESUB、EMUL、EDIV)、二进制浮点数的开平方根与三角函数运算指令。

6.2.11 时钟运算与格雷码变换指令

时钟运算与格雷码变换指令包括时钟数据比较指令 TCMP(Time Compare)、时钟数据区间比较指令 TZCP(Time Zone Compare)、时钟数据加法指令 TADD(Time Addition)、时钟数据减法指令 TSUB(Time Subtraction)、时钟数据读出指令 TRD(Time Read)、时钟数据写入指令 TWR(Time Write)和格雷码变换指令 GRY(Gray Code)。

本章小结

本章主要介绍了三菱 FX_{2N} 系列 PLC 的功能指令使用规则和一些常用功能指令的用法，重点阐述了程序流控制传送比较指令、算术和逻辑运算指令和循环位移指令。这些功能指令是学习 PLC 功能指令的基础，必须熟练掌握。

功能指令使用规则对功能指令使用具有指导作用，因此，需要掌握它的基本格式。

在功能指令的介绍中，讲解了程序流控制与传送比较指令 MOV、CMP 等的功能和示例，算术和逻辑运算指令 ADD、SUB 等的功能和示例，循环移位指令右移位 ROR、左移位 ROL 等的功能和示例，数据处理指令 ZRST、DECO 等的功能和示例，部分高速处理和方便指令的功能和示例。在部分小节中安排了几个综合应用实例。期望通过对综合应用实例的学习，读者能够熟悉这些功能指令的含义，并能进一步加深理解，掌握其用法。

习 题

1. 什么是功能指令？它有什么用途？
2. MOV 指令能不能向 T、C 的当前值寄存器传送数据？
3. 编码指令 ENCO 被驱动后，当源数据中只有 b0 位为 1 时，则目标数据应是什么？

4. 设计一个计时报警闹钟，要求精确到秒(注意 PLC 运动时应不受停电的影响)。

5. 设计一个密码(6 位)开机的程序(X0～X11 表示 0～9 的输入)。要求密码正确时按开机键即开机；密码错误时有 3 次重新输入机会，如 3 次均不正确则立即报警。

参考文献

[1]西门子(中国)有限公司. S7-200 可编程控制器系统手册,2005.

[2]王永华. 现代电气控制及 PLC 应用技术[M]. 北京:北京航空航天大学出版社,2008.

[3]廖常初. S7-200 PLC 编程及应用[M]. 北京:机械工业出版社,2008.

[4]高钦和. 可编程控制器应用技术与设计实例[M]. 北京:人民邮电出版社,2014.

[5]吴中俊,黄永红. 可编程序控制器原理及应用[M]. 北京:机械工业出版社,2013.

[6]马小军. 可编程控制器及其应用[M]. 南京:东南大学出版社,2007.

[7]周万珍,高鸿斌. PLC 分析与设计应用[M]. 北京:电子工业出版社,2004.

[8]殷洪义. 可编程序控制器选择设计与维护[M]. 北京:机械工业出版社,2013.

[9]张运刚,宋小春. 从入门到精通——西门子工业网络通信实战[M]. 北京:人民邮电出版社,2007.

[10]方承远,张振国. 工厂电气控制技术[M]. 北京:机械工业出版社,2010.

[11]王仁祥. 常用低压电器原理及其控制技术[M]. 北京:机械工业出版社,2008.

[12]李岚,梅丽凤,等. 电力拖动与控制[M]. 北京:机械工业出版社,2011.

[13]杨公源. 常用变频器应用实例[M]. 北京:电子工业出版社,2006.

[14]王兆明. 电气控制与 PLC 技术[M]. 北京:清华大学出版社,2015.

[15]胡健. 西门子 S7-300 PLC 应用教程[M]. 北京:机械工业出版社,2007.

[16]范国伟. 电子控制与 PLC 应用技术[M]. 北京:人民邮电出版社,2013.

责任编辑：马明仁
封面设计：晟　熙

电气控制与PLC应用技术

微信

ISBN 978-7-5020-7303-9
9 787502 073039 >
定价：49.00元